南海科学考察历史资料整编丛书

南海大型底栖动物生态学

寇琦 李新正 徐勇等著

科学出版社

北京

内 容 简 介

　　南海因其特殊的地理位置和优越的自然条件，既是国家国防、政治、经济的核心利益所在，又是海洋科学研究的"天然实验室"。自 20 世纪 50 年代以来，我国先后组织了数十次大规模的南海及其附属岛礁海洋科学综合考察，取得了大量宝贵的原始数据。本书在对大型底栖生物生态学历史调查数据抢救、收集、校对、电子化的基础上，按照区域对主要生态学特征进行了分析和展示。

　　本书可作为从事海洋生态学及相关学科研究的科研人员和高等院校师生的参考书，也可供海洋管理、开发和保护等部门的工作人员参阅。

审图号：GS 京〔2023〕2210 号

图书在版编目（CIP）数据

南海大型底栖动物生态学/寇琦等著 . —北京：科学出版社，2023.11
（南海科学考察历史资料整编丛书）
ISBN 978-7-03-073645-1

Ⅰ.①南…　Ⅱ.①寇…　Ⅲ.①南海–底栖动物–生态学–研究　Ⅳ.① Q958.8

中国版本图书馆 CIP 数据核字（2022）第 201120 号

责任编辑：朱　瑾　岳漫宇　习慧丽 / 责任校对：杨　赛
责任印制：赵　博 / 封面设计：无极书装

科 学 出 版 社 出版
北京东黄城根北街 16 号
邮政编码：100717
http://www.sciencep.com

涿州市般润文化传播有限公司印刷
科学出版社发行　各地新华书店经销

*

2023 年 11 月第　一　版　　开本：787×1092　1/16
2024 年 10 月第二次印刷　　印张：21 1/2
字数：507 000

定价：298.00 元
（如有印装质量问题，我社负责调换）

《南海大型底栖动物生态学》著者名单

寇　琦　李新正　徐　勇　张　悦

张　祺　房雪枫　王　雁　吴怡宏

丛 书 序

南海及其岛礁构造复杂，环境独特，海洋现象丰富，是全球研究区域海洋学的天然实验室。南海是半封闭边缘海，既有宽阔的陆架海域，又有大尺度的深海盆，还有类大洋的动力环境和生态过程特征，形成了独特的低纬度热带海洋、深海特性和"准大洋"动力特征。南海及其邻近的西太平洋和印度洋"暖池"是影响我国气候系统的关键海域。南海地质构造复杂，岛礁众多，南海的形成与演变、沉积与古环境、岛礁的形成演变等是国际研究热点和难点问题。南海地处热带、亚热带海域，生态环境复杂多样，是世界上海洋生物多样性最高的海区之一。南海珊瑚礁、红树林、海草床等典型生态系统复杂的环境特性，以及长时间序列的季风环流驱动力与深海沉积记录等鲜明的区域特点和独特的演化规律，彰显了南海海洋科学研究的复杂性、特殊性及其全球意义，使得南海海洋学研究更有挑战性。因此，南海是地球动力学、全球变化等重大前沿科学研究的热点。

南海自然资源十分丰富，是巨大的资源宝库。南海拥有丰富的石油、天然气、可燃冰，以及铁、锰、铜、镍、钴、铅、锌、钛、锡等数十种金属和沸石、珊瑚贝壳灰岩等非金属矿产，是全球少有的海上油气富集区之一；南海还蕴藏着丰富的生物资源，有海洋生物2850多种，其中海洋鱼类1500多种，是全球海洋生物多样性最丰富的区域之一，同时也是我国海洋水产种类最多、面积最大的热带渔场。南海具有巨大的资源开发潜力，是中华民族可持续发展的重要疆域。

南海与南海诸岛地理位置特殊，战略地位十分重要。南海扼守西太平洋至印度洋海上交通要冲，是通往非洲和欧洲的咽喉要道，世界上一半以上的超级油轮经过该海域，我国约60%的外贸、88%的能源进口运输、60%的国际航班从南海经过，因此，南海是我国南部安全的重要屏障、战略防卫的要地，也是确保能源及贸易安全、航行安全的生命线。

南海及其岛礁具有重要的经济价值、战略价值和科学研究价值。系统掌握南海及其岛礁的环境、资源状况的精确资料，可提升海上长期立足和掌控管理的能力，有效维护国家权益，开发利用海洋资源，拓展海洋经济发展新空间。自20世纪50年代以来，我国先后组织了数十次大规模的调查区域各异的南海及其岛礁海洋科学综合考察，如西沙群岛、中沙群岛及其附近海域综合调查，南海中部海域综合调查，南海东北部综合调查研究，南沙群岛及其邻近海域综合调查等，得到了海量的重要原始数据、图集、报告、样品等多种形式的科学考察史料。由于当时许多调查资料没有电子化，归档标准不一，对获得的资料缺乏系统完整的整编与管理，加上历史久远、人员更替或离世等原因，这些历史资料显得弥足珍贵。

"南海科学考察历史资料整编丛书"是在对自20世纪50年代以来南海科考史料进行收集、抢救、系统梳理和整编的基础上完成的，涵盖400个以上大小规模的南海科考航次的数据，涉及生物生态、渔业、地质、化学、水文气象等学科专业的科学数据、图集、研究报告及老专家访谈录等专业内容。通过近 60 年科考资料的比对、分析和研究，全面系统揭示了南海及其岛礁的资源、环境及变动状况，有望推进南海热带海洋环境演变、生物多样性与生态环境特征演替、边缘海地质演化过程等重要海洋科学前沿问题的解决，以及南海资源开发利用关键技术的深入研究和突破，促进热带海洋科学和区域海洋科学的创新跨越发展，促进南海资源开发和海洋经济的发展。早期的科学考察宝贵资料记录了我国对南海的管控和研究开发的历史，为国家在新时期、新形势下在南海维护权益、开发资源、防灾减灾、外交谈判、保障海上安全和国防安全等提供了科学的基础支撑，具有非常重要的学术参考价值和实际应用价值。

陈宜瑜

中国科学院院士

2021 年 12 月 26 日

丛书前言

海洋是巨大的资源宝库，是强国建设的战略空间，海兴则国强民富。我国是一个海洋大国，党的十八大提出建设海洋强国的战略目标，党的十九大进一步提出"坚持陆海统筹，加快建设海洋强国"的战略部署，党的二十大再次强调"发展海洋经济，保护海洋生态环境，加快建设海洋强国"，建设海洋强国是中国特色社会主义事业的重要组成部分。

南海兼具深海和准大洋特征，是连接太平洋与印度洋的战略交通要道和全球海洋生物多样性最为丰富的区域之一；南海海域面积约 350 万 km^2，我国管辖面积约 210 万 km^2，其间镶嵌着众多美丽岛礁，是我国宝贵的蓝色国土。进一步认识南海、开发南海、利用南海，是我国经略南海、维护海洋权益、发展海洋经济的重要基础。

自 20 世纪 50 年代起，为掌握南海及其诸岛的国土资源状况，提升海洋科技和开发利用水平，我国先后组织了数十次大规模的调查区域各异的南海及其岛礁海洋科学综合考查，对国土、资源、生态、环境、权益等领域开展调查研究。例如，"南海中、西沙群岛及附近海域海洋综合调查"（1973～1977 年）共进行了 11 个航次的综合考察，足迹遍及西沙群岛各岛礁，多次穿越中沙群岛，一再登上黄岩岛，并穿过南沙群岛北侧，调查项目包括海洋地质、海底地貌、海洋沉积、海洋气象、海洋水文、海水化学、海洋生物和岛礁地貌等。又如，"南沙群岛及其邻近海域综合调查"国家专项（1984～2009 年），由国务院批准、中国科学院组织、南海海洋研究所牵头，联合国内十多个部委 43 个科研单位共同实施，持续 20 多年，共组织了 32 个航次，全国累计 400 多名科技人员参加过南沙科学考察和研究工作，取得了大批包括海洋地质地貌、地理、测绘、地球物理、地球化学、生物、生态、化学、物理、水文、气象等学科领域的实测数据和样品，获得了海量的第一手资料和重要原始数据，产出了丰硕的成果。这些是以中国科学院南海海洋研究所为代表的一批又一批科研人员，从一条小舢板起步，想国家之所想、急国家之所急，努力做到"为国求知"，在极端艰苦的环境中奋勇拼搏，劈波斩浪，数十年探海巡礁的智慧结晶。这些数据和成果极大地丰富了对我国南海海洋资源与环境状况的认知，提升了我国海洋科学研究的实力，直接服务于国家政治、外交、军事、环境保护、资源开发及生产建设，支撑国家和政府决策，对我国开展南海海洋权益维护特别是南海岛礁建设发挥了关键性作用。

在开启中华民族伟大复兴第二个百年奋斗目标新征程、加快建设海洋强国之际，"南海科学考察历史资料整编丛书"如期付梓，我们感到非常欣慰。丛书在 2017 年度国家科技基础资源调查专项"南海及其附属岛礁海洋科学考察历史资料系统整编"项目的资助下，汇集了南海科学考察和研究历史悠久的 10 家科研院所及高校在海洋生物生态、渔业资源、地质、化学、物理及信息地理等专业领域的科研骨干共同合作的研究成果，并聘请离退休老一辈科考人员协助指导，并做了"记忆恢复"访谈，保障丛书数据的权威性、丰富性、可靠性、真实性和准确性。

　　丛书还收录了自 20 世纪 50 年代起我国海洋科技工作者前赴后继，为祖国海洋科研事业奋斗终身的一个个感人的故事，以访谈的形式真实生动地再现于读者面前，催人奋进。这些老一辈科考人员中很多人已经是 80 多岁，甚至 90 多岁高龄，讲述的大多是大事件背后鲜为人知的平凡故事，如果他们自己不说，恐怕没有几个人会知道。这些平凡却伟大的事迹，折射出了老一辈科学家求真务实、报国为民、无私奉献的爱国情怀和高尚品格，弘扬了"锐意进取、攻坚克难、精诚团结、科学创新"的南海精神。是他们把论文写在碧波滚滚的南海上，将海洋科研事业拓展到深海大洋中，他们的经历或许不可复制，但精神却值得传承和发扬。

　　希望广大科技工作者从"南海科学考察历史资料整编丛书"中感受到我国海洋科技事业发展中老一辈科学家筚路蓝缕奋斗的精神，自觉担负起建设创新型国家和世界科技强国的光荣使命，勇挑时代重担，勇做创新先锋，在建设世界科技强国的征程中实现人生理想和价值。

　　谨以此书向参与南海科学考察的所有科技工作者、科考船员致以崇高的敬意！向所有关心、支持和帮助南海科学考察事业的各级领导和专家表示衷心的感谢！

龙丽娟

"南海科学考察历史资料整编丛书"主编

2021 年 12 月 8 日

前　言

南海位于我国大陆的南方，是世界著名的热带大陆边缘海之一。南海海域辽阔，是我国近海中面积最大、水深最深的海域。其地理位置优越，拥有众多天然岛礁，西边与印度洋相连，东边通过水道和海峡与太平洋相连，是重要的海上交通枢纽。此外，南海既有河口、珊瑚礁、红树林、海草床等典型近海生态系统，又有宽阔的陆架海域和大尺度的深海海盆。近年来，随着深海科考能力的提升，我国还在南海发现了深海冷泉和海山等特殊生境。南海多种多样的环境蕴藏着丰富的生物资源，是全球海洋生物多样性最丰富的区域之一。

海洋底栖生物是指栖息于海洋基底表面或沉积物中的各种生物。目前已记录的海洋生物超过 25 万种，其中有 98% 栖息于海洋底部。这是由于相较于水体，海底存在着多样化的生境，生物为了适应各种环境而产生了分化。因此，底栖生物是海洋生态系统中最重要的生物组成部分，在海洋能量流动和物质循环过程以及海洋生态系统平衡与稳定中发挥着重要作用。其中，大型底栖生物是指个体较大，在调查中不能通过 0.5mm 孔径网筛的底栖生物。它们是与人类关系最密切的生物类群，从最早使用的钱币（贝类），到渔业捕捞和养殖的主要对象（甲壳类、贝类、鱼类、大型藻类），再到医药或工业原料的重要来源（海绵、大型藻类）和具有观赏价值的种类（珊瑚、海葵、甲壳类、鱼类）。此外，大型底栖生物的物种组成、生物量、丰度、多样性状况对海域生态系统的稳定性具有重要的指示作用，群落特征的演变也能够反映出海洋环境质量的长周期变化，是评价生态系统健康的重要指标。

自 20 世纪 50 年代以来，以 1958～1960 年的"第一次全国海洋普查"为开端，我国先后组织了数十次大规模的南海及其附属岛礁海洋科学综合考察，取得了大量的大型底栖生物生态学调查原始数据，这些宝贵的资料是国家经略南海所需要的重要史料。然而，由于当时无电子化条件，绝大部分的原始调查资料保存于纸质记录本或卡片上，对资料的共享和长期保存极为不利。再者，由于缺乏系统的管理，有些早期的资料散落在科研人员手中，加上历史久远、人员更替离世等原因，导致资料愈发稀有，严重影响了当前海洋科学工作者对早期调查资料和成果的利用，因此，这些历史资料就显得弥足珍贵。

"南海及其附属岛礁海洋科学考察历史资料系统整编"于 2017 年 2 月获科技部批准立项，由中国科学院南海海洋研究所组织实施。项目组主要对南海自 20 世纪 50 年代以来的科考史料进行抢救、收集、电子化、可视化和系统梳理，整编出版一系列包括生物、生态、地质、水文气象等专业的数据集、图集和成果报告，为我国进一步经略南海提供科学支撑。著者有幸参与到这个项目中，借此机会对"全国海洋普查南海近岸大型底栖生物调查"（1959～1960 年）、"中越北部湾海洋综合调查大型底栖生物调查"（1962 年）、"西沙、中沙群岛及附近海域海洋综合调查"（1973～1977 年）、"中苏西沙群岛生物调查"（1975～1976 年）、"南海中部海区综合调查"（1977～1978 年）、"南沙群岛及其邻近海区综合科学考察"（1984～2000 年）、"中德海南岛海洋生物调查"（1990～1992 年）、"中日海南岛海洋生物调查"（1997 年）、"'十五'南沙群岛及其邻近海区综合调查项目"（2001～2005 年）等数十个调查航次的大型底栖生物生态学数据进行收集、整理、电子化，并按照最新的分类系统对物种的分类学信息进行了校对。在此基础上，著者按照"南海北部海域""北部湾海域""海南岛、西沙群岛及南沙群岛海域"三大区域对主要的生态学特征进行了分析和展示，以期为从事南海大型底栖生物生态学研究的人员提供历史对比资料，并为海洋管理、开发和保护等部门的工作人员提供参考。同时也希望借此表达自身对老一辈科学家"不畏艰苦、甘于奉献"精神的崇敬之情。

本书前言由寇琦撰写；第一章由寇琦、徐勇编写；第二章至第四章由徐勇、张悦、寇琦编写；附表由张悦、徐勇编写；全书由寇琦、李新正和徐勇统稿。书中部分资料由中国科学院南海海洋研究所的李开枝老师提供；张祺、房雪枫、张悦、王雁、吴怡宏同学参与了原始数据的收集、整理和电子化工作；孔德明、丛佳仪、侯政存、万钰涵、王西斐、李灏源同学参与了书稿的校对；部分照片由隋吉星博士提供。他们为本书的顺利完成提供了巨大的帮助和支持，在此，谨对协助本书编写、修改和出版的各位同仁致以诚挚的感谢！

本书的出版得到了科技部科技基础资源调查专项"南海及其附属岛礁海洋科学考察历史资料系统整编"（2017FY201400）的支持。项目负责人龙丽娟研究员和课题负责人谭烨辉研究员对本书的出版给予了大力的支持和关心，在此一并表示衷心感谢！

由于本书编写者能力和学术水平有限，收集的资料也不够全面，对数据的分析尚不够深入，书中不足之处在所难免，敬请有关专家、读者指正！

寇 琦

2023 年 8 月于青岛

目　　录

第一章 调查与研究方法

第一节　南海自然环境

南海是世界著名的热带大陆边缘海之一。南海海域辽阔，面积约为 350 万 km²。南海是中国近海中最深的海域，平均水深为 1212m，最深处为 5559m，北部抵达北回归线，南部跨越赤道进入南半球。南海北至我国广东、广西和福建，东北至台湾岛，南至加里曼丹岛和苏门答腊岛，西至中南半岛和马来半岛，东至菲律宾群岛。整个南海几乎被大陆和岛屿所包围，通过水道和海峡东边与太平洋相连，西边与印度洋相连。南海与地中海和加勒比海常被称为世界三大内海。

南海气候主要为热带海洋性气候，海洋表层水温较高，为 25～28℃，年温差 3～4℃，盐度为 34。南海位于热带季风气候区域内，盛行风向与南海长轴方向（东北—西南）一致，表层海水的流动方向均随季风而变，表现为漂流的性质。夏季盛行西南季风，温度较高，降水较多，表层海流为东北流；冬季盛行东北季风，温度较低，降水前期少、后期多，大部分海域表层海流为西南流；春秋两季为西南季风与东北季风的转换时期，风向多变，海流混乱。

南海海底北部、西部和南部是浅海大陆架，大陆架外侧是大陆坡，中央是深海盆地。底质主要为砂质，自岸边到深水区颗粒逐渐由粗变细。在雷州半岛和海南岛附近，沉积物以砂、岩石和砾石为主；北部湾以砂质软泥为主，并有珊瑚出现；在南海西侧浅海，覆盖着黏土质软泥；在越南中南部浅海，覆盖着砂和泥质砂，有些地方还聚集着贝壳和其他碳酸质的动物碎屑；南海最南部和东部深海的沉积物比较复杂，有砂、岩石、巨砾、珊瑚和石枝藻等（李荣冠，2003）。

第二节　调查海域及站位

本书所分析的数据均基于南海及其岛礁的历史调查资料，主要划分为三大区域：南海北部海域、北部湾海域和海南岛、西沙群岛及南沙群岛海域。

南海北部海域的数据基于 1958～1960 年第一次全国海洋普查南海区的历史资料。采泥站位的调查范围为 17°00.0′～23°30.0′N、108°30.0′～117°30.0′E，拖网站位的调查范围为 17°00.0′～23°30.0′N、108°00.0′～117°30.0′E。调查站位布设为：1959 年 7 月共设 122 个采泥站位，1960 年 1～3 月共设 122 个采泥站位，1960 年 4～5 月共设 123 个采泥站位；1959 年 4 月共设 163 个拖网站位，1959 年 7 月共设 122 个拖网站位，1959 年 10～12 月共设 122 个拖网站位，1960 年 1～3 月共设 126 个拖网站位（表 1-1～表 1-7）。

表 1-1　1959 年 7 月南海北部海域大型底栖生物调查站位信息（采泥站位）

站位	经度（E）	纬度（N）	水深（m）	底质	采样日期
6004	117°30.0′	23°30.0′	42.0	泥质砂	1959-7-21
6005	117°30.0′	23°15.0′	40.0	粗砂、贝壳	1959-7-21
6006	117°30.0′	23°00.0′	43.5	粗砂、贝壳	1959-7-21
6008	117°00.0′	23°23.0′	15.0	泥质砂	1959-7-21

续表

站位	经度（E）	纬度（N）	水深（m）	底质	采样日期
6009	117°00.0′	23°15.0′	23.5	粗砂泥	1959-7-21
6010	117°00.0′	22°00.0′	40.0	中砂	1959-7-21
6011	117°00.0′	22°45.0′	40.0	粗砂	1959-7-20
6012	117°00.0′	22°30.0′	33.0	中砂	1959-7-20
6014	116°30.0′	22°45.0′	33.0	中砂、贝壳	1959-7-20
6015	116°30.0′	22°30.0′	40.0	中砂	1959-7-20
6016	116°30.0′	22°15.0′	45.0	中砂	1959-7-20
6017	116°30.0′	22°00.0′	86.0	粉砂	1959-7-20
6019	116°00.0′	22°45.0′	18.6	灰色软泥	1959-7-19
6020	116°00.0′	22°30.0′	38.5	砂质泥	1959-7-19
6021	116°00.0′	22°15.0′	51.3	灰泥质砂	1959-7-19
6022	116°00.0′	22°00.0′	87.0	泥质砂	1959-7-19
6023	116°00.0′	21°45.0′	103.0	粉砂	1959-7-19
6026	115°30.0′	22°30.0′	29.0	软泥	1959-7-16
6027	115°30.0′	22°15.0′	47.3	砂质泥	1959-7-17
6028	115°30.0′	22°00.0′	74.2	软泥	1959-7-15
6029	115°30.0′	21°45.0′	105.3	砂质泥	1959-7-14
6030	115°30.0′	21°30.0′	115.0	砂质泥	1959-7-14
6033	115°00.0′	22°30.0′	23.5	软泥	1959-7-13
6034	115°00.0′	22°15.0′	42.0	砂质泥	1959-7-13
6035	115°00.0′	22°00.0′	67.1	灰色软泥	1959-7-13
6036	115°00.0′	21°45.0′	83.7	灰色软泥	1959-7-13
6037	115°00.0′	21°30.0′	90.4	硬砂质软泥	1959-7-14
6038	115°00.0′	21°00.0′	103.0	硬质泥	1959-7-14
6044	114°30.0′	22°00.0′	44.6	灰色软泥	1959-7-11
6045	114°30.0′	21°45.0′	62.4	软泥	1959-7-11
6046	114°30.0′	22°00.0′	68.0	灰色软泥	1959-7-11
6047	114°30.0′	22°00.0′	82.0	灰色软泥	1959-7-10
6048	114°30.0′	22°00.0′	84.6	砂质软泥	1959-7-10
6050	114°00.0′	22°00.0′	34.0	软泥	1959-7-9
6051	114°00.0′	21°45.0′	43.5	软泥	1959-7-9
6052	114°00.0′	21°30.0′	57.5	软泥	1959-7-10
6053	114°00.0′	21°15.0′	74.5	灰色软泥	1959-7-10
6054	114°00.0′	21°00.0′	80.0	粗砂质泥、少量贝壳	1959-7-10
6058	113°45.0′	21°45.0′	34.8	砂、软泥	1959-7-9
6059	113°45.0′	21°30.0′	40.0	粗砂	1959-7-9
6061	113°30.0′	22°00.0′	7.0	软泥	1959-7-15

站位	经度（E）	纬度（N）	水深（m）	底质	采样日期
6062	113°30.0′	21°45.0′	32.0	砂质泥	1959-7-15
6063	113°30.0′	21°30.0′	42.0	中砂	1959-7-15
6064	113°30.0′	21°15.0′	58.0	泥质粗砂、碎贝壳	1959-7-15
6065	113°30.0′	21°00.0′	74.0	泥质砂、碎贝壳	1959-7-14
6066	113°30.0′	20°30.0′	88.0	泥质砂	1959-7-14
6067	113°30.0′	20°00.0′	200.0	细砂	1959-7-14
6069	113°30.0′	19°00.0′	800.0	软泥	1959-7-13
6074	113°00.0′	21°45.0′	19.0	软泥	1959-7-6
6075	113°00.0′	21°30.0′	36.0	软泥	1959-7-6
6076	113°00.0′	21°15.0′	46.0	砂质泥	1959-7-7
6077	113°00.0′	21°00.0′	67.0	砂质泥	1959-7-7
6078	113°00.0′	20°30.0′	87.0	砂质泥	1959-7-10
6079	113°00.0′	20°00.0′	117.0	泥质砂	1959-7-11
6080	113°00.0′	19°30.0′	220.0	细砂	1959-7-11
6088	112°30.0′	21°30.0′	24.0	软泥	1959-7-6
6089	112°30.0′	21°15.0′	47.0	砂质泥	1959-7-6
6090	112°30.0′	21°00.0′	52.0	砂质软泥	1959-7-6
6091	112°30.0′	20°30.0′	78.0	泥质砂	1959-7-5
6092	112°30.0′	20°00.0′	108.0	泥质砂	1959-7-5
6093	112°30.0′	19°30.0′	156.0	钙质砂	1959-7-5
6094	112°30.0′	19°00.0′	230.0	钙质砂	1959-7-5
6103	112°00.0′	21°30.0′	21.0	软泥	1959-7-2
6104	112°00.0′	21°15.0′	34.0	软泥	1959-7-2
6105	112°00.0′	21°00.0′	49.0	粉砂质软泥	1959-7-2
6106	112°00.0′	20°30.0′	71.0	砂质泥	1959-7-3
6107	112°00.0′	20°00.0′	94.0	泥质砂	1959-7-3
6108	112°00.0′	19°30.0′	124.0	细砂、贝壳	1959-7-3
6109	112°00.0′	19°00.0′	195.0	泥质砂	1959-7-3
6114	111°30.0′	21°26.0′	16.0	粗砂、石珊瑚	1959-7-17
6115	111°30.0′	21°15.0′	24.0	软泥	1959-7-17
6116	111°30.0′	21°00.0′	42.0	软泥	1959-7-17
6117	111°30.0′	20°45.0′	49.0	砂质软泥	1959-7-16
6118	111°30.0′	20°30.0′	61.0	软泥	1959-7-16
6119	111°30.0′	20°15.0′	66.0	灰色砂泥	1959-7-16
6120	111°30.0′	20°00.0′	81.0	泥质砂	1959-7-16
6121	111°30.0′	19°30.0′	110.0	泥质砂	1959-7-16
6122	111°30.0′	19°00.0′	160.0	NA	1959-7-16

续表

站位	经度（E）	纬度（N）	水深（m）	底质	采样日期
6131	111°15.0′	20°00.0′	48.0	软泥	1959-7-12
6132	111°15.0′	19°45.0′	66.0	软泥	1959-7-12
6133	111°15.0′	19°30.0′	90.0	灰色砂泥	1959-7-13
6135	111°00.0′	21°15.0′	18.0	软泥	1959-7-11
6136	111°00.0′	21°00.0′	23.0	砂质泥	1959-7-11
6137	111°00.0′	20°45.0′	31.0	软泥	1959-7-12
6138	111°00.0′	20°30.0′	31.0	粉砂质软泥	1959-7-12
6139	111°00.0′	20°15.0′	31.0	细砂（灰黑色）	1959-7-12
6140	111°00.0′	19°30.0′	38.0	碎贝壳、砂	1959-7-13
6141	111°00.0′	19°15.0′	79.0	软泥、贝壳	1959-7-13
6142	111°00.0′	19°00.0′	109.0	砂质泥	1959-7-13
6143	111°00.0′	18°45.0′	127.0	砂质软泥	1959-7-13
6144	111°00.0′	18°30.0′	146.0	软泥	1959-7-14
6145	111°00.0′	18°15.0′	158.0	粉砂质软泥	1959-7-14
6150	110°45.0′	21°15.0′	12.0	泥质砂	1959-7-11
6151	110°45.0′	20°49.0′	20.0	砂质软泥	1959-7-11
6152	110°45.0′	20°30.0′	18.0	泥质砂	1959-7-12
6153	110°45.0′	20°15.0′	43.0	粗砂砾石	1959-7-12
6154	110°45.0′	19°15.0′	36.0	泥质粉砂	1959-7-10
6155	110°45.0′	19°00.0′	80.0	泥质粉砂	1959-7-10
6159	110°30.0′	18°45.0′	23.0	细砂	1959-7-10
6160	110°30.0′	18°30.0′	103.0	粗砂	1959-7-10
6161	110°30.0′	18°15.0′	120.0	粗砂	1959-7-10
6162	110°30.0′	18°00.0′	114.8	粗砂	1959-7-11
6168	110°15.0′	18°30.0′	75.0	软泥	1959-7-9
6174	110°00.0′	18°00.0′	91.0	泥质砂	1959-7-12
6175	110°00.0′	17°45.0′	104.8	泥质砂	1959-7-12
6181	109°45.0′	18°11.0′	62.0	软泥	1959-7-12
6186	109°30.0′	18°00.0′	70.0	泥质砂	1959-7-14
6187	109°30.0′	17°45.0′	94.0	软泥	1959-7-14
6188	109°30.0′	17°30.0′	106.0	粗砂	1959-7-14
6189	109°30.0′	17°00.0′	157.0	砂质泥、碎贝壳	1959-7-15
6195	109°15.0′	18°15.0′	21.0	砂质软泥	1959-7-18
6203	109°00.0′	18°15.0′	23.8	粗砂	1959-7-16
6204	109°00.0′	18°00.0′	70.0	砂质泥	1959-7-16
6205	109°00.0′	17°45.0′	83.0	砂质泥	1959-7-15
6206	109°00.0′	17°30.0′	85.0	砂质	1959-7-15

续表

站位	经度（E）	纬度（N）	水深（m）	底质	采样日期
6207	109°00.0′	17°00.0′	110.4	泥质砂（下层粗）	1959-7-15
6210	108°45.0′	18°15.0′	39.0	砂质泥	1959-7-16
6224	108°30.0′	18°15.0′	68.0	粉砂质软泥	1959-7-16
6225	108°30.0′	18°00.0′	83.0	砂质泥	1959-7-16
6226	108°30.0′	17°45.0′	82.0	砂质泥	1959-7-16
6227	108°30.0′	17°30.0′	96.0	软泥	1959-7-17
6228	108°30.0′	17°00.0′	96.0	砂质泥	1959-7-17

注："NA"表示数据缺失

表 1-2　1960 年 1～3 月南海北部海域大型底栖生物调查站位信息（采泥站位）

站位	经度（E）	纬度（N）	水深（m）	底质	采样日期
6005	117°30.0′	23°15.0′	42.0	细砂	1960-1-4
6006	117°30.0′	23°00.0′	42.0	黄色细砂、贝壳	1960-1-4
6008	117°00.0′	23°23.0′	12.5	软泥	1960-1-5
6009	117°00.0′	23°15.0′	24.7	细砂	1960-1-5
6010	117°00.0′	22°00.0′	40.3	细砂	1960-1-5
6011	117°00.0′	22°45.0′	40.5	黄色中砂	1960-1-4
6012	117°00.0′	22°30.0′	46.0	粉砂	1960-1-4
6014	116°30.0′	22°45.0′	35.0	泥质砂	1960-1-10
6015	116°30.0′	22°30.0′	43.0	细砂	1960-1-10
6016	116°30.0′	22°15.0′	45.0	细砂、贝壳	1960-1-11
6017	116°30.0′	22°00.0′	85.0	细砂	1960-1-11
6019	116°00.0′	22°45.0′	85.0	粉砂质泥	1960-1-10
6020	116°00.0′	22°30.0′	37.0	细砂	1960-1-10
6021	116°00.0′	22°15.0′	49.5	细砂	1960-1-10
6022	116°00.0′	22°00.0′	88.0	粉砂质泥	1960-1-9
6023	116°00.0′	21°45.0′	105.5	砂质泥	1960-1-9
6026	115°30.0′	22°30.0′	31.0	泥质砂	1960-1-8
6027	115°30.0′	22°15.0′	48.5	泥质砂	1960-1-8
6028	115°30.0′	22°00.0′	78.0	泥质砂	1960-1-8
6029	115°30.0′	21°45.0′	107.0	泥质砂	1960-1-9
6030	115°30.0′	21°30.0′	117.0	砂质泥	1960-1-9
6033	115°00.0′	22°30.0′	24.0	软泥	1960-1-8
6034	115°00.0′	22°15.0′	41.6	软泥	1960-1-8
6035	115°00.0′	22°00.0′	62.0	软泥	1960-1-8
6036	115°00.0′	21°45.0′	80.0	软泥	1960-1-8
6037	115°00.0′	21°30.0′	86.6	砂质泥	1960-1-9

续表

站位	经度（E）	纬度（N）	水深（m）	底质	采样日期
6038	115°00.0′	21°00.0′	108.0	粗砂	1960-1-9
6044	114°30.0′	22°00.0′	40.4	软泥	1960-1-10
6045	114°30.0′	21^45.0′	60.7	软泥	1960-1-10
6046	114°30.0′	22°00.0′	75.0	软泥	1960-1-9
6047	114°30.0′	22°00.0′	81.0	泥质砂	1960-1-9
6048	114°30.0′	22°00.0′	79.6	中砂	1960-1-9
6050	114°00.0′	22°00.0′	34.0	软泥	1960-1-10
6051	114°00.0′	21°45.0′	44.0	泥质砂	1960-1-10
6052	114°00.0′	21°30.0′	54.6	软泥	1960-1-12
6053	114°00.0′	21°15.0′	73.6	软泥	1960-1-11
6054	114°00.0′	21°00.0′	79.0	泥质砂	1960-1-11
6058	113°45.0′	21°45.0′	34.4	泥质砂	1960-1-10
6059	113°45.0′	21°30.0′	44.5	细砂	1960-1-10
6061	113°30.0′	22°00.0′	6.0	软泥	1960-2-16
6062	113°30.0′	21°45.0′	32.0	软泥	1960-2-16
6063	113°30.0′	21°30.0′	39.5	泥质粗砂	1960-2-16
6064	113°30.0′	21°15.0′	50.0	细砂	1960-2-17
6065	113°30.0′	21°00.0′	74.0	砂质泥	1960-2-17
6067	113°30.0′	20°00.0′	141.0	粗砂、贝壳	1960-2-17
6074	113°00.0′	21°45.0′	17.0	软泥	1960-2-9
6075	113°00.0′	21°30.0′	37.0	软泥	1960-2-9
6076	113°00.0′	21°15.0′	45.0	砂质泥	1960-2-10
6077	113°00.0′	21°00.0′	66.0	砂质泥	1960-2-10
6078	113°00.0′	20°30.0′	87.0	泥质砂	1960-2-10
6079	113°00.0′	20°00.0′	121.0	泥质砂	1960-2-10
6080	113°00.0′	19°30.0′	210.0	中砂	1960-2-10
6088	112°30.0′	21°30.0′	22.0	软泥	1960-2-9
6089	112°30.0′	21°15.0′	44.5	软泥	1960-2-9
6090	112°30.0′	21°00.0′	50.0	软泥质砂	1960-2-9
6091	112°30.0′	20°30.0′	78.0	泥质砂	1960-2-8
6092	112°30.0′	20°00.0′	104.0	泥质砂	1960-2-8
6093	112°30.0′	19°30.0′	174.0	粗砂质泥	1960-2-8
6094	112°30.0′	19°00.0′	300.0	粗砂	1960-2-8
6103	112°00.0′	21°30.0′	24.0	软泥	1960-2-5
6104	112°00.0′	21°15.0′	36.0	软泥	1960-2-5
6105	112°00.0′	21°00.0′	48.0	泥质砂	1960-2-5
6106	112°00.0′	20°30.0′	72.0	砂质泥	1960-2-6

续表

站位	经度（E）	纬度（N）	水深（m）	底质	采样日期
6107	112°00.0′	20°00.0′	94.0	砂质泥	1960-2-6
6108	112°00.0′	19°30.0′	120.0	砂、贝壳	1960-2-6
6109	112°00.0′	19°00.0′	195.0	砂	1960-2-6
6114	111°30.0′	21°26.0′	30.0	珊瑚礁	1960-2-16
6115	111°30.0′	21°15.0′	29.0	软泥	1960-2-16
6116	111°30.0′	21°00.0′	41.0	软泥	1960-2-6
6117	111°30.0′	20°45.0′	47.0	软泥	1960-2-7
6118	111°30.0′	20°30.0′	63.0	软泥	1960-2-7
6119	111°30.0′	20°15.0′	71.0	软泥	1960-2-7
6120	111°30.0′	20°00.0′	77.0	砂质泥	1960-2-7
6121	111°30.0′	19°30.0′	119.0	泥质砂	1960-2-7
6122	111°30.0′	19°00.0′	159.0	软泥	1960-2-8
6131	111°15.0′	20°00.0′	52.0	砂质泥	1960-2-10
6132	111°15.0′	19°45.0′	70.0	泥质砂	1960-2-10
6133	111°15.0′	19°30.0′	97.0	砂质泥	1960-2-10
6135	111°00.0′	21°15.0′	18.0	软泥	1960-2-11
6136	111°00.0′	21°00.0′	24.0	软泥	1960-2-11
6137	111°00.0′	20°45.0′	32.0	软泥	1960-2-11
6138	111°00.0′	20°30.0′	30.0	泥质砂	1960-2-11
6139	111°00.0′	20°15.0′	31.0	细砂	1960-2-10
6140	111°00.0′	19°30.0′	39.0	细砂	1960-2-10
6141	111°00.0′	19°15.0′	80.0	泥质砂	1960-2-10
6142	111°00.0′	19°00.0′	101.0	软泥	1960-2-9
6143	111°00.0′	18°45.0′	123.0	软泥	1960-2-9
6144	111°00.0′	18°30.0′	141.0	泥、砂	1960-2-9
6145	111°00.0′	18°15.0′	170.0	软泥	1960-2-9
6150	110°45.0′	21°15.0′	11.0	砂质泥	1960-2-11
6151	110°45.0′	20°49.0′	23.0	砂质泥	1960-2-11
6152	110°45.0′	20°30.0′	17.0	中砂	1960-2-11
6154	110°45.0′	19°15.0′	35.0	细砂	1960-3-8
6155	110°45.0′	19°00.0′	90.0	砂质泥	1960-3-8
6156	110°45.0′	18°45.0′	100.0	软泥	1960-3-8
6159	110°30.0′	18°45.0′	32.0	中砂	1960-3-8
6160	110°30.0′	18°30.0′	101.0	粗砂质软泥	1960-3-9
6161	110°30.0′	18°15.0′	114.0	泥质砂	1960-3-9
6162	110°30.0′	18°00.0′	145.0	泥质砂	1960-3-9
6163	110°30.0′	17°45.0′	230.0	软泥	1960-3-9

续表

站位	经度（E）	纬度（N）	水深（m）	底质	采样日期
6168	110°15.0′	18°30.0′	51.5	软泥	1960-3-9
6173	110°00.0′	18°15.0′	84.0	砂质泥	1960-3-10
6174	110°00.0′	18°00.0′	94.0	泥质砂	1960-3-10
6175	110°00.0′	17°45.0′	105.0	砂质泥	1960-3-10
6176	110°00.0′	17°30.0′	140.0	砂质泥	1960-3-10
6181	109°45.0′	18°11.0′	64.0	砂质泥	1960-3-10
6186	109°30.0′	18°00.0′	74.0	砂质泥	1960-3-11
6187	109°30.0′	17°45.0′	90.0	砂质泥	1960-3-11
6188	109°30.0′	17°30.0′	111.0	砂质泥	1960-3-11
6189	109°30.0′	17°00.0′	164.0	软泥	1960-3-11
6195	109°15.0′	18°15.0′	20.0	软泥	1960-3-12
6203	109°00.0′	18°15.0′	22.0	泥质粗砂	1960-3-12
6204	109°00.0′	18°00.0′	32.5	粗砂泥	1960-3-12
6205	109°00.0′	17°45.0′	77.0	砂质泥	1960-3-12
6206	109°00.0′	17°30.0′	88.0	砂质泥	1960-3-12
6207	109°00.0′	17°00.0′	128.0	砂质泥	1960-3-11
6210	108°45.0′	18°15.0′	38.0	泥质粗砂	1960-3-12
6224	108°30.0′	18°15.0′	60.8	泥质砂	1960-3-12
6225	108°30.0′	18°00.0′	83.0	粗砂、贝壳	1960-3-12
6226	108°30.0′	17°45.0′	80.0	泥质粗砂	1960-3-13
6227	108°30.0′	17°30.0′	106.0	砂质泥	1960-3-13
6228	108°30.0′	17°00.0′	98.0	砂质泥	1960-3-13

表1-3　1960年4～5月南海北部海域大型底栖生物调查站位信息（采泥站位）

站位	经度（E）	纬度（N）	水深（m）	底质	采样日期
6004	117°30.0′	23°30.0′	39.0	泥质砂	1960-4-24
6005	117°30.0′	23°15.0′	40.0	粗砂	1960-4-24
6006	117°30.0′	23°00.0′	44.0	粗砂	1960-4-24
6008	117°00.0′	23°23.0′	14.0	软泥	1960-4-24
6009	117°00.0′	23°15.0′	23.0	泥质砂	1960-4-24
6010	117°00.0′	22°00.0′	35.0	粗砂	1960-4-24
6011	117°00.0′	22°45.0′	38.0	粗砂	1960-4-24
6012	117°00.0′	22°30.0′	44.0	粗砂	1960-4-23
6015	116°30.0′	22°30.0′	43.0	粗砂	1960-4-23
6016	116°30.0′	22°15.0′	49.3	细砂	1960-4-23
6017	116°30.0′	22°00.0′	88.0	细砂	1960-4-23
6019	116°00.0′	22°45.0′	21.0	软泥	1960-4-14
6020	116°00.0′	22°30.0′	37.3	细砂	1960-4-22

续表

站位	经度（E）	纬度（N）	水深（m）	底质	采样日期
6021	116°00.0′	22°15.0′	50.0	细砂	1960-4-22
6022	116°00.0′	22°00.0′	84.0	软泥	1960-4-22
6026	115°30.0′	22°30.0′	30.0	泥质砂、贝壳	1960-4-14
6027	115°30.0′	22°15.0′	48.0	泥质砂	1960-4-14
6028	115°30.0′	22°00.0′	78.0	软泥	1960-4-14
6029	115°30.0′	21°45.0′	103.0	软泥	1960-4-14
6030	115°30.0′	21°30.0′	115.0	泥质砂	1960-4-13
6033	115°00.0′	22°30.0′	24.5	软泥	1960-4-9
6034	115°00.0′	22°15.0′	41.0	软泥	1960-4-12
6035	115°00.0′	22°00.0′	60.8	软泥	1960-4-12
6036	115°00.0′	21°45.0′	81.5	软泥	1960-4-13
6037	115°00.0′	21°30.0′	92.0	砂质泥	1960-4-13
6038	115°00.0′	21°00.0′	107.0	泥质粗砂	1960-4-13
6044	114°30.0′	22°00.0′	43.6	软泥	1960-4-9
6045	114°30.0′	21°45.0′	59.6	软泥	1960-4-8
6046	114°30.0′	22°00.0′	73.0	软泥	1960-4-8
6047	114°30.0′	22°00.0′	82.0	软泥	1960-4-8
6048	114°30.0′	22°00.0′	83.0	泥质砂	1960-4-8
6050	114°00.0′	22°00.0′	34.5	软泥	1960-4-5
6051	114°00.0′	21°45.0′	43.0	软泥	1960-4-5
6052	114°00.0′	21°30.0′	53.0	软泥	1960-4-7
6053	114°00.0′	21°15.0′	60.5	软泥	1960-4-7
6054	114°00.0′	21°00.0′	77.0	砂质泥	1960-4-8
6058	113°45.0′	21°45.0′	34.7	泥质粗砂	1960-4-7
6059	113°45.0′	21°30.0′	43.0	粗砂	1960-4-7
6061	113°30.0′	22°00.0′	5.0	软泥	1960-4-10
6062	113°30.0′	21°45.0′	31.0	软泥	1960-4-10
6063	113°30.0′	21°30.0′	39.0	泥质粗砂	1960-4-9
6064	113°30.0′	21°15.0′	51.0	细砂	1960-4-9
6065	113°30.0′	21°00.0′	69.0	泥质砂	1960-4-9
6066	113°30.0′	20°30.0′	88.0	泥质砂	1960-4-9
6067	113°30.0′	20°00.0′	129.0	NA	1960-4-9
6074	113°00.0′	21°45.0′	17.0	软泥	1960-4-7
6075	113°00.0′	21°30.0′	39.0	泥质砂	1960-4-7
6076	113°00.0′	21°15.0′	45.0	泥质砂	1960-4-7
6077	113°00.0′	21°00.0′	64.0	泥质砂	1960-4-7
6078	113°00.0′	20°30.0′	88.0	泥质砂	1960-4-8

续表

站位	经度（E）	纬度（N）	水深（m）	底质	采样日期
6079	113°00.0′	20°00.0′	12.0	泥质砂	1960-4-8
6080	113°00.0′	19°30.0′	23.0	软泥	1960-4-8
6088	112°30.0′	21°30.0′	23.0	软泥	1960-4-7
6089	112°30.0′	21°15.0′	41.0	泥质砂	1960-4-7
6090	112°30.0′	21°00.0′	53.0	泥质砂	1960-4-7
6091	112°30.0′	20°30.0′	79.5	泥质砂	1960-4-6
6092	112°30.0′	20°00.0′	101.0	泥质砂	1960-4-6
6093	112°30.0′	19°30.0′	180.0	泥质砂	1960-4-6
6094	112°30.0′	19°00.0′	290.0	泥质砂	1960-4-6
6103	112°00.0′	21°30.0′	22.0	软泥	1960-4-3
6104	112°00.0′	21°15.0′	31.0	软泥	1960-4-3
6105	112°00.0′	21°00.0′	45.0	软泥	1960-4-4
6106	112°00.0′	20°30.0′	68.0	砂质泥	1960-4-4
6107	112°00.0′	20°00.0′	92.0	泥质砂	1960-4-4
6108	112°00.0′	19°30.0′	124.0	砂质泥	1960-4-4
6109	112°00.0′	19°00.0′	184.0	泥质砂	1960-4-5
6114	111°30.0′	21°26.0′	21.0	珊瑚礁（硬底质）	1960-4-5
6115	111°30.0′	21°15.0′	30.0	软泥	1960-4-5
6116	111°30.0′	21°00.0′	41.0	软泥	1960-4-5
6117	111°30.0′	20°45.0′	48.0	软泥	1960-4-6
6118	111°30.0′	20°30.0′	62.0	软泥	1960-4-6
6119	111°30.0′	20°15.0′	57.0	砂质泥	1960-4-6
6120	111°30.0′	20°00.0′	82.0	泥质砂	1960-4-6
6121	111°30.0′	19°30.0′	118.0	砂质泥	1960-4-6
6122	111°30.0′	19°00.0′	162.0	砂质软泥	1960-4-7
6131	111°15.0′	20°00.0′	50.0	软泥	1960-4-9
6132	111°15.0′	19°45.0′	76.0	粗砂泥	1960-4-9
6133	111°15.0′	19°30.0′	87.0	砂质泥	1960-4-9
6135	111°00.0′	21°15.0′	17.0	软泥	1960-4-10
6136	111°00.0′	21°00.0′	25.0	粉砂泥	1960-4-10
6137	111°00.0′	20°45.0′	30.0	软泥	1960-4-10
6138	111°00.0′	20°30.0′	30.0	粉砂泥	1960-4-10
6139	111°00.0′	20°15.0′	32.0	细砂	1960-4-9
6140	111°00.0′	19°30.0′	32.0	细砂	1960-4-8
6141	111°00.0′	19°15.0′	67.0	粗砂、贝壳	1960-4-8
6142	111°00.0′	19°00.0′	96.0	砂质泥	1960-4-8
6143	111°00.0′	18°45.0′	100.0	粗砂泥	1960-4-8

续表

站位	经度（E）	纬度（N）	水深（m）	底质	采样日期
6144	111°00.0′	18°30.0′	151.0	砂质泥	1960-4-8
6145	111°00.0′	18°15.0′	173.0	软泥	1960-4-8
6150	110°45.0′	21°15.0′	12.0	粗砂	1960-4-10
6151	110°45.0′	20°49.0′	26.0	软泥	1960-4-10
6152	110°45.0′	20°30.0′	15.0	细砂	1960-4-10
6153	110°45.0′	20°15.0′	55.0	粗砂	1960-4-9
6154	110°45.0′	19°15.0′	36.0	细砂、贝壳	1960-5-6
6155	110°45.0′	19°00.0′	87.0	砂质泥	1960-5-6
6156	110°45.0′	18°45.0′	97.0	砂质泥	1960-5-6
6159	110°30.0′	18°45.0′	31.0	泥质砂	1960-5-6
6160	110°30.0′	18°30.0′	93.0	泥质砂	1960-5-7
6161	110°30.0′	18°15.0′	106.0	粗砂、贝壳	1960-5-7
6162	110°30.0′	18°00.0′	145.0	泥	1960-5-7
6163	110°30.0′	17°45.0′	268.0	砂质泥	1960-5-7
6168	110°15.0′	18°30.0′	40.0	软泥	1960-5-7
6173	110°00.0′	18°15.0′	74.0	砂质泥	1960-5-12
6174	110°00.0′	18°00.0′	95.0	泥质砂	1960-5-12
6175	110°00.0′	17°45.0′	106.0	粗砂泥	1960-5-13
6176	110°00.0′	17°30.0′	148.0	粗砂质泥	1960-5-13
6181	109°45.0′	18°11.0′	68.0	砂质泥	1960-5-12
6186	109°30.0′	18°00.0′	70.0	砂质泥	1960-5-14
6187	109°30.0′	17°45.0′	97.0	砂质泥	1960-5-14
6188	109°30.0′	17°30.0′	115.0	砂质泥	1960-5-13
6189	109°30.0′	17°00.0′	162.0	粗砂泥	1960-5-13
6195	109°15.0′	18°15.0′	24.0	泥质砂	1960-5-17
6203	109°00.0′	18°15.0′	23.0	粗砂	1960-5-14
6204	109°00.0′	18°00.0′	45.0	碎贝壳、泥质砂	1960-5-14
6205	109°00.0′	17°45.0′	75.0	粉砂质泥	1960-5-14
6206	109°00.0′	17°30.0′	87.0	泥质砂	1960-5-15
6207	109°00.0′	17°00.0′	108.0	砂质泥	1960-5-15
6210	108°45.0′	18°15.0′	38.0	粗砂、贝壳	1960-5-16
6224	108°30.0′	18°15.0′	54.0	泥质砂、贝壳	1960-5-16
6225	108°30.0′	18°00.0′	69.0	泥质粉砂	1960-5-15
6226	108°30.0′	17°45.0′	84.0	泥质砂	1960-5-15
6227	108°30.0′	17°30.0′	98.0	粉砂泥	1960-5-15
6228	108°30.0′	17°00.0′	93.0	粉砂泥	1960-5-15

注："NA"表示数据缺失

表 1-4　1959 年 4 月南海北部海域大型底栖生物调查站位信息（拖网站位）

站位	经度（E）	纬度（N）	水深（m）	采样日期
6004	117°30.0′	23°30.0′	42.0	1959-4-3
6005	117°30.0′	23°15.0′	40.0	1959-4-3
6006	117°30.0′	23°00.0′	43.0	1959-4-3
6008	117°00.0′	23°23.0′	14.0	1959-4-2
6009	117°00.0′	23°15.0′	24.0	1959-4-2
6010	117°00.0′	22°00.0′	35.0	1959-4-3
6011	117°00.0′	22°45.0′	38.0	1959-4-3
6012	117°00.0′	22°30.0′	48.0	1959-4-3
6014	116°30.0′	22°45.0′	35.0	1959-4-4
6015	116°30.0′	22°30.0′	43.0	1959-4-4
6016	116°30.0′	22°15.0′	43.3	1959-4-4
6017	116°30.0′	22°00.0′	83.3	1959-4-4
6019	116°00.0′	22°45.0′	17.5	1959-4-4
6020	116°00.0′	22°30.0′	38.0	1959-4-5
6021	116°00.0′	22°15.0′	49.0	1959-4-5
6022	116°00.0′	22°00.0′	89.0	1959-4-5
6023	116°00.0′	21°45.0′	110.0	1959-4-5
6026	115°30.0′	22°30.0′	285.0	1959-4-6
6027	115°30.0′	22°15.0′	49.0	1959-4-6
6028	115°30.0′	22°00.0′	79.4	1959-4-6
6029	115°30.0′	21°45.0′	94.3	1959-4-5
6030	115°30.0′	21°30.0′	115.0	1959-4-5
6033	115°00.0′	22°30.0′	22.0	1959-4-7
6034	115°00.0′	22°15.0′	38.5	1959-4-6
6035	115°00.0′	22°00.0′	60.0	1959-4-8
6036	115°00.0′	21°45.0′	87.0	1959-4-8
6037	115°00.0′	21°30.0′	91.0	1959-4-8
6038	115°00.0′	21°00.0′	102.0	1959-4-8
6044	114°30.0′	22°00.0′	39.9	1959-4-9
6045	114°30.0′	21°45.0′	64.5	1959-4-9
6046	114°30.0′	22°00.0′	74.5	1959-4-8
6047	114°30.0′	22°00.0′	85.0	1959-4-8
6048	114°30.0′	22°00.0′	85.0	1959-4-8
6050	114°00.0′	22°00.0′	34.0	1959-4-9
6051	114°00.0′	21°45.0′	44.0	1959-4-9
6052	114°00.0′	21°30.0′	54.5	1959-4-9
6053	114°00.0′	21°15.0′	75.0	1959-4-10

续表

站位	经度（E）	纬度（N）	水深（m）	采样日期
6054	114°00.0′	21°00.0′	78.0	1959-4-10
6058	113°45.0′	21°45.0′	35.0	1959-4-9
6059	113°45.0′	21°30.0′	43.3	1959-4-9
6061	113°30.0′	22°00.0′	6.0	1959-4-24
6062	113°30.0′	21°45.0′	35.0	1959-4-24
6063	113°30.0′	21°30.0′	41.0	1959-4-24
6064	113°30.0′	21°15.0′	58.0	1959-4-24
6065	113°30.0′	21°00.0′	58.0	1959-4-24
6066	113°30.0′	20°30.0′	86.0	1959-4-25
6067	113°30.0′	20°00.0′	140.0	1959-4-25
6074	113°00.0′	21°45.0′	18.0	1959-4-22
6075	113°00.0′	21°30.0′	25.5	1959-4-22
6076	113°00.0′	21°15.0′	39.0	1959-4-21
6077	113°00.0′	21°00.0′	54.0	1959-4-21
6078	113°00.0′	20°30.0′	87.0	1959-4-21
6079	113°00.0′	20°00.0′	104.0	1959-4-21
6080	113°00.0′	19°30.0′	180.0	1959-4-21
6088	112°30.0′	21°30.0′	24.0	1959-4-18
6089	112°30.0′	21°15.0′	43.0	1959-4-18
6090	112°30.0′	21°00.0′	54.0	1959-4-18
6091	112°30.0′	20°30.0′	89.0	1959-4-18
6092	112°30.0′	20°00.0′	99.0	1959-4-18
6093	112°30.0′	19°30.0′	260.0	1959-4-19
6094	112°30.0′	19°00.0′	270.0	1959-4-19
6103	112°00.0′	21°30.0′	24.0	1959-4-19
6104	112°00.0′	21°15.0′	36.0	1959-4-19
6105	112°00.0′	21°00.0′	48.0	1959-4-20
6106	112°00.0′	20°30.0′	72.0	1959-4-20
6107	112°00.0′	20°00.0′	96.5	1959-4-20
6108	112°00.0′	19°30.0′	120.0	1959-4-20
6109	112°00.0′	19°00.0′	194.0	1959-4-20
6114	111°30.0′	21°26.0′	20.0	1959-4-13
6115	111°30.0′	21°15.0′	29.5	1959-4-12
6116	111°30.0′	21°00.0′	41.0	1959-4-12
6117	111°30.0′	20°45.0′	48.5	1959-4-12
6118	111°30.0′	20°30.0′	61.0	1959-4-12
6119	111°30.0′	20°15.0′	70.0	1959-4-12

续表

站位	经度（E）	纬度（N）	水深（m）	采样日期
6120	111°30.0′	20°00.0′	76.5	1959-4-12
6121	111°30.0′	19°30.0′	113.0	1959-4-12
6122	111°30.0′	19°00.0′	144.0	1959-4-11
6123	111°30.0′	18°30.0′	182.0	1959-4-11
6131	111°15.0′	20°00.0′	52.0	1959-4-25
6132	111°15.0′	19°45.0′	78.0	1959-4-25
6133	111°15.0′	19°30.0′	86.0	1959-4-25
6135	111°00.0′	21°15.0′	17.0	1959-4-26
6136	111°00.0′	21°00.0′	27.0	1959-4-26
6137	111°00.0′	20°45.0′	32.0	1959-4-26
6138	111°30.0′	20°30.0′	30.0	1959-4-26
6139	111°00.0′	20°15.0′	30.0	1959-4-26
6140	111°00.0′	19°30.0′	29.5	1959-4-25
6141	111°00.0′	19°15.0′	78.0	1959-4-25
6142	111°00.0′	19°00.0′	109.0	1959-4-22
6143	111°00.0′	18°45.0′	122.5	1959-4-22
6144	111°00.0′	18°30.0′	148.0	1959-4-22
6150	110°45.0′	21°15.0′	12.0	1959-4-17
6151	110°45.0′	20°49.0′	18.0	1959-4-17
6152	110°45.0′	20°30.0′	16.0	1959-4-17
6154	110°45.0′	19°15.0′	28.0	1959-4-5
6155	110°45.0′	19°00.0′	80.0	1959-4-5
6156	110°45.0′	18°45.0′	98.0	1959-4-5
6158	110°30.0′	20°12.0′	64.0	1959-4-17
6159	110°30.0′	18°45.0′	31.0	1959-4-6
6160	110°30.0′	18°30.0′	94.5	1959-4-6
6161	110°30.0′	18°15.0′	94.8	1959-4-6
6162	110°30.0′	18°00.0′	142.0	1959-4-6
6163	110°30.0′	17°45.0′	170.0	1959-4-6
6167	110°15.0′	20°10.0′	68.0	1959-4-17
6168	110°15.0′	18°30.0′	46.0	1959-4-4
6172	110°00.0′	20°08.0′	78.9	1959-4-17
6173	110°00.0′	18°15.0′	62.0	1959-4-8
6174	110°00.0′	18°00.0′	89.0	1959-4-8
6175	110°00.0′	17°45.0′	118.0	1959-4-8
6176	110°00.0′	17°30.0′	140.0	1959-4-7
6179	109°45.0′	20°30.0′	15.0	1959-4-19

站位	经度（E）	纬度（N）	水深（m）	采样日期
6180	109°45.0′	20°30.0′	39.0	1959-4-17
6181	109°45.0′	18°11.0′	66.0	1959-4-9
6183	109°30.0′	20°30.0′	16.0	1959-4-19
6184	109°30.0′	20°15.0′	20.0	1959-4-18
6185	109°30.0′	20°04.0′	33.0	1959-4-18
6186	109°30.0′	18°00.0′	65.0	1959-4-9
6187	109°30.0′	17°45.0′	86.0	1959-4-9
6188	109°30.0′	17°30.0′	107.0	1959-4-10
6189	109°30.0′	17°00.0′	158.0	1959-4-10
6191	109°23.0′	21°15.0′	17.0	1959-4-21
6192	109°23.0′	21°00.0′	16.0	1959-4-19
6194	109°15.0′	20°00.2′	22.0	1959-4-18
6195	109°15.0′	18°15.0′	21.0	1959-4-11
6196	109°00.0′	21°23.0′	15.0	1959-4-20
6197	109°00.0′	21°00.0′	25.7	1959-4-20
6199	109°00.0′	20°30.0′	32.0	1959-4-19
6201	109°00.0′	20°00.2′	23.0	1959-4-18
6202	109°00.0′	19°45.0′	23.0	1959-4-19
6203	109°00.0′	18°15.0′	25.0	1959-4-11
6204	109°00.0′	18°00.0′	42.0	1959-4-11
6205	109°00.0′	17°45.0′	74.0	1959-4-11
6206	109°00.0′	17°30.0′	92.0	1959-4-11
6207	109°00.0′	17°00.0′	111.0	1959-4-10
6209	108°45.0′	19°45.0′	55.0	1959-4-19
6210	108°45.0′	18°15.0′	34.2	1959-4-14
6211	108°30.0′	21°30.0′	12.0	1959-4-20
6212	108°30.0′	21°15.0′	23.5	1959-4-20
6213	108°30.0′	21°00.0′	35.0	1959-4-20
6215	108°30.0′	20°30.0′	50.5	1959-4-19
6217	108°30.0′	20°00.0′	69.5	1959-4-18
6219	108°30.0′	19°30.0′	55.5	1959-4-19
6220	108°30.0′	19°15.0′	33.5	1959-4-18
6221	108°30.0′	19°00.0′	13.0	1959-4-18
6222	108°30.0′	18°45.0′	19.0	1959-4-17
6223	108°30.0′	18°30.0′	42.2	1959-4-17
6224	108°30.0′	18°15.0′	60.0	1959-4-15
6225	108°30.0′	18°00.0′	75.0	1959-4-15

站位	经度（E）	纬度（N）	水深（m）	采样日期
6226	108°30.0′	17°45.0′	88.9	1959-4-15
6227	108°30.0′	17°30.0′	101.0	1959-4-15
6228	108°30.0′	17°00.0′	93.5	1959-4-15
6229	108°15.0′	19°00.0′	38.0	1959-4-18
6230	108°15.0′	18°45.0′	49.0	1959-4-17
6231	108°15.0′	18°30.0′	59.0	1959-4-17
6232	108°15.0′	18°15.0′	71.0	1959-4-16
6234	108°00.0′	21°00.0′	28.0	1959-4-20
6236	108°00.0′	20°30.0′	47.8	1959-4-18
6238	108°00.0′	20°00.0′	55.0	1959-4-18
6240	108°00.0′	19°30.0′	53.5	1959-4-18
6241	108°00.0′	19°00.0′	66.5	1959-4-18
6242	108°00.0′	18°30.0′	72.0	1959-4-17
6243	108°00.0′	18°00.0′	86.0	1959-4-16
6244	110°30.0′	17°30.0′	85.0	1959-4-16

表 1-5　1959 年 7 月南海北部海域大型底栖生物调查站位信息（拖网站位）

站位	经度（E）	纬度（N）	水深（m）	采样日期
6004	117°30.0′	23°30.0′	42.0	1959-7-21
6005	117°30.0′	23°15.0′	40.0	1959-7-21
6008	117°00.0′	23°23.0′	15.0	1959-7-21
6009	117°00.0′	23°15.0′	23.5	1959-7-21
6010	117°00.0′	22°00.0′	40.0	1959-7-21
6011	117°00.0′	22°45.0′	40.0	1959-7-20
6012	117°00.0′	22°30.0′	47.6	1959-7-20
6014	116°30.0′	22°45.0′	33.0	1959-7-20
6015	116°30.0′	22°30.0′	40.0	1959-7-20
6016	116°30.0′	22°15.0′	45.0	1959-7-20
6017	116°30.0′	22°00.0′	86.0	1959-7-20
6019	116°00.0′	22°45.0′	18.5	1959-7-19
6020	116°00.0′	22°30.0′	38.5	1959-7-19
6021	116°00.0′	22°15.0′	51.3	1959-7-19
6022	116°00.0′	22°00.0′	87.0	1959-7-19
6023	116°00.0′	21°45.0′	103.0	1959-7-19
6026	115°30.0′	22°30.0′	29.0	1959-7-16
6027	115°30.0′	22°15.0′	47.1	1959-7-17
6028	115°30.0′	22°00.0′	74.2	1959-7-15

续表

站位	经度（E）	纬度（N）	水深（m）	采样日期
6029	115°30.0′	21°45.0′	105.3	1959-7-14
6030	115°30.0′	21°30.0′	115.0	1959-7-14
6033	115°00.0′	22°30.0′	23.5	1959-7-13
6034	115°00.0′	22°15.0′	42.0	1959-7-13
6035	115°00.0′	22°00.0′	67.1	1959-7-13
6036	115°00.0′	21°45.0′	83.7	1959-7-13
6037	115°00.0′	21°30.0′	90.4	1959-7-14
6038	115°00.0′	21°00.0′	103.0	1959-7-14
6044	114°30.0′	22°00.0′	44.6	1959-7-11
6045	114°30.0′	21°45.0′	62.4	1959-7-11
6046	114°30.0′	22°00.0′	68.0	1959-7-11
6047	114°30.0′	22°00.0′	82.0	1959-7-10
6048	114°30.0′	22°00.0′	84.6	1959-7-10
6050	114°00.0′	22°00.0′	34.0	1959-7-9
6051	114°00.0′	21°45.0′	43.5	1959-7-9
6052	114°00.0′	21°30.0′	57.5	1959-7-10
6053	114°00.0′	21°15.0′	74.5	1959-7-9
6054	114°00.0′	21°00.0′	80.0	1959-7-10
6058	113°45.0′	21°45.0′	34.8	1959-7-9
6061	113°30.0′	22°00.0′	7.0	1959-7-16
6062	113°30.0′	21°45.0′	32.0	1959-7-15
6063	113°30.0′	21°30.0′	42.0	1959-7-15
6064	113°30.0′	21°15.0′	58.0	1959-7-15
6065	113°30.0′	21°00.0′	74.0	1959-7-14
6066	113°30.0′	20°30.0′	88.0	1959-7-14
6067	113°30.0′	20°00.0′	200.0	1959-7-14
6069	113°30.0′	19°00.0′	1100.0	1959-7-13
6074	113°00.0′	21°45.0′	19.0	1959-7-6
6075	113°00.0′	21°30.0′	36.0	1959-7-6
6076	113°00.0′	21°15.0′	46.0	1959-7-7
6077	113°00.0′	21°00.0′	67.0	1959-7-7
6078	113°00.0′	20°30.0′	87.0	1959-7-11
6079	113°00.0′	20°00.0′	128.0	1959-7-11
6080	113°00.0′	19°30.0′	220.0	1959-7-11
6089	112°30.0′	21°15.0′	47.0	1959-7-6
6090	112°30.0′	21°00.0′	52.0	1959-7-6
6091	112°30.0′	20°30.0′	78.0	1959-7-5

站位	经度（E）	纬度（N）	水深（m）	采样日期
6092	112°30.0′	20°00.0′	108.0	1959-7-5
6093	112°30.0′	19°30.0′	156.0	1959-7-5
6094	112°30.0′	19°00.0′	230.0	1959-7-5
6103	112°00.0′	21°30.0′	21.0	1959-7-2
6104	112°00.0′	21°15.0′	34.0	1959-7-2
6105	112°00.0′	21°00.0′	49.0	1959-7-3
6106	112°00.0′	20°30.0′	71.0	1959-7-3
6107	112°00.0′	20°00.0′	94.0	1959-7-3
6108	112°00.0′	19°30.0′	122.0	1959-7-3
6109	112°00.0′	19°00.0′	195.0	1959-7-3
6115	111°30.0′	21°15.0′	25.0	1959-7-17
6116	111°30.0′	21°00.0′	42.0	1959-7-17
6117	111°30.0′	20°01.2′	49.0	1959-7-17
6118	111°30.0′	20°30.0′	61.0	1959-7-16
6119	111°30.0′	20°15.0′	66.0	1959-7-16
6120	111°30.0′	20°00.0′	81.0	1959-7-16
6121	111°30.0′	19°30.0′	110.0	1959-7-16
6122	111°30.0′	19°00.0′	160.0	1959-7-16
6123	111°30.0′	18°30.0′	22.0	1959-7-15
6131	111°15.0′	20°00.0′	48.0	1959-7-12
6132	111°15.0′	19°45.0′	66.0	1959-7-12
6133	111°15.0′	19°30.0′	90.0	1959-7-13
6135	111°00.0′	21°15.0′	18.0	1959-7-11
6136	111°00.0′	21°00.0′	23.0	1959-7-11
6137	111°00.0′	20°45.0′	30.0	1959-7-12
6138	111°00.0′	20°30.0′	31.0	1959-7-12
6139	111°00.0′	20°15.0′	31.0	1959-7-12
6140	111°00.0′	19°30.0′	38.0	1959-7-13
6141	111°00.0′	19°15.0′	79.0	1959-7-13
6142	111°00.0′	19°00.0′	107.0	1959-7-13
6143	111°00.0′	18°45.0′	127.0	1959-7-14
6144	111°00.0′	18°30.0′	146.0	1959-7-14
6145	111°00.0′	18°15.0′	158.0	1959-7-14
6150	110°45.0′	21°15.0′	12.0	1959-7-11
6151	110°45.0′	20°49.0′	26.0	1959-7-11
6152	110°45.0′	20°30.0′	18.0	1959-7-12
6153	110°45.0′	20°15.0′	43.0	1959-7-12

续表

站位	经度（E）	纬度（N）	水深（m）	采样日期
6154	110°45.0′	19°15.0′	36.0	1959-7-10
6155	110°45.0′	19°00.0′	80.0	1959-7-10
6156	110°45.0′	18°45.0′	110.0	1959-7-9
6159	110°30.0′	18°45.0′	23.0	1959-7-10
6160	110°30.0′	18°30.0′	103.0	1959-7-10
6161	110°30.0′	18°15.0′	120.0	1959-7-10
6162	110°30.0′	18°00.0′	144.8	1959-7-11
6163	110°30.0′	17°45.0′	175.0	1959-7-11
6168	110°15.0′	18°30.0′	46.0	1959-7-9
6173	110°00.0′	18°15.0′	75.0	1959-7-12
6174	110°00.0′	18°00.0′	91.0	1959-7-12
6175	110°00.0′	17°45.0′	104.8	1959-7-12
6181	109°45.0′	18°11.0′	62.0	1959-7-12
6186	109°30.0′	18°00.0′	70.0	1959-7-14
6187	109°30.0′	17°45.0′	94.0	1959-7-14
6188	109°30.0′	17°30.0′	106.0	1959-7-14
6189	109°30.0′	17°00.0′	156.8	1959-7-15
6195	109°15.0′	18°15.0′	21.0	1959-7-18
6203	109°00.0′	18°15.0′	23.8	1959-7-16
6204	109°00.0′	18°00.0′	70.0	1959-7-16
6205	109°00.0′	17°45.0′	83.0	1959-7-15
6206	109°00.0′	17°30.0′	85.0	1959-7-15
6207	109°00.0′	17°00.0′	110.4	1959-7-15
6210	108°45.0′	18°15.0′	39.0	1959-7-16
6224	108°30.0′	18°15.0′	68.0	1959-7-16
6225	108°30.0′	18°00.0′	83.0	1959-7-16
6226	108°30.0′	17°45.0′	82.0	1959-7-16
6227	108°30.0′	17°30.0′	96.0	1959-7-17
6228	108°30.0′	17°00.0′	97.0	1959-7-17

表 1-6 1959 年 10～12 月南海北部海域大型底栖生物调查站位信息（拖网站位）

站位	经度（E）	纬度（N）	水深（m）	采样日期
6004	117°30.0′	23°30.0′	37.4	1959-11-16
6005	117°30.0′	23°15.0′	43.0	1959-11-16
6008	117°00.0′	23°23.0′	12.0	1959-12-20
6009	117°00.0′	23°15.0′	23.0	1959-12-20
6010	117°00.0′	22°00.0′	35.0	1959-12-20

站位	经度（E）	纬度（N）	水深（m）	采样日期
6011	117°00.0′	22°45.0′	40.0	1959-12-23
6012	117°00.0′	22°30.0′	47.3	1959-12-23
6014	116°30.0′	22°45.0′	35.0	1959-12-24
6015	116°30.0′	22°30.0′	43.0	1959-12-24
6016	116°30.0′	22°15.0′	47.0	1959-12-24
6019	116°00.0′	22°45.0′	19.0	1959-12-23
6020	116°00.0′	22°30.0′	37.7	1959-12-23
6021	116°00.0′	22°15.0′	52.0	1959-12-23
6022	116°00.0′	22°00.0′	85.0	1959-12-23
6023	116°00.0′	21°45.0′	106.0	1959-12-23
6026	115°30.0′	22°30.0′	30.0	1959-12-19
6027	115°30.0′	22°15.0′	49.0	1959-12-19
6028	115°30.0′	22°00.0′	78.0	1959-12-20
6029	115°30.0′	21°45.0′	93.7	1959-12-29
6030	115°30.0′	21°30.0′	113.0	1959-12-20
6033	115°00.0′	22°30.0′	24.0	1959-12-11
6034	115°00.0′	22°15.0′	42.3	1959-12-11
6035	115°00.0′	22°00.0′	69.7	1959-12-11
6036	115°00.0′	21°45.0′	84.7	1959-12-12
6037	115°00.0′	21°30.0′	96.0	1959-12-12
6038	115°00.0′	21°00.0′	111.0	1959-12-12
6044	114°30.0′	22°00.0′	46.0	1959-12-11
6045	114°30.0′	21°45.0′	62.0	1959-12-11
6046	114°30.0′	22°00.0′	77.0	1959-12-10
6047	114°30.0′	22°00.0′	83.0	1959-12-10
6048	114°30.0′	22°00.0′	93.0	1959-12-10
6050	114°00.0′	22°00.0′	34.0	1959-12-9
6051	114°00.0′	21°45.0′	43.0	1959-12-9
6052	114°00.0′	21°30.0′	54.0	1959-12-9
6053	114°00.0′	21°15.0′	75.0	1959-12-10
6054	114°00.0′	21°00.0′	80.0	1959-12-10
6058	113°45.0′	21°45.0′	35.0	1959-12-7
6059	113°45.0′	21°30.0′	45.0	1959-12-9
6061	113°30.0′	22°00.0′	7.0	1959-10-18
6062	113°30.0′	21°45.0′	32.0	1959-10-18
6063	113°30.0′	21°30.0′	43.0	1959-10-18
6064	113°30.0′	21°15.0′	52.0	1959-10-18

续表

站位	经度（E）	纬度（N）	水深（m）	采样日期
6065	113°30.0′	21°00.0′	73.0	1959-10-18
6066	113°30.0′	20°30.0′	90.0	1959-10-19
6067	113°30.0′	20°00.0′	129.0	1959-10-19
6074	113°00.0′	21°45.0′	17.0	1959-10-21
6075	113°00.0′	21°30.0′	39.0	1959-10-21
6076	113°00.0′	21°15.0′	43.0	1959-10-21
6077	113°00.0′	21°00.0′	61.0	1959-10-21
6078	113°00.0′	20°30.0′	92.0	1959-10-20
6079	113°00.0′	20°00.0′	117.0	1959-11-18
6080	113°00.0′	19°30.0′	200.0	1959-11-18
6088	112°30.0′	21°30.0′	23.0	1959-10-21
6089	112°30.0′	21°15.0′	41.0	1959-10-21
6090	112°30.0′	21°00.0′	53.0	1959-10-22
6091	112°30.0′	20°30.0′	74.0	1959-10-22
6092	112°30.0′	20°00.0′	104.0	1959-10-22
6093	112°30.0′	19°30.0′	158.0	1959-10-22
6094	112°30.0′	19°00.0′	300.0	1959-10-23
6103	112°00.0′	21°30.0′	23.0	1959-11-7
6104	112°00.0′	21°15.0′	2.0	1959-10-29
6105	112°00.0′	21°00.0′	38.0	1959-10-29
6106	112°00.0′	20°30.0′	65.0	1959-10-28
6107	112°00.0′	20°00.0′	92.0	1959-10-28
6108	112°00.0′	19°30.0′	124.0	1959-10-28
6109	112°00.0′	19°00.0′	205.0	1959-10-28
6114	111°30.0′	21°26.0′	20.8	1959-10-17
6115	111°30.0′	21°15.0′	28.0	1959-10-17
6116	111°30.0′	21°00.0′	40.0	1959-10-18
6117	111°30.0′	20°45.0′	45.8	1959-10-18
6118	111°30.0′	20°30.0′	50.0	1959-10-18
6119	111°30.0′	20°15.0′	70.2	1959-10-18
6120	111°30.0′	20°00.0′	71.5	1959-10-18
6121	111°30.0′	19°30.0′	102.0	1959-10-19
6122	111°30.0′	19°00.0′	145.0	1959-10-19
6131	111°15.0′	20°00.0′	44.0	1959-10-29
6132	111°15.0′	19°45.0′	73.0	1959-10-29
6133	111°15.0′	19°30.0′	89.0	1959-10-29
6135	111°00.0′	21°15.0′	18.0	1959-10-30

续表

站位	经度（E）	纬度（N）	水深（m）	采样日期
6136	111°00.0′	21°00.0′	25.8	1959-10-30
6137	111°00.0′	20°45.0′	31.0	1959-10-30
6138	111°00.0′	20°30.0′	31.0	1959-10-29
6139	111°00.0′	20°15.0′	33.0	1959-10-29
6140	111°00.0′	19°30.0′	39.0	1959-10-29
6141	111°00.0′	19°15.0′	73.0	1959-10-29
6142	111°00.0′	19°00.0′	90.0	1959-10-28
6143	111°00.0′	18°45.0′	117.0	1959-10-28
6144	111°00.0′	18°30.0′	128.0	1959-10-20
6145	111°00.0′	18°15.0′	173.0	1959-10-20
6150	110°45.0′	21°15.0′	13.0	1959-10-29
6151	110°45.0′	20°49.0′	22.0	1959-10-30
6152	110°45.0′	20°30.0′	14.0	1959-10-30
6153	110°45.0′	20°15.0′	49.0	1959-10-30
6154	110°45.0′	19°15.0′	34.0	1959-11-28
6155	110°45.0′	19°00.0′	90.0	1959-11-28
6156	110°45.0′	18°45.0′	104.0	1959-11-28
6159	110°30.0′	18°45.0′	31.0	1959-11-24
6160	110°30.0′	18°30.0′	104.0	1959-11-24
6161	110°30.0′	18°15.0′	125.0	1959-11-24
6162	110°30.0′	18°00.0′	177.0	1959-11-25
6168	110°15.0′	18°30.0′	85.0	1959-11-24
6173	110°00.0′	18°15.0′	79.5	1959-11-23
6174	110°00.0′	18°00.0′	83.0	1959-11-23
6175	110°00.0′	17°45.0′	96.0	1959-11-23
6176	110°00.0′	17°30.0′	125.0	1959-11-23
6181	109°45.0′	18°11.0′	68.0	1959-11-23
6186	109°30.0′	18°00.0′	68.0	1959-11-21
6187	109°30.0′	17°45.0′	87.0	1959-11-21
6188	109°30.0′	17°30.0′	106.0	1959-11-22
6189	109°30.0′	17°00.0′	121.5	1959-11-22
6195	109°15.0′	18°15.0′	22.0	1959-11-21
6203	109°00.0′	18°15.0′	32.0	1959-11-21
6204	109°00.0′	18°00.0′	54.0	1959-11-20
6205	109°00.0′	17°45.0′	86.5	1959-11-20
6206	109°00.0′	17°30.0′	101.0	1959-11-20

续表

站位	经度（E）	纬度（N）	水深（m）	采样日期
6207	109°00.0′	17°00.0′	113.0	1959-11-20
6210	108°45.0′	18°15.0′	45.0	1959-11-18
6224	108°30.0′	18°15.0′	78.0	1959-11-19
6225	108°30.0′	18°00.0′	86.0	1959-11-19
6226	108°30.0′	17°45.0′	85.0	1959-11-19
6227	108°30.0′	17°30.0′	96.7	1959-11-19
6228	108°30.0′	17°00.0′	98.0	1959-11-19

表1-7　1960年1～3月南海北部海域大型底栖生物调查站位信息（拖网站位）

站位	经度（E）	纬度（N）	水深（m）	采样日期
6004	117°30.0′	23°30.0′	34.0	1960-1-4
6005	117°30.0′	23°15.0′	42.0	1960-1-4
6006	117°30.0′	23°00.0′	42.0	1960-1-4
6008	117°00.0′	23°23.0′	12.5	1960-1-5
6009	117°00.0′	23°15.0′	24.7	1960-1-5
6010	117°00.0′	22°00.0′	40.3	1960-1-5
6011	117°00.0′	22°45.0′	40.5	1960-1-6
6012	117°00.0′	22°30.0′	46.0	1960-1-4
6014	116°30.0′	22°45.0′	35.0	1960-1-10
6015	116°30.0′	22°30.0′	45.0	1960-1-10
6016	116°30.0′	22°15.0′	45.0	1960-1-11
6017	116°30.0′	22°00.0′	85.0	1960-1-11
6019	116°00.0′	22°45.0′	23.0	1960-1-10
6020	116°00.0′	22°30.0′	37.0	1960-1-10
6021	116°00.0′	22°15.0′	49.5	1960-1-10
6022	116°00.0′	22°00.0′	88.0	1960-1-9
6023	116°00.0′	21°45.0′	105.5	1960-1-9
6026	115°30.0′	22°30.0′	31.0	1960-1-8
6027	115°30.0′	22°15.0′	48.5	1960-1-8
6028	115°30.0′	22°00.0′	78.0	1960-1-8
6029	115°30.0′	21°45.0′	107.0	1960-1-9
6030	115°30.0′	21°30.0′	117.0	1960-1-9
6033	115°00.0′	22°30.0′	24.0	1960-1-8
6034	115°00.0′	22°15.0′	41.6	1960-1-8
6035	115°00.0′	22°00.0′	62.0	1960-1-8
6036	115°00.0′	21°45.0′	80.0	1960-1-8
6037	115°00.0′	21°30.0′	86.6	1960-1-9

站位	经度（E）	纬度（N）	水深（m）	采样日期
6038	115°00.0′	21°00.0′	108.0	1960-1-9
6044	114°30.0′	22°00.0′	40.4	1960-1-10
6045	114°30.0′	21°45.0′	60.7	1960-1-10
6046	114°30.0′	22°00.0′	75.0	1960-1-9
6047	114°30.0′	22°00.0′	81.0	1960-1-9
6048	114°30.0′	22°00.0′	79.6	1960-1-9
6050	114°00.0′	22°00.0′	34.0	1960-1-10
6051	114°00.0′	21°45.0′	44.0	1960-1-10
6052	114°00.0′	21°30.0′	54.6	1960-1-10
6053	114°00.0′	21°15.0′	73.6	1960-1-11
6054	114°00.0′	21°00.0′	79.0	1960-1-11
6058	113°45.0′	21°45.0′	34.4	1960-1-10
6059	113°45.0′	21°30.0′	44.5	1960-1-10
6061	113°30.0′	22°00.0′	7.0	1960-2-16
6062	113°30.0′	21°45.0′	32.0	1960-2-16
6063	113°30.0′	21°30.0′	39.5	1960-2-16
6064	113°30.0′	21°15.0′	50.0	1960-2-17
6065	113°30.0′	21°00.0′	74.0	1960-2-17
6066	113°30.0′	20°30.0′	88.0	1960-2-17
6067	113°30.0′	20°00.0′	141.0	1960-2-17
6074	113°00.0′	21°45.0′	17.0	1960-2-9
6075	113°00.0′	21°30.0′	37.0	1960-2-9
6076	113°00.0′	21°15.0′	45.0	1960-2-10
6077	113°00.0′	21°00.0′	66.0	1960-2-10
6078	113°00.0′	20°30.0′	87.0	1960-2-10
6079	113°00.0′	20°00.0′	121.0	1960-2-10
6080	113°00.0′	19°30.0′	210.0	1960-2-10
6088	112°30.0′	21°30.0′	22.0	1960-2-9
6089	112°30.0′	21°15.0′	44.5	1960-2-9
6090	112°30.0′	21°00.0′	50.0	1960-2-9
6091	112°30.0′	20°30.0′	78.0	1960-2-9
6092	112°30.0′	20°00.0′	104.0	1960-2-8
6093	112°30.0′	19°30.0′	174.0	1960-2-8
6094	112°30.0′	19°00.0′	300.0	1960-2-8
6103	112°00.0′	21°30.0′	24.0	1960-2-5
6104	112°00.0′	21°15.0′	36.0	1960-2-5
6105	112°00.0′	21°00.0′	48.0	1960-2-5

续表

站位	经度（E）	纬度（N）	水深（m）	采样日期
6106	112°00.0′	20°30.0′	72.0	1960-2-6
6107	112°00.0′	20°00.0′	94.0	1960-2-6
6108	112°00.0′	19°30.0′	120.0	1960-2-6
6109	112°00.0′	19°00.0′	195.0	1960-2-6
6114	111°30.0′	21°26.0′	20.0	1960-2-6
6115	111°30.0′	21°15.0′	29.0	1960-2-6
6116	111°30.0′	21°00.0′	41.0	1960-2-6
6117	111°30.0′	20°45.0′	47.0	1960-2-7
6118	111°30.0′	20°30.0′	63.0	1960-2-7
6119	111°30.0′	20°15.0′	71.0	1960-2-7
6120	111°30.0′	20°00.0′	77.0	1960-2-7
6121	111°30.0′	19°30.0′	119.0	1960-2-7
6122	111°30.0′	19°00.0′	159.0	1960-2-8
6123	111°30.0′	18°30.0′	220.0	1960-2-8
6131	111°15.0′	20°00.0′	52.0	1960-2-10
6132	111°15.0′	19°45.0′	70.0	1960-2-10
6133	111°15.0′	19°30.0′	97.0	1960-2-10
6135	111°00.0′	21°15.0′	18.0	1960-2-11
6136	111°00.0′	21°00.0′	24.0	1960-2-11
6137	111°00.0′	20°45.0′	32.0	1960-2-11
6138	111°00.0′	20°30.0′	30.0	1960-2-11
6139	111°00.0′	20°15.0′	31.0	1960-2-10
6140	111°00.0′	19°30.0′	39.0	1960-2-10
6141	111°00.0′	19°15.0′	80.0	1960-2-10
6142	111°00.0′	19°00.0′	101.0	1960-2-9
6143	111°00.0′	18°45.0′	123.0	1960-2-9
6144	111°00.0′	18°30.0′	141.0	1960-2-9
6145	111°00.0′	18°15.0′	170.0	1960-2-9
6150	110°45.0′	21°15.0′	11.0	1960-2-11
6151	110°45.0′	20°49.0′	23.0	1960-2-11
6152	110°45.0′	20°30.0′	17.0	1960-2-11
6153	110°45.0′	20°15.0′	55.0	1960-2-10
6154	110°45.0′	19°15.0′	35.0	1960-3-8
6155	110°45.0′	19°00.0′	90.0	1960-3-8
6156	110°45.0′	18°45.0′	100.0	1960-3-8
6159	110°30.0′	18°45.0′	32.0	1960-3-8
6160	110°30.0′	18°30.0′	101.0	1960-3-9

续表

站位	经度（E）	纬度（N）	水深（m）	采样日期
6161	110°30.0′	18°15.0′	114.0	1960-3-9
6162	110°30.0′	18°00.0′	145.0	1960-3-9
6163	110°30.0′	17°45.0′	230.0	1960-3-9
6168	110°15.0′	18°30.0′	51.5	1960-3-9
6173	110°00.0′	18°15.0′	84.0	1960-3-10
6174	110°00.0′	18°00.0′	94.0	1960-3-10
6175	110°00.0′	17°45.0′	105.0	1960-3-10
6176	110°00.0′	17°30.0′	140.0	1960-3-10
6181	109°45.0′	18°11.0′	64.0	1960-3-10
6186	109°30.0′	18°00.0′	74.0	1960-3-11
6187	109°30.0′	17°45.0′	90.0	1960-3-11
6188	109°30.0′	17°30.0′	111.0	1960-3-11
6189	109°30.0′	17°00.0′	164.0	1960-3-11
6195	109°15.0′	18°15.0′	20.0	1960-3-12
6203	109°00.0′	18°15.0′	22.0	1960-3-12
6204	109°00.0′	18°00.0′	32.5	1960-3-12
6205	109°00.0′	17°45.0′	77.0	1960-3-12
6206	109°00.0′	17°30.0′	88.0	1960-3-12
6207	109°00.0′	17°00.0′	128.0	1960-3-11
6210	108°45.0′	18°15.0′	38.0	1960-3-12
6224	108°30.0′	18°15.0′	60.8	1960-3-12
6225	108°30.0′	18°00.0′	83.0	1960-3-12
6226	108°30.0′	17°45.0′	80.0	1960-3-13
6227	108°30.0′	17°30.0′	106.0	1960-3-13
6228	108°30.0′	17°00.0′	98.0	1960-3-13

北部湾海域的数据基于 1962 年的中越北部湾联合考察的历史资料。调查范围为 17°30.0′～21°29.0′N、105°45.0′～109°37.0′E。调查站位布设为：1962 年 1 月共设 40 个采泥站位，1962 年 4 月、8 月、10 月均设 41 个采泥站位（表 1-8～表 1-11）。

表 1-8 1962 年 1 月北部湾海域大型底栖生物调查站位信息（采泥站位）

站位	经度（E）	纬度（N）	水深（m）	底质	采样日期
7101	108°59.0′	21°29.0′	8.0	细粉砂、软泥	1962-1-22
7102	109°10.0′	21°09.0′	21.0	粉砂质黏土、软泥	1962-1-22
7103	109°23.0′	20°40.0′	22.0	粉砂质黏土、软泥	1962-1-23
7104	109°37.0′	20°11.0′	31.0	中砂	1962-1-23
7201	107°50.0′	21°07.0′	15.0	细粉砂	1962-1-22

续表

站位	经度（E）	纬度（N）	水深（m）	底质	采样日期
7202	108°00.0′	21°00.0′	31.0	粗粉砂	1962-1-22
7203	108°15.0′	20°48.0′	41.0	粉砂质软泥	1962-1-22
7204	108°30.0′	20°37.0′	49.0	粉砂质黏土、软泥	1962-1-22
7205	109°00.0′	20°15.0′	37.0	黏土质软泥	1962-1-21
7301	107°00.0′	20°38.0′	20.0	黏土质软泥	1962-1-20
7302	107°15.0′	20°32.0′	29.0	细粉砂、软泥	1962-1-20
7303	107°30.0′	20°26.0′	34.0	粗粉砂	1962-1-21
7304	108°00.0′	20°13.0′	54.0	粗粉砂	1962-1-21
7305	108°30.0′	20°00.0′	62.0	细粉砂软泥	1962-1-21
7306	109°00.0′	19°47.0′	27.0	黏土质软泥	1962-1-21
7401	106°30.0′	20°00.0′	27.0	黏土质软泥	1962-1-14
7402	106°45.0′	19°56.0′	32.0	细粉砂软泥	1962-1-14
7403	107°00.0′	19°52.0′	49.0	细粉砂软泥	1962-1-14
7404	107°30.0′	19°44.0′	58.0	粗粉砂	1962-1-14
7405	108°00.0′	19°38.0′	60.0	粗粉砂	1962-1-13
7406	108°29.0′	19°30.0′	55.0	粉砂质软泥	1962-1-13
7501	106°00.0′	19°36.0′	22.0	软泥	1962-1-14
7502	106°30.0′	19°33.0′	32.0	细粉砂软泥	1962-1-15
7503	107°00.0′	19°30.0′	47.0	粗粉砂	1962-1-15
7601	105°45.0′	19°00.0′	13.0	粗粉砂	1962-1-12
7602	106°00.0′	19°00.0′	27.0	细粉砂软泥	1962-1-12
7603	106°30.0′	19°00.0′	42.0	粗粉砂	1962-1-12
7604	107°00.0′	19°00.0′	58.0	细粉砂软泥	1962-1-12
7605	107°29.0′	19°00.0′	69.0	粉砂质软泥	1962-1-13
7606	108°00.0′	19°00.0′	68.0	软泥	1962-1-13
7607	108°29.0′	19°00.0′	22.0	粗砂质软泥	1962-1-13
7701	106°15.0′	18°29.0′	32.0	细粉砂软泥	1962-1-12
7702	106°49.0′	18°33.0′	55.0	细粉砂软泥	1962-1-12
7801	106°37.0′	18°00.0′	37.0	粉砂质软泥	1962-1-7
7802	107°00.0′	18°13.0′	69.0	软泥	1962-1-8
7803	107°30.0′	18°29.0′	75.0	软泥	1962-1-8
7901	107°00.0′	17°30.0′	51.0	软泥	1962-1-7
7902	107°14.0′	17°41.0′	72.0	细粉砂软泥	1962-1-7
7904	108°14.0′	18°20.0′	82.0	粉砂质软泥	1962-1-6
7905	108°29.0′	18°30.0′	29.0	细粉砂软泥	1962-1-6

表 1-9　1962 年 4 月北部湾海域大型底栖生物调查站位信息（采泥站位）

站位	经度（E）	纬度（N）	水深（m）	底质	采样日期
7101	108°59.0′	21°29.0′	8.0	细粉砂、软泥	1962-4-23
7102	109°10.0′	21°09.0′	21.0	粉砂质黏土、软泥	1962-4-22
7103	109°23.0′	20°40.0′	22.0	粉砂质黏土、软泥	1962-4-22
7104	109°37.0′	20°11.0′	31.0	中砂	1962-4-22
7201	107°50.0′	21°07.0′	15.0	细粉砂	1962-4-24
7202	108°00.0′	21°00.0′	31.0	粗粉砂	1962-4-24
7203	108°15.0′	20°48.0′	41.0	粉砂质软泥	1962-4-24
7204	108°30.0′	20°37.0′	49.0	粉砂质黏土、软泥	1962-4-24
7205	109°00.0′	20°15.0′	37.0	黏土质软泥	1962-4-25
7301	107°00.0′	20°38.0′	20.0	黏土质软泥	1962-4-19
7302	107°15.0′	20°32.0′	29.0	细粉砂、软泥	1962-4-19
7303	107°30.0′	20°26.0′	34.0	粗粉砂	1962-4-19
7304	108°00.0′	20°13.0′	54.0	粗粉砂	1962-4-20
7305	108°30.0′	20°00.0′	62.0	细粉砂软泥	1962-4-20
7306	109°00.0′	19°47.0′	27.0	黏土质软泥	1962-4-21
7401	106°30.0′	20°00.0′	27.0	黏土质软泥	1962-4-15
7402	106°45.0′	19°56.0′	32.0	细粉砂软泥	1962-4-15
7403	107°00.0′	19°52.0′	49.0	细粉砂软泥	1962-4-14
7404	107°30.0′	19°44.0′	58.0	粗粉砂	1962-4-14
7405	108°00.0′	19°38.0′	60.0	粗粉砂	1962-4-13
7406	108°29.0′	19°30.0′	55.0	粉砂质软泥	1962-4-13
7501	106°00.0′	19°36.0′	22.0	软泥	1962-4-15
7502	106°30.0′	19°33.0′	32.0	细粉砂软泥	1962-4-15
7503	107°00.0′	19°30.0′	47.0	粗粉砂	1962-4-15
7601	105°45.0′	19°00.0′	13.0	粗粉砂	1962-4-11
7602	106°00.0′	19°00.0′	27.0	细粉砂软泥	1962-4-11
7603	106°30.0′	19°00.0′	42.0	粗粉砂	1962-4-11
7604	107°00.0′	19°00.0′	58.0	细粉砂软泥	1962-4-12
7605	107°29.0′	19°00.0′	69.0	粉砂质软泥	1962-4-12
7606	108°00.0′	19°00.0′	68.0	软泥	1962-4-12
7607	108°29.0′	19°00.0′	22.0	粗砂质软泥	1962-4-12
7701	106°15.0′	18°29.0′	32.0	细粉砂软泥	1962-4-11
7702	106°49.0′	18°33.0′	55.0	细粉砂软泥	1962-4-11
7801	106°37.0′	18°00.0′	37.0	粉砂质软泥	1962-4-10
7802	107°00.0′	18°13.0′	69.0	软泥	1962-4-10
7803	107°30.0′	18°29.0′	75.0	软泥	1962-4-10
7901	107°00.0′	17°30.0′	51.0	软泥	1962-4-10

续表

站位	经度（E）	纬度（N）	水深（m）	底质	采样日期
7902	107°14.0′	17°41.0′	72.0	细粉砂软泥	1962-4-9
7903	107°45.0′	18°00.0′	93.0	粉砂质软泥	1962-4-9
7904	108°14.0′	18°20.0′	82.0	粉砂质软泥	1962-4-9
7905	108°29.0′	18°30.0′	29.0	细粉砂软泥	1962-4-9

表 1-10　1962 年 8 月北部湾海域大型底栖生物调查站位信息（采泥站位）

站位	经度（E）	纬度（N）	水深（m）	底质	采样日期
7101	108°59.0′	21°29.0′	8.0	细粉砂、软泥	1962-8-26
7102	109°10.0′	21°09.0′	21.0	粉砂质黏土、软泥	1962-8-26
7103	109°23.0′	20°40.0′	22.0	粉砂质黏土、软泥	1962-8-26
7104	109°37.0′	20°11.0′	31.0	中砂	1962-8-26
7201	107°50.0′	21°07.0′	15.0	细粉砂	1962-8-27
7202	108°00.0′	21°00.0′	31.0	粗粉砂	1962-8-27
7203	108°15.0′	20°48.0′	41.0	粉砂质软泥	1962-8-27
7204	108°30.0′	20°37.0′	49.0	粉砂质黏土、软泥	1962-8-27
7205	109°00.0′	20°15.0′	37.0	黏土质软泥	1962-8-26
7301	107°00.0′	20°38.0′	20.0	黏土质软泥	1962-8-24
7302	107°15.0′	20°32.0′	29.0	细粉砂、软泥	1962-8-24
7303	107°30.0′	20°26.0′	34.0	粗粉砂	1962-8-25
7304	108°00.0′	20°13.0′	54.0	粗粉砂	1962-8-25
7305	108°30.0′	20°00.0′	62.0	细粉砂软泥	1962-8-25
7306	109°00.0′	19°47.0′	27.0	黏土质软泥	1962-8-25
7401	106°30.0′	20°00.0′	27.0	黏土质软泥	1962-8-21
7402	106°45.0′	19°56.0′	32.0	细粉砂软泥	1962-8-21
7403	107°00.0′	19°52.0′	49.0	细粉砂软泥	1962-8-21
7404	107°30.0′	19°44.0′	58.0	粗粉砂	1962-8-20
7405	108°00.0′	19°38.0′	60.0	粗粉砂	1962-8-20
7406	108°29.0′	19°30.0′	55.0	粉砂质软泥	1962-8-20
7501	106°00.0′	19°36.0′	22.0	软泥	1962-8-21
7502	106°30.0′	19°33.0′	32.0	细粉砂软泥	1962-8-21
7503	107°00.0′	19°30.0′	47.0	粗粉砂	1962-8-22
7601	105°45.0′	19°00.0′	13.0	粗粉砂	1962-8-18
7602	106°00.0′	19°00.0′	27.0	细粉砂软泥	1962-8-18
7603	106°30.0′	19°00.0′	42.0	粗粉砂	1962-8-18
7604	107°00.0′	19°00.0′	58.0	细粉砂软泥	1962-8-19
7605	107°29.0′	19°00.0′	69.0	粉砂质软泥	1962-8-19
7606	108°00.0′	19°00.0′	68.0	软泥	1962-8-19

站位	经度（E）	纬度（N）	水深（m）	底质	采样日期
7607	108°29.0′	19°00.0′	22.0	粗砂质软泥	1962-8-19
7701	106°15.0′	18°29.0′	32.0	细粉砂软泥	1962-8-18
7702	106°49.0′	18°33.0′	55.0	细粉砂软泥	1962-8-18
7801	106°37.0′	18°00.0′	37.0	粉砂质软泥	1962-8-17
7802	107°00.0′	18°13.0′	69.0	软泥	1962-8-17
7803	107°30.0′	18°29.0′	75.0	软泥	1962-8-17
7901	107°00.0′	17°30.0′	51.0	软泥	1962-8-17
7902	107°14.0′	17°41.0′	72.0	细粉砂软泥	1962-8-16
7903	107°45.0′	18°00.0′	93.0	粉砂质软泥	1962-8-16
7904	108°14.0′	18°20.0′	82.0	粉砂质软泥	1962-8-16
7905	108°29.0′	18°30.0′	29.0	细粉砂软泥	1962-8-16

表 1-11　1962 年 10 月北部湾海域大型底栖生物调查站位信息（采泥站位）

站位	经度（E）	纬度（N）	水深（m）	底质	采样日期
7101	108°59.0′	21°29.0′	8.0	细粉砂、软泥	1962-10-19
7102	109°10.0′	21°09.0′	21.0	粉砂质黏土、软泥	1962-10-19
7103	109°23.0′	20°40.0′	22.0	粉砂质黏土、软泥	1962-10-19
7104	109°37.0′	20°11.0′	31.0	中砂	1962-10-18
7201	107°50.0′	21°07.0′	15.0	细粉砂	1962-10-24
7202	108°00.0′	21°00.0′	31.0	粗粉砂	1962-10-24
7203	108°15.0′	20°48.0′	41.0	粉砂质软泥	1962-10-24
7204	108°30.0′	20°37.0′	49.0	粉砂质黏土、软泥	1962-10-24
7205	109°00.0′	20°15.0′	37.0	黏土质软泥	1962-10-20
7301	107°00.0′	20°38.0′	20.0	黏土质软泥	1962-10-17
7302	107°15.0′	20°32.0′	29.0	细粉砂、软泥	1962-10-17
7303	107°30.0′	20°26.0′	34.0	粗粉砂	1962-10-17
7304	108°00.0′	20°13.0′	54.0	粗粉砂	1962-10-18
7305	108°30.0′	20°00.0′	62.0	细粉砂软泥	1962-10-18
7306	109°00.0′	19°47.0′	27.0	黏土质软泥	1962-10-18
7401	106°30.0′	20°00.0′	27.0	黏土质软泥	1962-10-13
7402	106°45.0′	19°56.0′	32.0	细粉砂软泥	1962-10-19
7403	107°00.0′	19°52.0′	49.0	细粉砂软泥	1962-10-13
7404	107°30.0′	19°44.0′	58.0	粗粉砂	1962-10-13
7405	108°00.0′	19°38.0′	60.0	粗粉砂	1962-10-12
7406	108°29.0′	19°30.0′	55.0	粉砂质软泥	1962-10-12
7501	106°00.0′	19°36.0′	22.0	软泥	1962-10-13
7502	106°30.0′	19°33.0′	32.0	细粉砂软泥	1962-10-13

续表

站位	经度（E）	纬度（N）	水深（m）	底质	采样日期
7503	107°00.0′	19°30.0′	47.0	粗粉砂	1962-10-14
7601	105°45.0′	19°00.0′	13.0	粗粉砂	1962-10-11
7602	106°00.0′	19°00.0′	27.0	细粉砂软泥	1962-10-11
7603	106°30.0′	19°00.0′	42.0	粗粉砂	1962-10-11
7604	107°00.0′	19°00.0′	58.0	细粉砂软泥	1962-10-12
7605	107°29.0′	19°00.0′	69.0	粉砂质软泥	1962-10-12
7606	108°00.0′	19°00.0′	68.0	软泥	1962-10-12
7607	108°29.0′	19°00.0′	22.0	粗砂质软泥	1962-10-12
7701	106°15.0′	18°29.0′	32.0	细粉砂软泥	1962-10-11
7702	106°49.0′	18°33.0′	55.0	细粉砂软泥	1962-10-11
7801	106°37.0′	18°00.0′	37.0	粉砂质软泥	1962-10-10
7802	107°00.0′	18°13.0′	69.0	软泥	1962-10-11
7803	107°30.0′	18°29.0′	75.0	软泥	1962-10-10
7901	107°00.0′	17°30.0′	51.0	软泥	1962-10-10
7902	107°14.0′	17°41.0′	72.0	细粉砂软泥	1962-10-10
7903	107°45.0′	18°00.0′	93.0	粉砂质软泥	1962-10-9
7904	108°14.0′	18°20.0′	82.0	粉砂质软泥	1962-10-9
7905	108°29.0′	18°30.0′	29.0	细粉砂软泥	1962-10-9

海南岛、西沙群岛及南沙群岛海域的数据基于 1973～1977 年西沙群岛、中沙群岛及附近海域海洋综合调查，1975～1976 年中苏西沙群岛生物调查，1984～2000 年南沙群岛及其邻近海区综合科学考察，1990～1992 年中德海南岛海洋生物调查，1997 年中日海南岛海洋生物调查，以及 2001～2005 年"十五"南沙群岛及其邻近海区综合调查等项目的历史资料。以上调查主要为潮间带和潮下带潜水调查，其中海南岛海域的调查范围为 18°10′48″～20°3′30″N、108°50′00″～110°49′48″E，包括海口、临高、文昌、琼海、三亚等（表 1-12，表 1-13）；西沙群岛的调查范围为 15°46′48″～16°58′48″N、111°12′36″～112°44′24″E，包括珊瑚岛、甘泉岛、金银岛、晋卿岛、永兴岛、石岛、中建岛、琛航岛、广金岛、东岛、西沙洲、羚羊礁等（表 1-14）；南沙群岛的调查范围为 3°51′27″～11°30′00″N、104°52′00″～117°53′00″E，包括立地暗沙、八仙暗沙、仙娥礁、仁爱礁、舰长礁、半月礁、半路礁、美济礁、牛车轮礁、南屏礁、五方礁、三角礁、赤瓜礁、华阳礁、渚碧礁、东门礁、南薰礁、火艾礁、蒙自礁、信义礁、永暑礁、安达礁等（表 1-15）。

表 1-12　1990～1992 年海南岛海域大型底栖生物调查信息

地点	经度（E）	纬度（N）	采样方式
海南三亚	109°40′48″	18°10′48″	潜水采集、潮间带采集
海南三亚	109°29′13″	18°11′11″	潜水采集、潮间带采集

续表

地点	经度（E）	纬度（N）	采样方式
海南三亚	109°29′24″	18°11′24″	潜水采集、潮间带采集
海南三亚	109°40′12″	18°11′24″	潜水采集
海南三亚	109°30′00″	18°12′36″	潜水采集、潮间带采集
海南三亚	109°40′12″	18°12′36″	潜水采集、拖网采集
海南三亚	109°38′45″	18°12′47″	潜水采集
海南三亚	109°31′12″	18°13′12″	潜水采集
海南三亚	109°40′12″	18°13′12″	潜水采集
海南三亚	109°25′32″	18°13′16″	潜水采集、潮间带采集
海南三亚	109°22′48″	18°13′48″	潜水采集
海南三亚	109°29′24″	18°13′48″	潜水采集、潮间带采集
海南三亚	109°39′00″	18°13′48″	潜水采集
海南三亚	109°30′00″	18°14′24″	潜水采集
海南三亚	109°43′48″	18°15′36″	潜水采集、拖网采集
海南三亚	109°26′24″	18°17′24″	潜水采集
海南三亚	109°21′31″	18°18′00″	潜水采集
海南陵水	109°58′48″	18°24′36″	潜水采集
海南乐东	108°50′00″	18°25′00″	潜水采集
海南琼海	110°37′48″	19°13′48″	潜水采集、潮间带采集
海南琼海	110°37′40″	19°14′33″	潜水采集
海南琼海	110°40′48″	19°21′36″	潜水采集、潮间带采集
海南儋州	109°29′08″	19°56′42″	潜水采集
海南文昌	110°49′48″	19°31′48″	潜水采集、潮间带采集
海南文昌	110°34′31″	20°03′12″	潜水采集、潮间带采集
海南临高	109°31′31″	19°53′12″	潜水采集
海南临高	109°31′48″	19°53′24″	潜水采集
海南临高	109°38′24″	19°59′24″	潜水采集
海南临高	109°39′36″	20°00′00″	潜水采集
海南临高	109°43′12″	20°00′36″	潜水采集
海南海口	110°35′24″	19°58′48″	潜水采集
海南海口	110°09′58″	20°03′30″	潜水采集

表 1-13　1997 年海南岛海域大型底栖生物调查信息

地点	经度（E）	纬度（N）	采样方式
海南三亚	109°29′24″	18°11′24″	潜水采集
海南三亚	109°30′00″	18°12′36″	潜水采集、潮间带采集
海南三亚	109°31′12″	18°13′12″	潜水采集、潮间带采集
海南三亚	109°30′00″	18°13′12″	潮间带采集

续表

地点	经度（E）	纬度（N）	采样方式
海南三亚	109°39′00″	18°13′48″	潜水采集
海南三亚	109°30′00″	18°14′24″	潜水采集
海南三亚	109°30′36″	18°15′36″	潮间带采集
海南三亚	109°26′24″	18°17′24″	潜水采集、潮间带采集
海南三亚	109°07′12″	18°21′00″	潜水采集
海南陵水	109°58′48″	18°24′36″	潜水采集、潮间带采集
海南文昌	110°49′48″	19°31′48″	潜水采集、潮间带采集

表 1-14 1973～1977 年西沙群岛海域大型底栖生物调查信息

地点	经度（E）	纬度（N）	采样方式
赵述岛	112°16′12″	16°58′48″	潜水采集
珊瑚岛	111°36′36″	16°31′48″	潜水采集
金银岛	111°30′36″	16°27′00″	潜水采集
华光礁	111°48′36″	16°14′24″	潜水采集
晋卿岛	111°44′24″	16°27′36″	潜水采集
永兴岛	112°18′00″	16°48′00″	潜水采集
广金岛	111°42′36″	16°27′00″	潜水采集
东岛	112°44′24″	16°39′36″	潜水采集
石岛	112°21′00″	16°50′24″	潜水采集
中建岛	111°12′36″	15°46′48″	潜水采集
羚羊礁	111°36′36″	16°28′12″	潜水采集
琛航岛	111°43′12″	16°27′00″	潜水采集
甘泉岛	111°40′48″	16°34′12″	潜水采集
盘石屿	111°46′12″	16°03′36″	潜水采集
西沙洲	112°13′12″	16°58′48″	潜水采集
玉琢礁	112°01′05″	16°20′13″	潜水采集

表 1-15 1984～2005 年南沙群岛海域大型底栖生物调查信息

地点	经度（E）	纬度（N）	采样方式
立地暗沙	112°03′36″	3°51′27″	潜水采集
八仙暗沙	112°16′12″	3°52′48″	潜水采集
曾母暗沙	112°17′00″	3°58′00″	潜水采集
南屏礁	112°37′48″	5°26′24″	潜水采集
华阳礁	112°50′24″	8°53′24″	潜水采集
半月礁	116°17′24″	8°54′00″	潜水采集
舰长礁	116°39′57″	9°02′32″	潜水采集
信义礁	115°56′24″	9°19′12″	潜水采集
仙娥礁	115°27′57″	9°24′06″	潜水采集

续表

地点	经度（E）	纬度（N）	采样方式
永暑礁	112°54′00″	9°33′00″	潜水采集
牛车轮礁	116°10′36″	9°36′19″	潜水采集
仙宾礁	116°30′00″	9°42′36″	潜水采集
赤瓜礁	114°16′48″	9°43′12″	潜水采集
仁爱礁	115°53′08″	9°44′48″	潜水采集
东门礁	114°30′00″	9°54′36″	潜水采集
美济礁	115°32′24″	9°55′48″	潜水采集
半路礁	116°09′00″	10°07′12″	潜水采集
三角礁	115°18′00″	10°11′24″	潜水采集
南薰礁	114°13′48″	10°12′36″	潜水采集
安达礁	114°43′48″	10°22′12″	潜水采集
五方礁	115°43′12″	10°30′36″	潜水采集
火艾礁	114°55′48″	10°52′48″	潜水采集
渚碧礁	114°05′49″	10°55′00″	潜水采集
蒙自礁	114°48′00″	11°09′00″	潜水采集
南沙群岛海域	112°06′00″	4°00′00″	拖网采集
南沙群岛海域	110°00′00″	4°30′00″	拖网采集
南沙群岛海域	109°16′00″	4°43′00″	拖网采集
南沙群岛海域	109°16′00″	4°47′00″	拖网采集
南沙群岛海域	111°29′26″	4°51′59″	拖网采集
南沙群岛海域	113°46′00″	4°53′00″	拖网采集
南沙群岛海域	113°43′00″	4°53′00″	拖网采集
南沙群岛海域	113°20′00″	4°55′00″	拖网采集
南沙群岛海域	111°00′00″	5°00′00″	拖网采集
南沙群岛海域	109°00′00″	5°00′00″	拖网采集
南沙群岛海域	112°00′00″	5°00′00″	拖网采集
南沙群岛海域	114°10′00″	5°16′00″	拖网采集
南沙群岛海域	112°00′00″	5°30′00″	拖网采集
南沙群岛海域	108°30′00″	5°30′00″	拖网采集
南沙群岛海域	108°29′17″	5°30′25″	拖网采集
南沙群岛海域	114°51′00″	5°35′00″	拖网采集
南沙群岛海域	112°06′00″	5°40′00″	拖网采集
南沙群岛海域	112°06′39″	5°40′04″	拖网采集
南沙群岛海域	114°44′00″	5°53′00″	拖网采集
南沙群岛海域	112°13′46″	5°58′54″	拖网采集
南沙群岛海域	112°15′00″	6°00′00″	拖网采集
南沙群岛海域	109°00′00″	6°00′00″	拖网采集

续表

地点	经度（E）	纬度（N）	采样方式
南沙群岛海域	109°15′00″	6°15′00″	拖网采集
南沙群岛海域	106°30′00″	6°30′00″	拖网采集
南沙群岛海域	116°12′17″	7°18′50″	拖网采集
南沙群岛海域	104°52′00″	7°24′00″	拖网采集
南沙群岛海域	114°30′00″	7°29′00″	拖网采集
南沙群岛海域	109°00′00″	8°00′00″	拖网采集
南沙群岛海域	109°00′25″	8°29′40″	拖网采集
南沙群岛海域	109°00′00″	8°30′00″	拖网采集
南沙群岛海域	114°54′54″	9°29′59″	拖网采集
南沙群岛海域	117°53′00″	9°30′00″	拖网采集
南沙群岛海域	117°49′11″	9°49′44″	拖网采集
南沙群岛海域	114°34′00″	9°56′00″	拖网采集
南沙群岛海域	112°00′00″	10°00′00″	拖网采集
南沙群岛海域	112°52′00″	10°00′00″	拖网采集
南沙群岛海域	114°24′00″	10°05′00″	拖网采集
南沙群岛海域	114°24′07″	10°05′12″	拖网采集
南沙群岛海域	109°40′00″	10°30′00″	拖网采集
南沙群岛海域	116°00′00″	10°55′00″	拖网采集
南沙群岛海域	112°52′30″	11°00′00″	拖网采集
南沙群岛海域	112°52′00″	11°30′00″	拖网采集
南沙群岛海域	112°52′30″	11°30′00″	拖网采集

第三节　调查取样方法

一、潮间带调查取样

本书中海南岛、西沙群岛及南沙群岛海域的大型底栖生物历史调查主要是通过潮间带采集或潮下带浅海潜水采集完成。潮间带采集主要是对高潮区、中潮区、低潮区进行样品定性采集。对于硬底质海岸（岩石质），主要通过翻取石块的方法，寻找藏匿于石块下方的底栖动物，或用钢凿、刮刀凿取附着于石块表面的生物。对于软底质海岸（软泥、砂质），主要使用铁铲挖掘洞穴周围的沉积物，采获穴居在泥沙内部的底栖生物。对于某些穴居底栖生物，也可采取钓取、加盐、吸取等方法获得完整的样品。潮下带浅海潜水采集主要通过浮潜或穿戴自持式水下呼吸器（SCUBA）在 0～20m 水深进行样品采集（图 1-1）。潜水采集时通常携带潜水刀和收集袋，用于撬取和收集样品。潜水采集可以在近岸不宜拖网的海底进行，尤其是珊瑚礁所在的海底。潜水采集不仅可以了解动物生存的自然生态，还可以避免拖网采样对样品形态的破坏。

图 1-1　潜水采集作业

二、潮下带调查取样

本书中南海北部海域、北部湾大面站的大型底栖生物历史调查主要是通过潮下带采泥和拖网采集完成。采泥作业使用"曙光"或"大洋-50"式采泥器（图 1-2），取样面积为 0.1m²，采样次数为每个站位取样 2 次。将采集的沉积物样品放入涡旋分选器（图 1-3）或直接移入套筛（孔径为 2mm、1mm、0.5mm），通过水流冲洗沉积物，将沉积物与生物样品分离。之后，将截留在筛网内和余渣中的生物按照类群分别装入样品瓶，并写好标签，注意勿遗漏小个体生物。难挑拣的生物连同余渣一起带回实验室，在显微镜下挑拣。采泥样品使用 5% 甲醛或 75% 乙醇（酒精）溶液固定保存。

图 1-2　采泥器采集作业

图 1-3　涡旋分选器

　　拖网作业通常使用阿氏拖网（Agassiz trawl）（网口长 1.5～2.0m）、桁拖网（beam trawl）（网口长 2.0m）或双刃拖网（网口长 0.6m）进行（图 1-4）。网衣长度为网口长度的 2～3 倍，进口处网孔径较大（2cm），尾部网孔径较小（0.7cm）。对于岩礁、砂砾等较硬的底质，使用双刃拖网比较合适；对于较软的泥质海底，宜使用阿氏拖网、桁拖网（李新正等，2010）。在深水区域作业，还需在拖网支架上增加配重，或使用金属网衣，使拖网保持在海底滑行。拖网的船速应保持在 2km/h 左右，从拖网着地算起，时长 15～30min；深水拖网可适当延长时间。起网后，缓慢将网放下，解开网袋，将捕获物倾倒入准备好的铁盘中，如有泥沙，则将样品倒入套筛冲洗干净后按照类群分别装入样品瓶或样品袋，并写好标签（图 1-5）。拖网样品通常使用 5% 甲醛或 75% 乙醇（酒精）溶液固定保存。

图 1-4　阿氏拖网采集作业（下网和起网）

图 1-5 拖网样品的分选和装瓶

第四节 样品处理和数据分析

一、样品处理

将在野外采集的大型底栖生物样品取回实验室后，首先检查样品编号、数量等与记录表的内容是否相符，核对样品无误后，在解剖镜、显微镜下对每个样品进行鉴定。样品鉴定时应参考最新、最权威的分类系统和检索表，并尽量鉴定到种。之后，将物种完整的种名（拉丁名和中文名）记录在采集记录表上（表 1-16，表 1-17）。

表 1-16 大型底栖生物定性采集记录表

海区：   站位：   水深：   沉积物类型：   采样设备：   采样时间：

序号	种名	个数	采集人	鉴定人	校对人
1					
2					
3					
4					
5					
6					
7					
8					
9					
10					

制表人：

表 1-17 大型底栖生物定量采集记录表

海区： 站位： 水深： 沉积物类型： 采样设备： 采样时间：

序号	种名	个数	质量（g）	采集人	鉴定人	校对人
1						
2						
3						
4						
5						
6						
7						
8						
9						
10						

制表人：

样品鉴定完成后，对每一个物种的样品进行计数。对于易断的多毛类环节动物、纽虫等残体，只按头部数量计算个数；对于软体动物，只有贝壳的个体不计数。对于标本数量极多的情况，可以通过称量总质量，再除以个体平均质量的方法估算个体数目。之后，将每个物种的数目补充在采集记录表上（表 1-16，表 1-17）。

在对样品进行称重前，先将样品放在吸水纸上吸去表面液体，并去除管栖动物的栖管、寄居蟹的外壳、体表的伪装物和其他附着物，用天平称量样品湿重（精确到 0.01g）。对于定性采集样品，不需要进行称重。之后，将每个站位同一物种所有个体的质量补充在定量采集记录表上（表 1-17）。

待一个航次的全部样品完成鉴定、计数、称重后，将实验记录表的内容录入电脑。然后，使用 Excel 软件完成数据的电子化、初步统计和柱状图的绘制。分布图主要使用 Surfer 软件进行绘制，群落布雷-柯蒂斯（Bray-Curtis）相似性聚类树状图和非度量多维标度排序（nMDS）图使用 Primer 6 软件绘制。

二、数据分析

1. 物种组成

本书将大型底栖动物划分为多毛类动物、甲壳动物、软体动物、棘皮动物以及其他类群动物，分别统计其物种数、丰度、生物量等群落统计量。

2. 群落优势种

使用优势度指数（Y）来确定群落优势种，计算公式如下：

$$Y = n_i / N \times f_i$$

式中，n_i 为第 i 种的个体数；N 为所有种类的总个体数；f_i 为第 i 种大型底栖动物出现的站位数占总调查站位数的比例。将 $Y > 0.02$ 的物种定为群落优势种（徐兆礼和陈亚瞿，1989）。

3. 群落多样性特征

采用马加莱夫（Margalef）物种丰富度指数（d）、香农-威弗（Shannon-Weaver）多样性指数（H'）、Pielou 均匀度指数（J'）来表征大型底栖动物群落多样性的特征（Margalef，1958；Pielou，1975；Shannon and Weaver，1949），这 3 个指数的计算公式如下：

$$d=(S-1)/\ln N$$
$$H'=-\sum P_i \ln P_i$$
$$J'=H'/\ln S$$

式中，S 为种类数；N 为总数量；P_i 为第 i 种大型底栖动物的数量占总数量的比例。

4. 群落结构分析

进行群落划分前，使用经平方根转化后的物种-站位丰度数据构建 Bray-Curtis 相似性矩阵（定量数据），或使用物种-站位有/无数据构建索伦森（Sørensen）相似性矩阵（半定量或定性数据），进行等级聚类分析和非度量多维标度排序。进行等级聚类分析的同时，使用相似性概况分析（SIMPROF）检验来确定在物种组成上存在显著差异（$P<0.05$）的站位组，并据此来划分群落结构。使用单因素相似性分析（one-way ANOSIM）来进一步确定不同群落之间的物种组成是否存在显著差异（$P<0.05$）。

参考文献

李荣冠. 2003. 中国海陆架及邻近海域大型底栖生物. 北京：海洋出版社.

李新正，刘录三，李宝泉，等. 2010. 中国海洋大型底栖生物：研究与实践. 北京：海洋出版社.

吕卷章，陈琳琳，李宝泉，等. 2021. 山东黄河三角洲国家级自然保护区大型底栖动物. 青岛：中国海洋大学出版社.

徐兆礼，陈亚瞿. 1989. 黄东海秋季浮游动物优势种聚集强度与鲐鲹渔场的关系. 生态学杂志，8(4)：13-15.

张祥玉，文日凤. 1999. 南海的自然环境与气候浅析. 南海研究与开发，2：18-25.

Margalef R. 1958. Information theory in ecology. General Systematics, 3: 36-71.

Pielou E C. 1975. Ecological Diversity. New York: Wiley.

Shannon C E, Weaver W. 1949. The Mathematical Theory of Communication. Urbanna: University of Illinois Press.

第二章 南海北部海域

第一节　调查站位分布

一、拖网站位分布

南海北部部分海域 1959～1960 年共设 166 个拖网站位（图 2-1），其中 1959 年 4 月实测 163 个站位，1959 年 7 月实测 122 个站位，1959 年 10～12 月实测 122 个站位，1960 年 1～3 月实测 126 个站位。

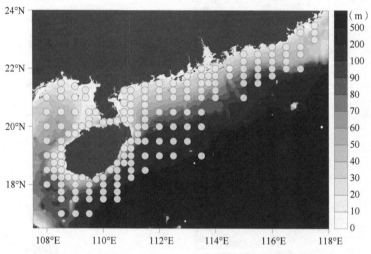

图 2-1　南海北部部分海域 1959～1960 年拖网站位分布

二、采泥站位分布

南海北部部分海域 1959～1960 年共设 126 个采泥站位（图 2-2），其中 1959 年 7 月实测 122 个站位，1960 年 1～3 月实测 122 个站位，1960 年 4～5 月实测 119 个站位。

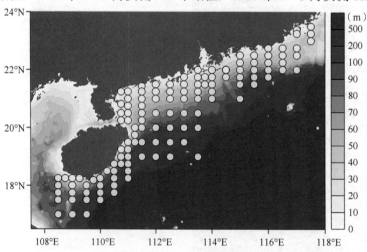

图 2-2　南海北部部分海域 1959～1960 年采泥站位分布

第二节 物种组成

一、拖网调查大型底栖动物的物种组成

拖网调查数据显示，1959 年 4 月在南海北部海域共捕获大型底栖动物 1281 种，其中多毛类动物有 61 种，甲壳动物有 250 种，软体动物有 438 种，棘皮动物有 202 种，其他类群动物有 330 种；1959 年 7 月在南海北部海域共捕获大型底栖动物 1092 种，其中多毛类动物有 52 种，甲壳动物有 197 种，软体动物有 368 种，棘皮动物有 153 种，其他类群动物有 322 种；1959 年 10～12 月在南海北部海域共捕获大型底栖动物 1092 种，其中多毛类动物有 51 种，甲壳动物有 204 种，软体动物有 343 种，棘皮动物有 160 种，其他类群动物有 334 种；1960 年 1～3 月在南海北部海域共捕获大型底栖动物 1125 种，其中多毛类动物有 50 种，甲壳动物有 205 种，软体动物有 375 种，棘皮动物有 178 种，其他类群动物有 317 种（图 2-3）。

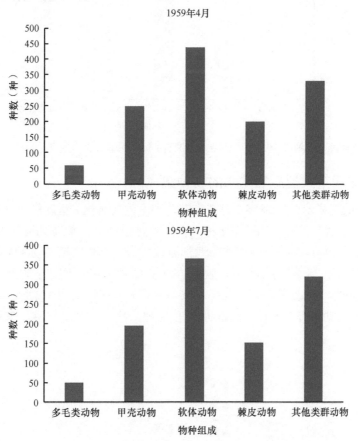

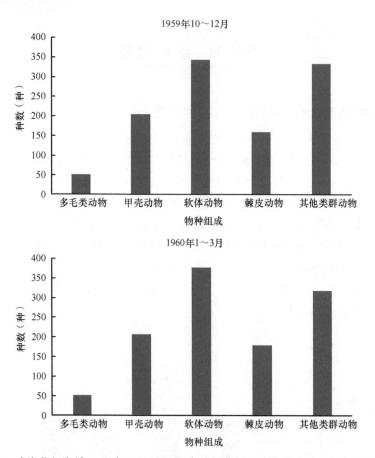

图 2-3　南海北部海域 1959 年 4 月至 1960 年 3 月拖网调查大型底栖动物的物种组成

二、采泥调查大型底栖动物的物种组成

采泥调查数据显示，1959 年 7 月在南海北部海域共捕获大型底栖动物 403 种，其中多毛类动物有 93 种，甲壳动物有 142 种，软体动物有 89 种，棘皮动物有 40 种，其他类群动物有 39 种；1960 年 1～3 月在南海北部海域共捕获大型底栖动物 343 种，其中多毛类动物有 90 种，甲壳动物有 108 种，软体动物有 79 种，棘皮动物有 37 种，其他类群动物有 29 种；1960 年 4～5 月在南海北部海域共捕获大型底栖动物 343 种，其中多毛类动物有 83 种，甲壳动物有 105 种，软体动物有 89 种，棘皮动物有 35 种，其他类群动物有 31 种（图 2-4）。

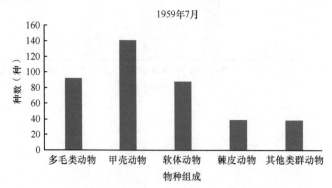

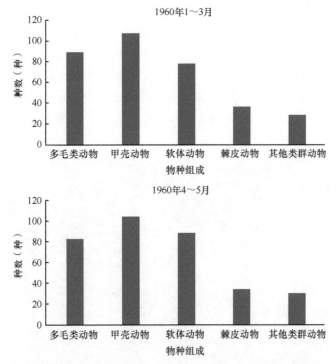

图 2-4　南海北部海域 1959 年 7 月至 1960 年 5 月采泥调查大型底栖动物的物种组成

第三节　种数分布与季节[①]变化

一、拖网调查大型底栖动物的种数分布

南海北部部分海域 1959 年 4 月拖网调查大型底栖动物的种数分布（图 2-5）为：40～60

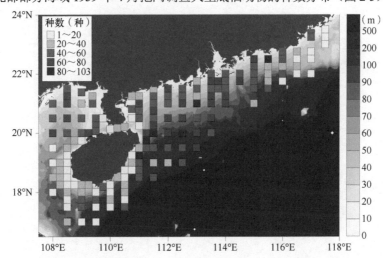

图 2-5　南海北部部分海域 1959 年 4 月拖网调查大型底栖动物的种数分布

图例中数据范围 a～b 表示该数据≥a 且<b，本章余同

① 本节所述季节按拖网调查和采泥调查的主要时间来划分，如将 1959 年 10～12 月称为秋季（拖网调查）、将 1960 年 1～3 月称为冬季（拖网调查、采泥调查）。

种的站位有 58 个，占总调查站位数的比例最高（35.6%）；1～20 种和 20～40 种的站位各有 37 个，各占 22.7%；60～80 种的站位有 25 个，占 15.3%；80～103 种的站位有 6 个，占 3.7%。

南海北部部分海域 1959 年 7 月拖网调查大型底栖动物的种数分布（图 2-6）为：48～72 种的站位有 38 个，占总调查站位数的比例最高（31.1%）；24～48 种的站位有 38 个，占 31.1%；1～24 种的站位有 24 个，占 19.7%；72～96 种的站位有 19 个，占 15.6%；96～115 种的站位有 3 个，占 2.5%。

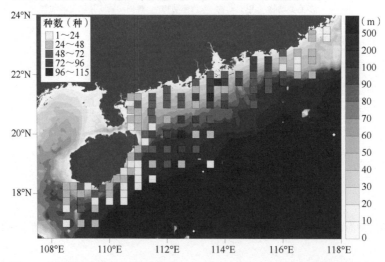

图 2-6　南海北部部分海域 1959 年 7 月拖网调查大型底栖动物的种数分布

南海北部部分海域 1959 年 10～12 月拖网调查大型底栖动物的种数分布（图 2-7）为：44～66 种的站位有 50 个，占总调查站位数的比例最高（41.3%）；22～44 种的站位有 31 个，占 25.6%；66～88 种的站位有 21 个，占 17.4%；1～22 种的站位有 16 个，占 13.2%；88～102 种的站位有 3 个，占 2.5%。

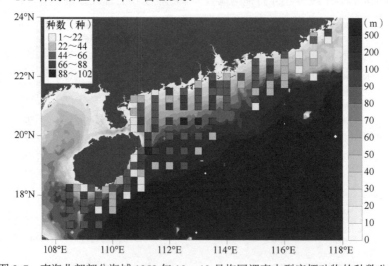

图 2-7　南海北部部分海域 1959 年 10～12 月拖网调查大型底栖动物的种数分布

南海北部部分海域 1960 年 1～3 月拖网调查大型底栖动物的种数分布（图 2-8）为：

24～48 种的站位有 47 个，占总调查站位数的比例最高（37.3%）；48～72 种的站位有 46 个，占 36.5%；1～24 种的站位有 21 个，占 16.7%；72～96 种的站位有 8 个，占 6.3%；96～108 种的站位有 4 个，占 3.2%。

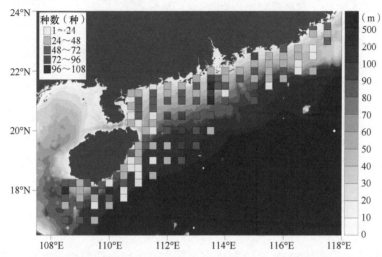

图 2-8 南海北部部分海域 1960 年 1～3 月拖网调查大型底栖动物的种数分布

二、采泥调查大型底栖动物的种数分布

南海北部部分海域 1959 年 7 月采泥调查大型底栖动物的种数分布（图 2-9）为：7～14 种的站位有 50 个，占总调查站位数的比例最高（41.0%）；1～7 种的站位有 41 个，占 33.6%；14～21 种的站位有 16 个，占 13.1%；21～28 种的站位有 13 个，占 10.7%；28～34 种的站位有 2 个，占 1.6%。

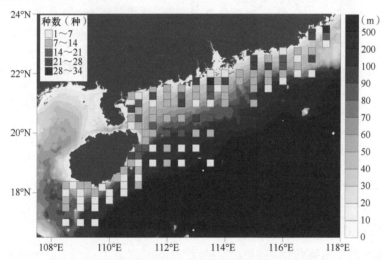

图 2-9 南海北部部分海域 1959 年 7 月采泥调查大型底栖动物的种数分布

南海北部部分海域 1960 年 1～3 月采泥调查大型底栖动物的种数分布（图 2-10）为：6～12 种的站位有 46 个，占总调查站位数的比例最高（37.7%）；12～18 种的站位有 31 个，占 25.4%；1～6 种的站位有 30 个，占 24.6%；18～24 种的站位有 12 个，占 9.8%；

24～32 种的站位有 3 个，占 2.5%。

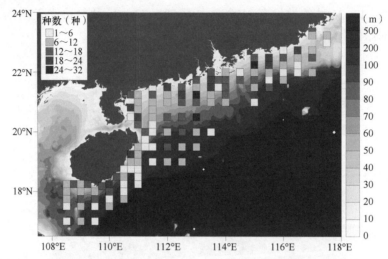

图 2-10　南海北部部分海域 1960 年 1～3 月采泥调查大型底栖动物的种数分布

南海北部部分海域 1960 年 4～5 月采泥调查大型底栖动物的种数分布（图 2-11）为：5～10 种的站位有 33 个，占总调查站位数的比例最高（27.7%）；1～5 种的站位有 27 个，占 22.7%；10～15 种的站位有 24 个，占 20.2%；15～20 种的站位有 22 个，占 18.5%；20～28 种的站位有 13 个，占 10.9%。

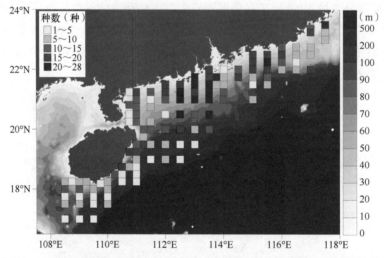

图 2-11　南海北部部分海域 1960 年 4～5 月采泥调查大型底栖动物的种数分布

三、拖网调查大型底栖动物的种数季节变化

南海北部海域拖网调查大型底栖动物种数季节变化（表 2-1）为：总物种数春季（1281种）大于冬季（1125 种）大于秋季（1092 种）和夏季（1092 种）；多毛类动物种数春季最大（61 种），冬季最小（50 种）；甲壳动物种数春季最大（250 种），夏季最小（197 种）；软体动物种数春季最大（438 种），秋季最小（343 种）；棘皮动物种数春季最大（202 种），夏季最小（153 种）；其他类群动物种数秋季最大（334 种），冬季最小（317 种）。

表 2-1　南海北部海域拖网调查大型底栖动物种数季节变化　　（单位：种）

季节	多毛类动物	甲壳动物	软体动物	棘皮动物	其他类群动物	总计
春季	61	250	438	202	330	1281
夏季	52	197	368	153	322	1092
秋季	51	204	343	160	334	1092
冬季	50	205	375	178	317	1125

四、采泥调查大型底栖动物的种数季节变化

南海北部海域采泥调查大型底栖动物种数季节变化（表 2-2）为：总物种数夏季大于冬季等于春季，夏季、冬季和春季物种数最大的类群均是甲壳动物，夏季、冬季和春季物种数最小的类群均是其他类群动物。

表 2-2　南海北部海域采泥调查大型底栖动物种数季节变化　　（单位：种）

季节	多毛类动物	甲壳动物	软体动物	棘皮动物	其他类群动物	总计
夏季	93	142	89	40	39	403
冬季	90	108	79	37	29	343
春季	83	105	89	35	31	343

五、拖网调查大型底栖动物的各类群种数分布

1. 南海北部海域 1959 年 4 月各类群种数分布

拖网调查数据显示，南海北部部分海域 1959 年 4 月多毛类动物在 123 个站位有分布，占 163 个实测站位数的 75.5%；其中，6120 站位多毛类动物种数最多（16 种）；12～17 种的站位有 6 个，占总发现站位的 4.9%；9～12 种的站位有 8 个，占总发现站位的 6.5%；6～9 种的站位有 19 个，占总发现站位的 15.4%；3～6 种的站位有 37 个，占总发现站位的 30.1%；1～3 种的站位最多（53 个），占总发现站位的 43.1%（图 2-12）。

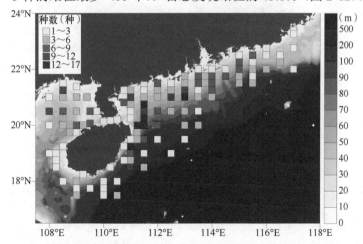

图 2-12　南海北部部分海域 1959 年 4 月拖网调查多毛类动物的种数分布

拖网调查数据显示，南海北部部分海域 1959 年 4 月甲壳动物在 154 个站位有分布，占 163 个实测站位数的 94.5%；其中，6077 站位甲壳动物种数最多（38 种）；28～39 种的站位有 12 个，占总发现站位的 7.8%；21～28 种的站位有 24 个，占总发现站位的 15.6%；14～21 种的站位最多（52 个），占总发现站位的 33.8%；7～14 种的站位有 32 个，占总发现站位的 20.8%；1～7 种的站位有 34 个，占总发现站位的 22.1%（图 2-13）。

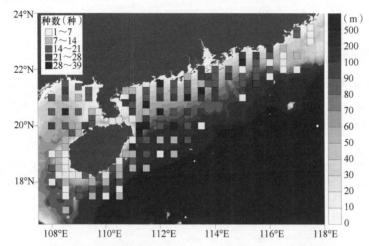

图 2-13　南海北部部分海域 1959 年 4 月拖网调查甲壳动物的种数分布

拖网调查数据显示，南海北部部分海域 1959 年 4 月软体动物在 155 个站位有分布，占 163 个实测站位数的 95.1%；其中，6026 站位软体动物种数最多（43 种）；32～44 种的站位有 3 个，占总发现站位的 1.9%；24～32 种的站位有 8 个，占总发现站位的 5.2%；16～24 种的站位有 35 个，占总发现站位的 22.6%；8～16 种的站位有 52 个，占总发现站位的 33.5%；1～8 种的站位最多（57 个），占总发现站位的 36.8%（图 2-14）。

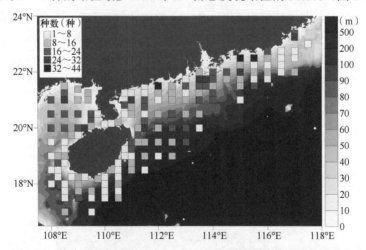

图 2-14　南海北部部分海域 1959 年 4 月拖网调查软体动物的种数分布

拖网调查数据显示，南海北部部分海域 1959 年 4 月棘皮动物在 154 个站位有分布，占 163 个实测站位数的 94.5%；其中，6094 站位棘皮动物种数最多（23 种）；20～24 种的站位有 2 个，占总发现站位的 1.3%；15～20 种的站位有 2 个，占总发现站位的 1.3%；

10～15 种的站位有 16 个，占总发现站位的 10.4%；5～10 种的站位有 59 个，占总发现站位的 38.3%；1～5 种的站位最多（75 个），占总发现站位的 48.7%（图 2-15）。

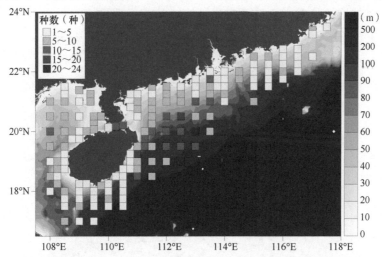

图 2-15　南海北部部分海域 1959 年 4 月拖网调查棘皮动物的种数分布

拖网调查数据显示，南海北部部分海域 1959 年 4 月其他类群动物在 155 个站位有分布，占 163 个实测站位数的 95.1%；其中，6066 站位其他类群动物种数最多（34 种）；28～35 种的站位有 4 个，占总发现站位的 2.6%；21～28 种的站位有 1 个，占总发现站位的 0.6%；14～21 种的站位有 18 个，占总发现站位的 11.6%；7～14 种的站位有 65 个，占总发现站位的 41.9%；1～7 种的站位最多（67 个），占总发现站位的 43.2%（图 2-16）。

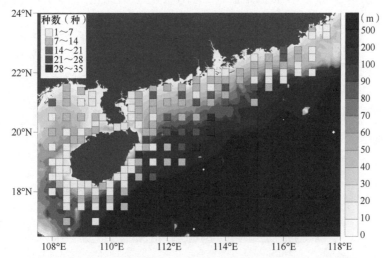

图 2-16　南海北部部分海域 1959 年 4 月拖网调查其他类群动物的种数分布

2. 南海北部海域 1959 年 7 月各类群种数分布

拖网调查数据显示，南海北部部分海域 1959 年 7 月多毛类动物在 92 个站位有分布，占 122 个实测站位数的 75.4%；其中，6105 站位多毛类动物种数最多（11 种）；8～12 种的站位有 6 个，占总发现站位的 6.5%；6～8 种的站位有 9 个，占总发现站位的 9.8%；4～6 种的站位有 29 个，占总发现站位的 31.5%；2～4 种的站位有 22 个，占总发现站位的 23.9%；1～2 种的站位有 26 个，占总发现站位的 28.3%（图 2-17）。

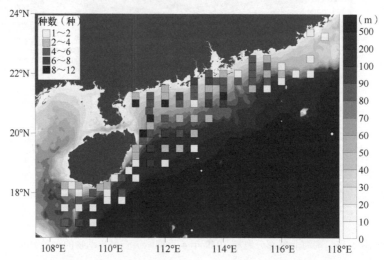

图 2-17 南海北部部分海域 1959 年 7 月拖网调查多毛类动物的种数分布

拖网调查数据显示，南海北部部分海域 1959 年 7 月甲壳动物在 120 个站位有分布，占 122 个实测站位数的 98.4%；其中，6047 站位甲壳动物种数最多（36 种）；28～37 种的站位有 14 个，占总发现站位的 11.7%；21～28 种的站位有 30 个，占总发现站位的 25%；14～21 种的站位最多（36 个），占总发现站位的 30%；7～14 种的站位有 17 个，占总发现站位的 14.2%；1～7 种的站位有 23 个，占总发现站位的 19.2%（图 2-18）。

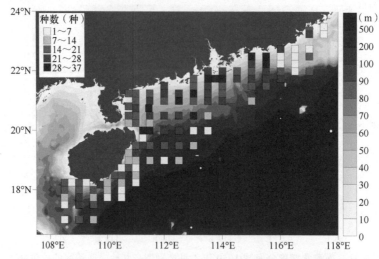

图 2-18 南海北部部分海域 1959 年 7 月拖网调查甲壳动物的种数分布

拖网调查数据显示，南海北部部分海域 1959 年 7 月软体动物在 117 个站位有分布，占 122 个实测站位数的 95.9%；其中，6033 站位软体动物种数最多（45 种）；36～46 种的站位有 3 个，占总发现站位的 2.6%；27～36 种的站位有 7 个，占总发现站位的 6.0%；18～27 种的站位有 20 个，占总发现站位的 17.1%；9～18 种的站位有 48 个，占总发现站位的 41.0%；1～9 种的站位有 39 个，占总发现站位的 33.3%（图 2-19）。

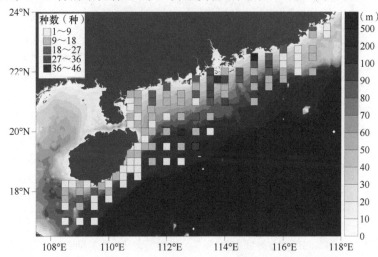

图 2-19 南海北部部分海域 1959 年 7 月拖网调查软体动物的种数分布

拖网调查数据显示，南海北部部分海域 1959 年 7 月棘皮动物在 114 个站位有分布，占 122 个实测站位数的 93.4%；其中，6092、6093、6094 站位棘皮动物种数最多（19 种）；16～20 种的站位有 6 个，占总发现站位的 5.3%；12～16 种的站位有 6 个，占总发现站位的 5.3%；8～12 种的站位有 14 个，占总发现站位的 12.3%；4～8 种的站位最多（50 个），占总发现站位的 43.9%；1～4 种的站位有 38 个，占总发现站位的 33.3%（图 2-20）。

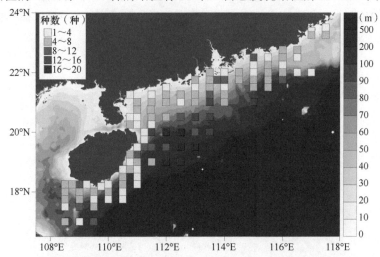

图 2-20 南海北部部分海域 1959 年 7 月拖网调查棘皮动物的种数分布

拖网调查数据显示，南海北部部分海域 1959 年 7 月其他类群动物在 119 个站位有分布，占 122 个实测站位数的 97.5%；其中，6023、6066 站位其他类群动物种数最多（36 种）；28～37 种的站位有 8 个，占总发现站位的 6.7%；21～28 种的站位有 6 个，占总发现站位的 5.0%；14～21 种的站位有 33 个，占总发现站位的 27.7%；7～14 种的站位有 34 个，占总发现站位的 28.6%；1～7 种的站位最多（38 个），占总发现站位的 31.9%（图 2-21）。

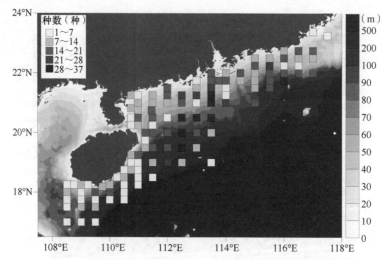

图 2-21　南海北部部分海域 1959 年 7 月拖网调查其他类群动物的种数分布

3. 南海北部海域 1959 年 10～12 月各类群种数分布

拖网调查数据显示，南海北部部分海域 1959 年 10～12 月多毛类动物在 93 个站位有分布，占 122 个实测站位数的 76.2%；其中，6076 站位多毛类动物种数最多（13 种）；12～14 种的站位有 1 个，占总发现站位的 1.1%；9～12 种的站位有 3 个，占总发现站位的 3.2%；6～9 种的站位有 5 个，占总发现站位的 5.4%；3～6 种的站位有 39 个，占总发现站位的 41.9%；1～3 种的站位最多（45 个），占总发现站位的 48.4%（图 2-22）。

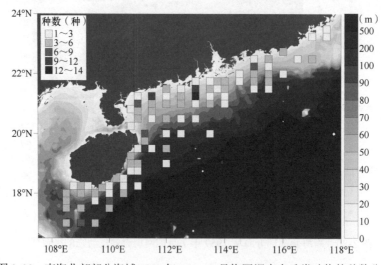

图 2-22　南海北部部分海域 1959 年 10～12 月拖网调查多毛类动物的种数分布

拖网调查数据显示，南海北部部分海域 1959 年 10～12 月甲壳动物在 117 个站位有分布，占 122 个实测站位数的 95.9%；其中，6078、6088 站位甲壳动物种数最多（46 种）；36～47 种的站位有 4 个，占总发现站位的 3.4%；27～36 种的站位有 17 个，占总发现站位的 14.5%；18～27 种的站位最多（38 个），占总发现站位的 32.5%；9～18 种的站位有 31 个，占总发现站位的 26.5%；1～9 种的站位有 27 个，占总发现站位的 23.1%（图 2-23）。

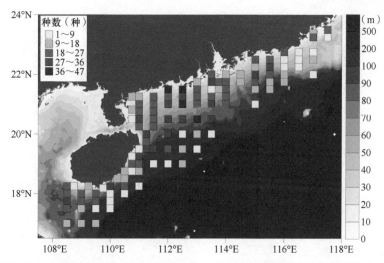

图 2-23 南海北部部分海域 1959 年 10～12 月拖网调查甲壳动物的种数分布

拖网调查数据显示，南海北部部分海域 1959 年 10～12 月软体动物在 116 个站位有分布，占 122 个实测站位数的 95.1%；其中，6103 站位软体动物种数最多（33 种）；24～34 种的站位有 6 个，占总发现站位的 5.2%；18～24 种的站位有 18 个，占总发现站位的 15.5%；12～18 种的站位有 37 个，占总发现站位的 31.9%；6～12 种的站位有 35 个，占总发现站位的 30.2%；1～6 种的站位有 20 个，占总发现站位的 17.2%（图 2-24）。

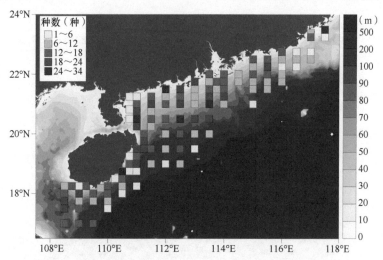

图 2-24 南海北部部分海域 1959 年 10～12 月拖网调查软体动物的种数分布

拖网调查数据显示，南海北部部分海域 1959 年 10～12 月棘皮动物在 114 个站位有分布，占 122 个实测站位数的 93.4%；其中，6094、6079 站位棘皮动物种数最多（17 种）；12～18 种的站位有 9 个，占总发现站位的 7.9%；9～12 种的站位有 10 个，占总发现站位的 8.8%；6～9 种的站位有 23 个，占总发现站位的 20.2%；3～6 种的站位有 49 个，占总发现站位的 43.0%；1～3 种的站位有 23 个，占总发现站位的 20.2%（图 2-25）。

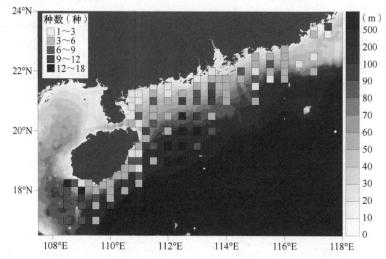

图 2-25 南海北部部分海域 1959 年 10～12 月拖网调查棘皮动物的种数分布

拖网调查数据显示，南海北部部分海域 1959 年 10～12 月其他类群动物在 118 个站位有分布，占 122 个实测站位数的 96.7%；其中，6066 站位其他类群动物种数最多（32种）；24～33 种的站位有 8 个，占总发现站位的 6.8%；18～24 种的站位有 16 个，占总发现站位的 13.6%；12～18 种的站位有 41 个，占总发现站位的 34.7%；6～12 种的站位有 36 个，占总发现站位的 30.5%；1～6 种的站位有 17 个，占总发现站位的 14.4%（图 2-26）。

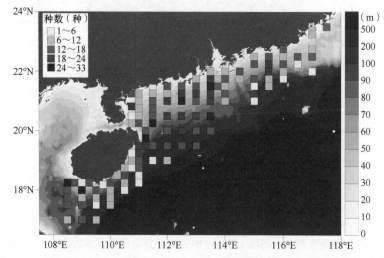

图 2-26 南海北部部分海域 1959 年 10～12 月拖网调查其他类群动物的种数分布

4. 南海北部海域 1960 年 1～3 月各类群种数分布

拖网调查数据显示，南海北部部分海域 1960 年 1～3 月多毛类动物在 103 个站位有分布，占 126 个实测站位数的 81.7%；其中，6089 站位多毛类动物种数最多（10 种）；8～11 种的站位有 5 个，占总发现站位的 4.9%；6～8 种的站位有 12 个，占总发现站位的 11.7%；4～6 种的站位有 23 个，占总发现站位的 22.3%；2～4 种的站位最多（34 个），占总发现站位的 33.0%；1～2 种的站位有 29 个，占总发现站位的 28.2%（图 2-27）。

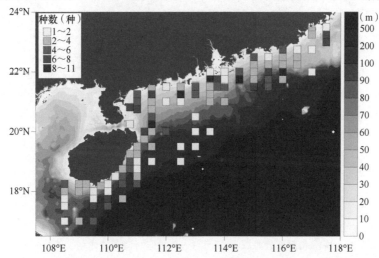

图 2-27　南海北部部分海域 1960 年 1～3 月拖网调查多毛类动物的种数分布

　　拖网调查数据显示，南海北部部分海域 1960 年 1～3 月甲壳动物在 124 个站位有分布，占 126 个实测站位数的 98.4%；其中，6106 站位甲壳动物种数最多（39 种）；28～40 种的站位有 7 个，占总发现站位的 5.6%；21～28 种的站位有 28 个，占总发现站位的 22.6%；14～21 种的站位最多（41 个），占总发现站位的 33.1%；7～14 种的站位有 30 个，占总发现站位的 24.2%；1～7 种的站位有 18 个，占总发现站位的 14.5%（图 2-28）。

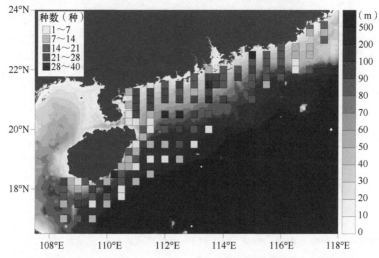

图 2-28　南海北部部分海域 1960 年 1～3 月拖网调查甲壳动物的种数分布

　　拖网调查数据显示，南海北部部分海域 1960 年 1～3 月软体动物在 123 个站位有分布，占 126 个实测站位数的 97.6%；其中，6063 站位软体动物种数最多（44 种）；36～45 种的站位有 1 个，占总发现站位的 0.8%；27～36 种的站位有 9 个，占总发现站位的 7.3%；18～27 种的站位有 16 个，占总发现站位的 13.0%；9～18 种的站位有 52 个，占总发现站位的 42.3%；1～9 种的站位有 45 个，占总发现站位的 36.6%（图 2-29）。

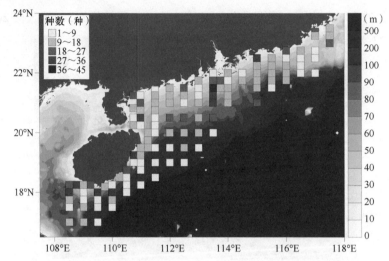

图 2-29　南海北部部分海域 1960 年 1～3 月拖网调查软体动物的种数分布

　　拖网调查数据显示，南海北部部分海域 1960 年 1～3 月棘皮动物在 118 个站位有分布，占 126 个实测站位数的 93.7%；其中，6225 站位棘皮动物种数最多（32 种）；24～33 种的站位有 2 个，占总发现站位的 1.7%；18～24 种的站位有 2 个，占总发现站位的 1.7%；12～18 种的站位有 9 个，占总发现站位的 7.6%；6～12 种的站位有 34 个，占总发现站位的 28.8%；1～6 种的站位有 71 个，占总发现站位的 60.2%（图 2-30）。

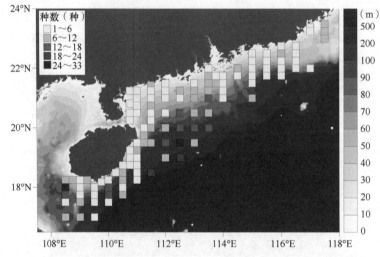

图 2-30　南海北部部分海域 1960 年 1～3 月拖网调查棘皮动物的种数分布

　　拖网调查数据显示，南海北部部分海域 1960 年 1～3 月其他类群动物在 123 个站位有分布，占 126 个实测站位数的 97.6%；其中，6080、6094 站位其他类群动物种数最多（28 种）；24～29 种的站位有 3 个，占总发现站位的 2.4%；18～24 种的站位有 15 个，占总发现站位的 12.2%；12～18 种的站位有 32 个，占总发现站位的 26.0%；6～12 种的站位有 46 个，占总发现站位的 37.4%；1～6 种的站位有 27 个，占总发现站位的 22.0%（图 2-31）。

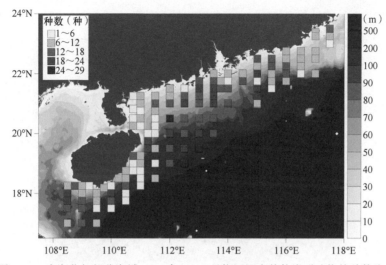

图 2-31 南海北部部分海域 1960 年 1～3 月拖网调查其他类群动物的种数分布

六、采泥调查大型底栖动物的各类群种数分布

1. 南海北部海域 1959 年 7 月各类群种数分布

采泥调查数据显示，南海北部部分海域 1959 年 7 月多毛类动物在 113 个站位有分布，占 122 个实测站位数的 92.6%；其中，6154 站位多毛类动物种数最多（19 种）；16～20 种的站位有 4 个，占总发现站位的 3.5%；12～16 种的站位有 3 个，占总发现站位的 2.7%；8～12 种的站位有 12 个，占总发现站位的 10.6%；4～8 种的站位有 42 个，占总发现站位的 37.2%；1～4 种的站位最多（52 个），占总发现站位的 46.0%（图 2-32）。

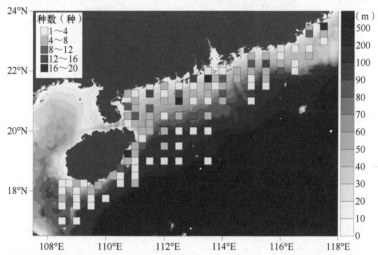

图 2-32 南海北部部分海域 1959 年 7 月采泥调查多毛类动物的种数分布

采泥调查数据显示，南海北部部分海域 1959 年 7 月甲壳动物在 107 个站位有分布，占 122 个实测站位数的 87.7%；其中，6092 站位甲壳动物种数最多（14 种）；12～15 种的站位有 4 个，占总发现站位的 3.7%；9～12 种的站位有 7 个，占总发现站位的 6.5%；3～6 种的站位最多（44 个），占总发现站位的 41.1%；6～9 种的站位有 15 个，占总发现站

位的 14.0%；1～3 种的站位有 37 个，占总发现站位的 34.6%（图 2-33）。

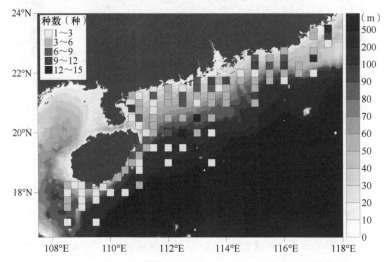

图 2-33　南海北部部分海域 1959 年 7 月采泥调查甲壳动物的种数分布

采泥调查数据显示，南海北部部分海域 1959 年 7 月软体动物在 71 个站位有分布，占 122 个实测站位数的 58.2%；其中，6008 站位软体动物种数最多（8 种）；4～9 种的站位有 7 个，占总发现站位的 9.9%；2～4 种的站位有 23 个，占总发现站位的 32.4%；1～2 种的站位最多（41 个），占总发现站位的 57.7%（图 2-34）。

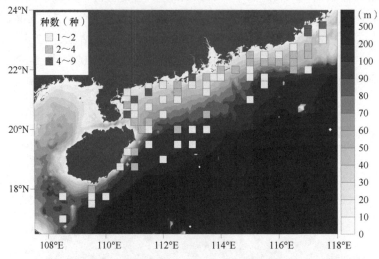

图 2-34　南海北部部分海域 1959 年 7 月采泥调查软体动物的种数分布

采泥调查数据显示，南海北部部分海域 1959 年 7 月棘皮动物在 78 个站位有分布，占 122 个实测站位数的 63.9%；其中，6079 站位棘皮物种数最多（5 种）；4～6 种的站位有 3 个，占总发现站位的 3.8%；2～4 种的站位有 28 个，占总发现站位的 35.9%；1～2 种的站位最多（47 个），占总发现站位的 60.3%（图 2-35）。

采泥调查数据显示，南海北部部分海域 1959 年 7 月其他类群动物在 64 个站位有分布，占 122 个实测站位数的 52.5%；2～4 种的站位有 24 个，占总发现站位的 37.5%；1～2 种的站位有 40 个，占总发现站位的 62.5%（图 2-36）。

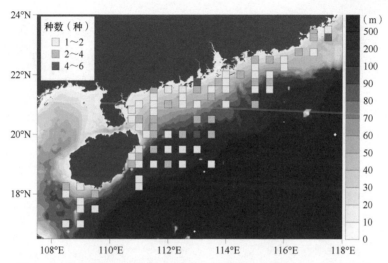

图 2-35　南海北部部分海域 1959 年 7 月采泥调查棘皮动物的种数分布

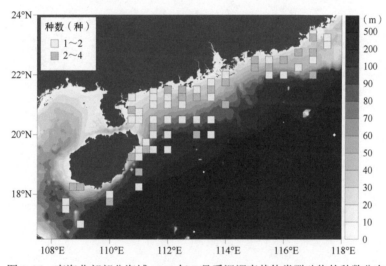

图 2-36　南海北部部分海域 1959 年 7 月采泥调查其他类群动物的种数分布

2. 南海北部海域 1960 年 1～3 月各类群种数分布

采泥调查数据显示，南海北部部分海域 1960 年 1～3 月多毛类动物在 109 个站位有分布，占 122 个实测站位数的 89.3%；其中，6063 站位多毛类动物种数最多（19 种）；16～20 种的站位有 3 个，占总发现站位的 2.8%；12～16 种的站位有 5 个，占总发现站位的 4.6%；8～12 种的站位有 18 个，占总发现站位的 16.5%；4～8 种的站位有 41 个，占总发现站位的 37.6%；1～4 种的站位最多（42 个），占总发现站位的 38.5%（图 2-37）。

采泥调查数据显示，南海北部部分海域 1960 年 1～3 月甲壳动物在 105 个站位有分布，占 122 个实测站位数的 86.1%；其中，6078 站位甲壳动物种数最多（17 种）；12～18 种的站位有 2 个，占总发现站位的 1.9%；9～12 种的站位有 1 个，占总发现站位的 1.0%；6～9 种的站位有 21 个，占总发现站位的 20.0%；3～6 种的站位有 31 个，占总发现站位的 29.5%；1～3 种的站位最多（50 个），占总发现站位的 47.6%（图 2-38）。

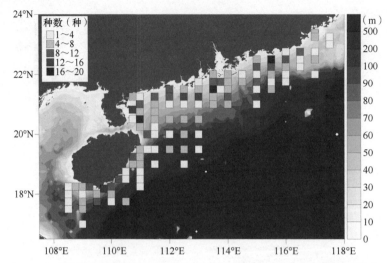

图 2-37　南海北部部分海域 1960 年 1～3 月采泥调查多毛类动物的种数分布

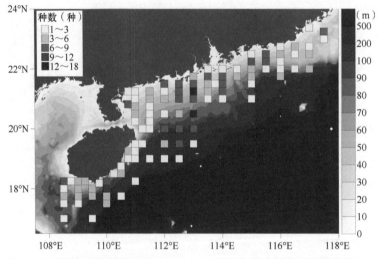

图 2-38　南海北部部分海域 1960 年 1～3 月采泥调查甲壳动物的种数分布

采泥调查数据显示，南海北部部分海域 1960 年 1～3 月软体动物在 65 个站位有分布，占 122 个实测站位数的 53.3%；其中，6014 站位软体动物种数最多（4 种）；2～5 种的站位有 29 个，占总发现站位的 44.6%；1～2 种的站位有 36 个，占总发现站位的 55.4%（图 2-39）。

采泥调查数据显示，南海北部部分海域 1960 年 1～3 月棘皮动物在 71 个站位有分布，占 122 个实测站位数的 58.2%；其中，6012、6074 站位棘皮动物种数最多（4 种）；2～5 种的站位有 32 个，占总发现站位的 45.1%；1～2 种的站位有 39 个，占总发现站位的 54.9%（图 2-40）。

采泥调查数据显示，南海北部部分海域 1960 年 1～3 月其他类群动物在 64 个站位有分布，占 122 个实测站位数的 52.5%；1～2 种的站位有 30 个，占总发现站位的 46.9%；2～4 种的站位有 31 个，占总发现站位的 48.4%；4～6 种的站位有 2 个，占总发现站位的 3.1%；6～8 种的站位有 1 个，即 6090 站位，其他类群动物有 7 种（图 2-41）。

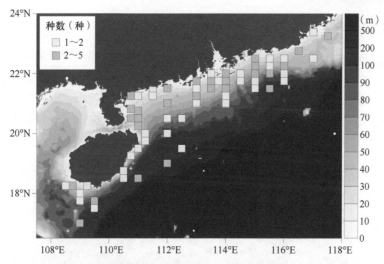

图 2-39　南海北部部分海域 1960 年 1～3 月采泥调查软体动物的种数分布

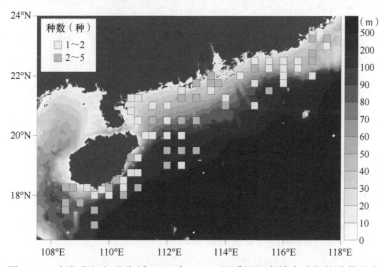

图 2-40　南海北部部分海域 1960 年 1～3 月采泥调查棘皮动物的种数分布

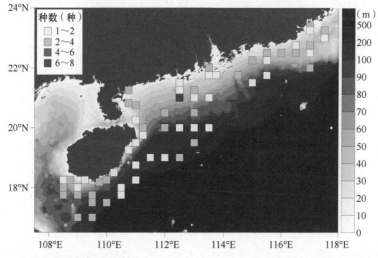

图 2-41　南海北部部分海域 1960 年 1～3 月采泥调查其他类群动物的种数分布

3. 南海北部海域1960年4～5月各类群种数分布

采泥调查数据显示，南海北部部分海域1960年4～5月多毛类动物在106个站位有分布，占119个实测站位数的89.08%；其中，6063站位多毛类动物种数最多（22种）；16～23种的站位有5个，占总发现站位的4.7%；12～16种的站位有11个，占总发现站位的10.4%；8～12种的站位有20个，占总发现站位的18.9%；4～8种的站位有30个，占总发现站位的28.3%；1～4种的站位最多（40个），占总发现站位的37.7%（图2-42）。

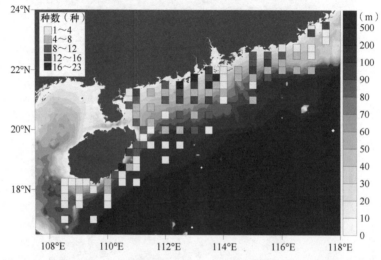

图2-42　南海北部部分海域1960年4～5月采泥调查多毛类动物的种数分布

采泥调查数据显示，南海北部部分海域1960年4～5月甲壳动物在105个站位有分布，占119个实测站位数的88.24%；其中，6027站位甲壳动物种数最多（11种）；8～12种的站位有12个，占总发现站位的11.4%；6～8种的站位有12个，占总发现站位的11.4%；4～6种的站位有17个，占总发现站位的16.2%；2～4种的站位最多（36个），占总发现站位的34.3%；1～2种的站位有28个，占总发现站位的26.7%（图2-43）。

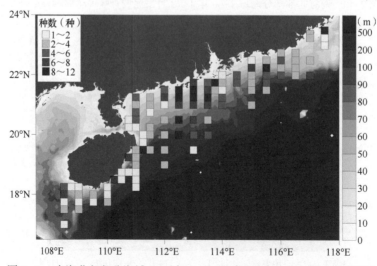

图2-43　南海北部部分海域1960年4～5月采泥调查甲壳动物的种数分布

采泥调查数据显示，南海北部部分海域 1960 年 4～5 月软体动物在 58 个站位有分布，占 119 个实测站位数的 48.74%；其中，6074 站位软体动物种数最多（7 种）；6～8 种的站位有 2 个，占总发现站位的 3.4%；4～6 种的站位有 5 个，占总发现站位的 8.6%；2～4 种的站位有 32 个，占总发现站位的 55.2%；1～2 种的站位有 19 个，占总发现站位的 32.8%（图 2-44）。

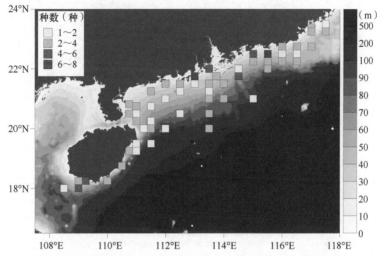

图 2-44 南海北部部分海域 1960 年 4～5 月采泥调查软体动物的种数分布

采泥调查数据显示，南海北部部分海域 1960 年 4～5 月棘皮动物在 73 个站位有分布，占 119 个实测站位数的 61.34%；其中，6065 站位棘皮动物种数最多（6 种）；4～7 种的站位有 6 个，占总发现站位的 8.2%；2～4 种的站位有 33 个，占总发现站位的 45.2%；1～2 种的站位有 34 个，占总发现站位的 46.6%（图 2-45）。

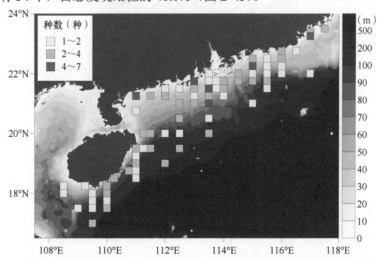

图 2-45 南海北部部分海域 1960 年 4～5 月采泥调查棘皮动物的种数分布

采泥调查数据显示，南海北部部分海域 1960 年 4～5 月其他类群动物在 71 个站位有分布，占 119 个实测站位数的 59.66%；1～2 种的站位有 36 个，占总发现站位的 50.7%；2～4 种的站位有 29 个，占总发现站位的 40.8%；4～6 种的站位有 4 个，占总发现站位的 5.6%；6～8 种的站位有 2 个，占总发现站位的 2.8%（图 2-46）。

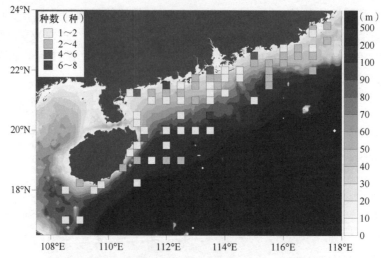

图 2-46　南海北部部分海域 1960 年 4～5 月采泥调查其他类群动物的种数分布

第四节　优　势　种

一、南海北部海域 1959 年 7 月优势种

南海北部部分海域 1959 年 7 月优势种双眼钩虾属一种 *Ampelisca* sp. 出现在 42 个站位（图 2-47）。

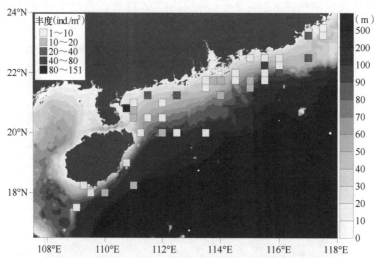

图 2-47　南海北部部分海域 1959 年 7 月优势种双眼钩虾属一种 *Ampelisca* sp. 的分布

南海北部部分海域 1959 年 7 月优势种索沙蚕属一种 *Lumbrineris* sp. 出现在 36 个站位（图 2-48）。

南海北部部分海域 1959 年 7 月优势种竹节虫科一种 Maldanidae sp. 出现在 26 个站位（图 2-49）。

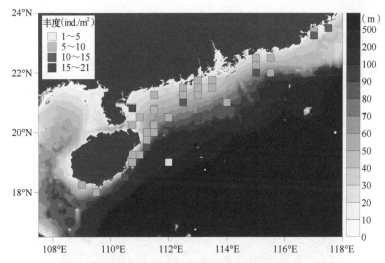

图 2-48 南海北部部分海域 1959 年 7 月优势种索沙蚕属一种 *Lumbrineris* sp. 的分布

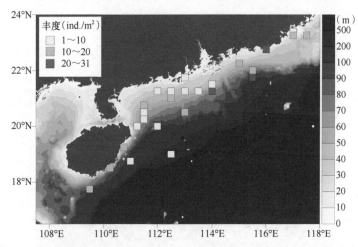

图 2-49 南海北部部分海域 1959 年 7 月优势种竹节虫科一种 Maldanidae sp. 的分布

南海北部部分海域 1959 年 7 月优势种梳鳃虫 *Terebellides stroemii* 出现在 18 个站位（图 2-50）。

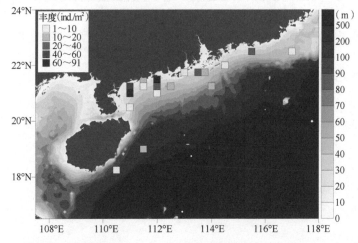

图 2-50 南海北部部分海域 1959 年 7 月优势种梳鳃虫 *Terebellides stroemii* 的分布

南海北部部分海域 1959 年 7 月优势种足刺单指虫 *Cossura aciculata* 出现在 4 个站位（图 2-51）。

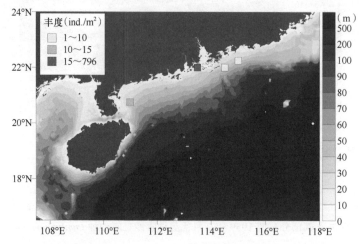

图 2-51　南海北部部分海域 1959 年 7 月优势种足刺单指虫 *Cossura aciculata* 的分布

南海北部部分海域 1959 年 7 月优势种矶沙蚕科一种 Eunicidae sp. 出现在 20 个站位（图 2-52）。

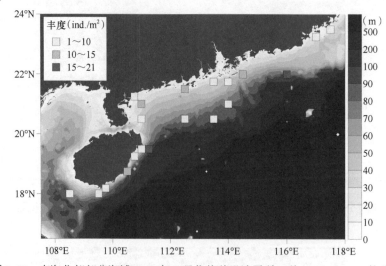

图 2-52　南海北部部分海域 1959 年 7 月优势种矶沙蚕科一种 Eunicidae sp. 的分布

二、南海北部海域 1960 年 1～3 月优势种

南海北部部分海域 1960 年 1～3 月优势种双眼钩虾属一种 *Ampelisca* sp. 出现在 34 个站位（图 2-53）。

南海北部部分海域 1960 年 1～3 月优势种索沙蚕属一种 *Lumbrineris* sp. 出现在 38 个站位（图 2-54）。

南海北部部分海域 1960 年 1～3 月优势种背蚓虫 *Notomastus latericeus* 出现在 31 个站位（图 2-55）。

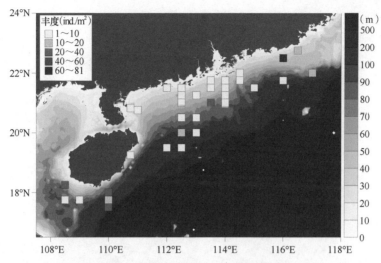

图 2-53　南海北部部分海域 1960 年 1～3 月优势种双眼钩虾属一种 *Ampelisca* sp. 的分布

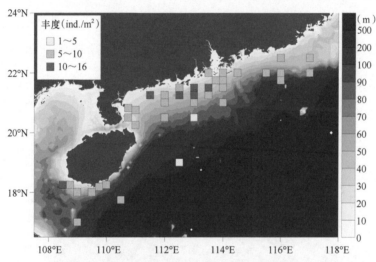

图 2-54　南海北部部分海域 1960 年 1～3 月优势种索沙蚕属一种 *Lumbrineris* sp. 的分布

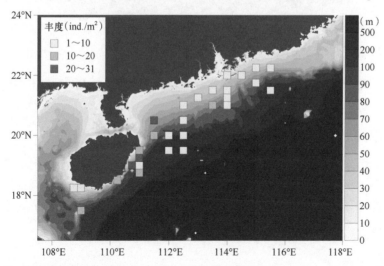

图 2-55　南海北部部分海域 1960 年 1～3 月优势种背蚓虫 *Notomastus latericeus* 的分布

南海北部部分海域 1960 年 1～3 月优势种美人虾属一种 *Callianassa* sp. 出现在 28 个站位（图 2-56）。

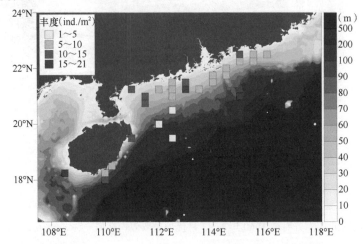

图 2-56　南海北部部分海域 1960 年 1～3 月优势种美人虾属一种 *Callianassa* sp. 的分布

南海北部部分海域 1960 年 1～3 月优势种真蛇尾属一种 *Ophiura* sp. 出现在 30 个站位（图 2-57）。

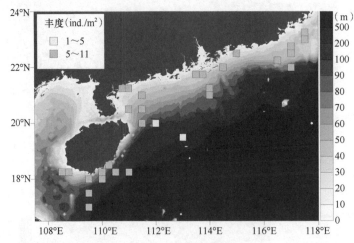

图 2-57　南海北部部分海域 1960 年 1～3 月优势种真蛇尾属一种 *Ophiura* sp. 的分布

南海北部部分海域 1960 年 1～3 月优势种鼓虾属一种 *Alpheus* sp. 出现在 27 个站位（图 2-58）。

三、南海北部海域 1960 年 4～5 月优势种

南海北部部分海域 1960 年 4～5 月优势种索沙蚕属一种 *Lumbrineris* sp. 出现在 49 个站位（图 2-59）。

南海北部部分海域 1960 年 4～5 月优势种美人虾属一种 *Callianassa* sp. 出现在 34 个站位（图 2-60）。

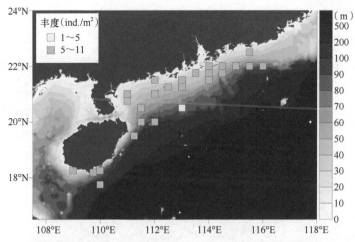

图 2-58 南海北部部分海域 1960 年 1～3 月优势种鼓虾属一种 *Alpheus* sp. 的分布

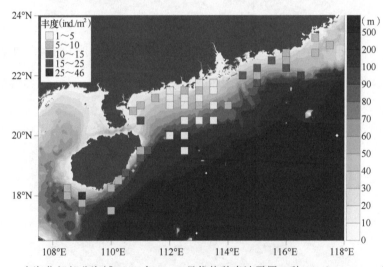

图 2-59 南海北部部分海域 1960 年 4～5 月优势种索沙蚕属一种 *Lumbrineris* sp. 的分布

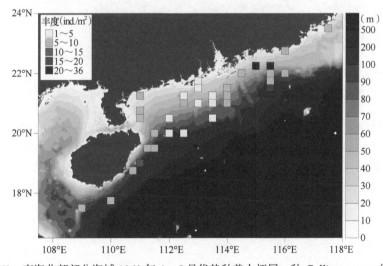

图 2-60 南海北部部分海域 1960 年 4～5 月优势种美人虾属一种 *Callianassa* sp. 的分布

南海北部部分海域 1960 年 4～5 月优势种双眼钩虾属一种 *Ampelisca* sp. 出现在 27 个站位（图 2-61）。

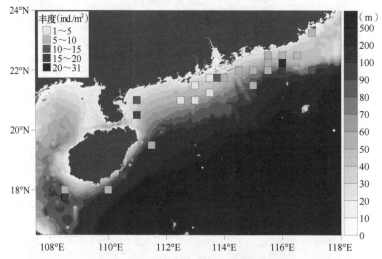

图 2-61　南海北部部分海域 1960 年 4～5 月优势种双眼钩虾属一种 *Ampelisca* sp. 的分布

南海北部部分海域 1960 年 4～5 月优势种矶沙蚕科一种 Eunicidae sp. 出现在 29 个站位（图 2-62）。

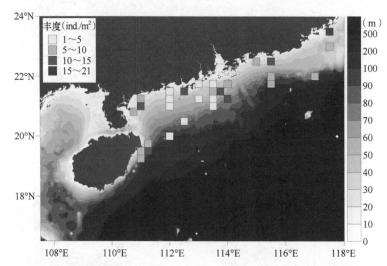

图 2-62　南海北部部分海域 1960 年 4～5 月优势种矶沙蚕科一种 Eunicidae sp. 的分布

南海北部部分海域 1960 年 4～5 月优势种真蛇尾属一种 *Ophiura* sp. 出现在 25 个站位（图 2-63）。

南海北部部分海域 1960 年 4～5 月优势种不倒翁虫 *Sternaspis scutata* 出现在 21 个站位（图 2-64）。

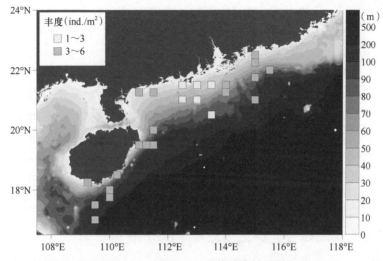

图 2-63　南海北部部分海域 1960 年 4～5 月优势种真蛇尾属一种 *Ophiura* sp. 的分布

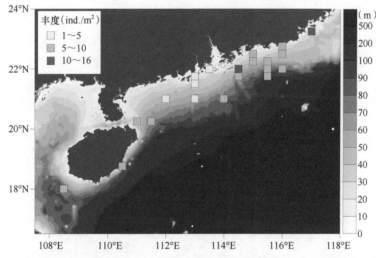

图 2-64　南海北部部分海域 1960 年 4～5 月优势种不倒翁虫 *Sternaspis scutata* 的分布

第五节　数 量 组 成

一、南海北部海域大型底栖动物数量变化

南海北部海域大型底栖动物数量变化（表 2-3）为：生物量 1960 年 1～3 月（1826.76g/m²）大于 1959 年 7 月（1537.41g/m²）大于 1960 年 4～5 月（1135.80g/m²）；丰度 1959 年 7 月（10 617.50ind./m²）大于 1960 年 1～3 月（9348.50ind./m²）大于 1960 年 4～5 月（7579.00ind./m²）。

表 2-3　南海北部海域大型底栖动物数量变化

数量	时间	多毛类动物	甲壳动物	软体动物	棘皮动物	其他类群动物	合计
生物量（g/m²）	1959 年 7 月	128.95	80.98	1 020.43	165.00	142.05	1 537.41
	1960 年 1～3 月	85.61	157.39	991.77	339.38	252.61	1 826.76
	1960 年 4～5 月	146.95	177.66	402.41	281.66	127.12	1 135.80
	平均	120.50	138.68	804.87	262.01	173.93	1 499.99
丰度（ind./m²）	1959 年 7 月	4 502.00	3 405.50	1 058.00	854.00	798.00	10 617.50
	1960 年 1～3 月	4 201.00	2 835.50	606.00	884.00	822.00	9 348.50
	1960 年 4～5 月	3 245.00	2 081.00	699.00	851.00	703.00	7 579.00
	平均	3 982.67	2 774.00	787.67	863.00	774.33	9 181.67

二、南海北部海域各类群生物量及丰度分布

1. 南海北部海域 1959 年 7 月各类群生物量分布

南海北部部分海域 1959 年 7 月多毛类动物的生物量分布（图 2-65）为：0.04～2g/m² 的站位有 73 个，占 77.7%；2～4g/m² 的站位有 15 个，占 16.0%；4～6g/m² 的站位有 2 个，占 2.1%；6～8g/m² 的站位有 1 个，占 1.1%；8～11.21g/m² 的站位有 3 个，占 3.2%。

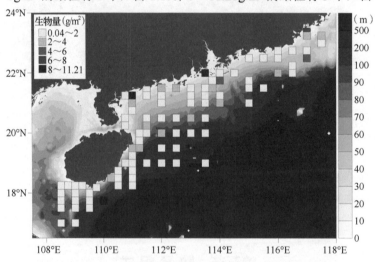

图 2-65　南海北部部分海域 1959 年 7 月多毛类动物的生物量分布

南海北部部分海域 1959 年 7 月甲壳动物的生物量分布（图 2-66）为：0.04～2g/m² 的站位有 61 个，占 84.7%；2～4g/m² 的站位有 6 个，占 8.3%；4～6g/m² 的站位有 3 个，占 4.2%；6～8g/m² 和 8～11.96g/m² 的站位各有 1 个，均占 1.4%。

南海北部部分海域 1959 年 7 月软体动物的生物量分布（图 2-67）为：0.02～5g/m² 的站位有 59 个，占 84.3%；5～10g/m² 和 10～20g/m² 的站位各有 1 个，均占 1.4%；20～100g/m² 的站位有 6 个，占 8.6%；100～265.3g/m² 的站位有 3 个，占 4.3%。

南海北部部分海域 1959 年 7 月棘皮动物的生物量分布（图 2-68）为：0.04～2g/m² 的站位有 61 个，占 78.2%；2～4g/m² 的站位有 9 个，占 11.5%；4～8g/m² 的站位有 4 个，占 5.1%；8～16g/m² 的站位有 1 个，占 1.3%；16～35.66g/m² 的站位有 3 个，占 3.8%。

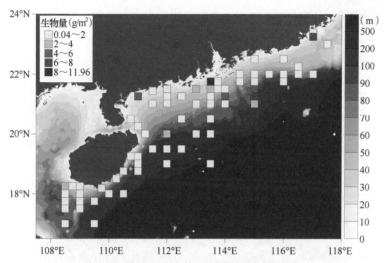

图 2-66　南海北部部分海域 1959 年 7 月甲壳动物的生物量分布

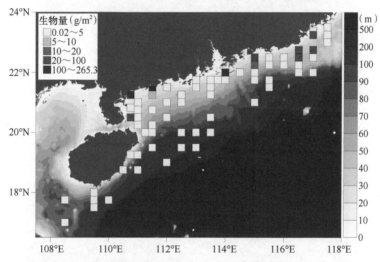

图 2-67　南海北部部分海域 1959 年 7 月软体动物的生物量分布

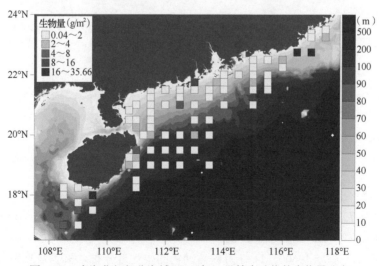

图 2-68　南海北部部分海域 1959 年 7 月棘皮动物的生物量分布

南海北部部分海域 1959 年 7 月其他类群动物的生物量分布（图 2-69）为：0.02～2g/m²
的站位有 47 个，占 74.6%；2～6g/m² 的站位有 12 个，占 19.0%；6～12g/m² 和 12～20g/m²
的站位各有 1 个，均占 1.6%；20～30.31g/m² 的站位有 2 个，占 3.2%。

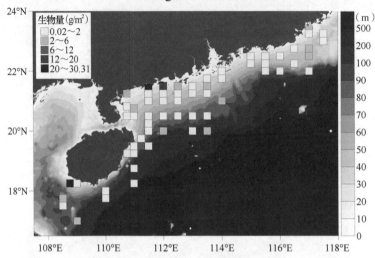

图 2-69　南海北部部分海域 1959 年 7 月其他类群动物的生物量分布

2. 南海北部海域 1960 年 1～3 月各类群生物量分布

南海北部部分海域 1960 年 1～3 月多毛类动物的生物量分布（图 2-70）为：0.05～
2g/m² 的站位有 64 个，占 84.2%；2～4g/m² 的站位有 8 个，占 10.5%；4～6g/m² 的站位
有 2 个，占 2.6%；6～8g/m² 和 8～11.16g/m² 的站位各有 1 个，均占 1.3%。

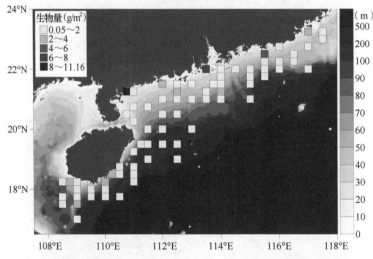

图 2-70　南海北部部分海域 1960 年 1～3 月多毛类动物的生物量分布

南海北部部分海域 1960 年 1～3 月甲壳动物的生物量分布（图 2-71）为：0.05～
4g/m² 的站位有 73 个，占 86.9%；4～6g/m² 的站位有 7 个，占 8.3%；10～15g/m² 和 15～
28.01g/m² 的站位各有 2 个，均占 2.4%。

南海北部部分海域 1960 年 1～3 月软体动物的生物量分布（图 2-72）为：0.02～4g/m²
的站位有 50 个，占 80.6%；4～20g/m² 的站位有 5 个，占 8.1%；40～100g/m² 的站位有 3 个，

占 4.8%；20～40g/m² 和 100～520.8g/m² 的站位各有 2 个，均占 3.2%。

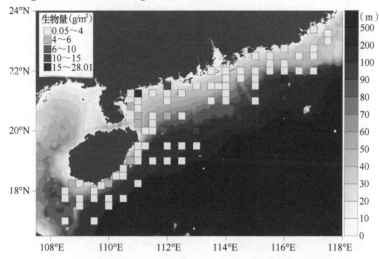

图 2-71 南海北部部分海域 1960 年 1～3 月甲壳动物的生物量分布

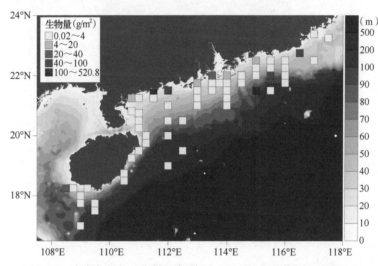

图 2-72 南海北部部分海域 1960 年 1～3 月软体动物的生物量分布

南海北部部分海域 1960 年 1～3 月棘皮动物的生物量分布（图 2-73）为：0.02～4g/m² 的站位有 60 个，占 85.7%；4～12g/m² 的站位有 5 个，占 7.1%；12～36g/m² 的站位有 3 个，占 4.3%；36～100g/m² 和 100～112.6g/m² 的站位各有 1 个，均占 1.4%。

南海北部部分海域 1960 年 1～3 月其他类群动物的生物量分布（图 2-74）为：0.02～4g/m² 的站位有 49 个，占 84.5%；4～12g/m² 的站位有 6 个，占 10.3%；12～40g/m² 的站位有 2 个，占 3.4%；100～124.6g/m² 的站位有 1 个，占 1.7%。

3. 南海北部海域 1960 年 4～5 月各类群生物量分布

南海北部部分海域 1960 年 4～5 月多毛类动物的生物量分布（图 2-75）为：0.05～2g/m² 的站位有 75 个，占 78.1%；2～5g/m² 的站位有 17 个，占 17.7%；5～10g/m² 的站位有 2 个，占 2.1%；10～15g/m² 的站位有 1 个，占 1.0%；15～18.65g/m² 的站位有 1 个，占 1.0%。

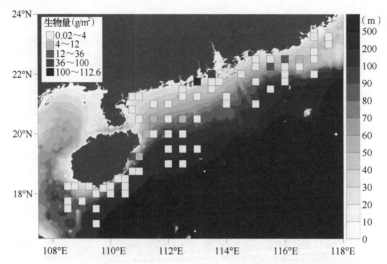

图 2-73　南海北部部分海域 1960 年 1～3 月棘皮动物的生物量分布

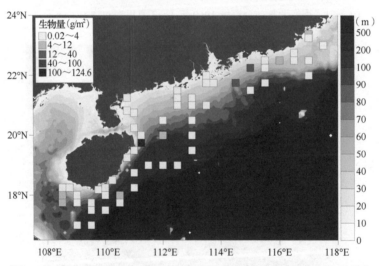

图 2-74　南海北部部分海域 1960 年 1～3 月其他类群动物的生物量分布

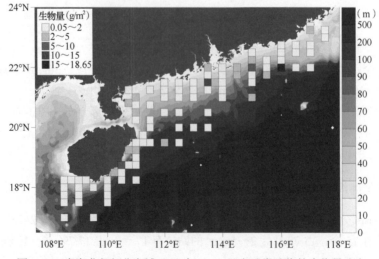

图 2-75　南海北部部分海域 1960 年 4～5 月多毛类动物的生物量分布

南海北部部分海域 1960 年 4～5 月甲壳动物的生物量分布（图 2-76）为：0.04～2g/m²
的站位有 76 个，占 86.4%；2～10g/m² 的站位有 9 个，占 10.2%；10～20g/m² 的站位有 1 个，
占 1.1%；20～40g/m² 的站位有 1 个，占 1.1%；40～55.96g/m² 的站位有 1 个，占 1.1%。

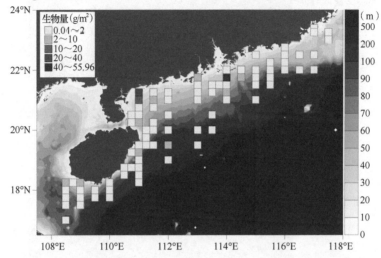

图 2-76　南海北部部分海域 1960 年 4～5 月甲壳动物的生物量分布

南海北部部分海域 1960 年 4～5 月软体动物的生物量分布（图 2-77）为：0.02～2g/m²
的站位有 42 个，占 72.4%；2～10g/m² 的站位有 7 个，占 12.1%；10～20g/m² 的站位有 3 个，
占 5.2%；20～40g/m² 的站位有 3 个，占 5.2%；40～99.11g/m² 的站位有 3 个，占 5.2%。

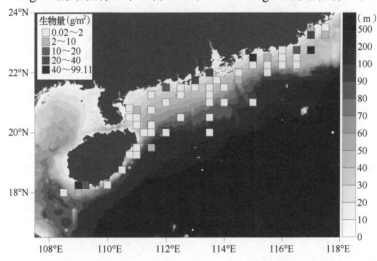

图 2-77　南海北部部分海域 1960 年 4～5 月软体动物的生物量分布

南海北部部分海域 1960 年 4～5 月棘皮动物的生物量分布（图 2-78）为：0.02～2g/m²
的站位有 60 个，占 82.2%；2～10g/m² 的站位有 9 个，占 12.3%；20～40g/m² 的站位有 2 个，
占 2.7%；10～20g/m² 和 40～149.9g/m² 的站位各有 1 个，均占 1.4%。

南海北部部分海域 1960 年 4～5 月其他类群动物的生物量分布（图 2-79）为：0.04～
2g/m² 的站位有 52 个，占 75.4%；2～5g/m² 的站位有 10 个，占 14.5%；5～10g/m² 的站
位有 6 个，占 8.7%；20～28.96g/m² 的站位有 1 个，占 1.4%。

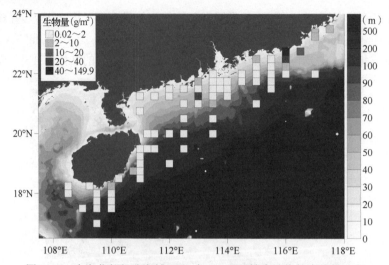

图 2-78　南海北部部分海域 1960 年 4～5 月棘皮动物的生物量分布

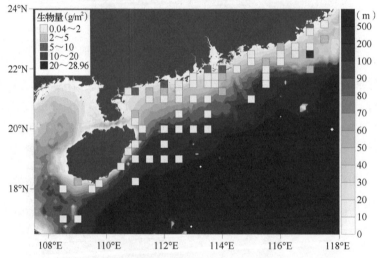

图 2-79　南海北部部分海域 1960 年 4～5 月其他类群动物的生物量分布

4. 南海北部海域 1959 年 7 月各类群丰度分布

南海北部部分海域 1959 年 7 月多毛类动物的丰度分布（图 2-80）为：1～20ind./m² 的站位有 41 个，所占比例最高（36.3%）；20～40ind./m² 的站位有 38 个，占 33.6%；40～60ind./m² 的站位有 15 个，占 13.3%；60～100ind./m² 的站位有 11 个，占 9.7%；100～846ind./m² 的站位有 8 个，占 7.1%。

南海北部部分海域 1959 年 7 月甲壳动物的丰度分布（图 2-81）为：20～40ind./m² 的站位有 38 个，所占比例最高（35.5%）；1～10ind./m² 和 40～100ind./m² 的站位各有 22 个，均占 20.6%；10～20ind./m² 的站位有 20 个，占 18.7%；100～301ind./m² 的站位有 5 个，占 4.7%。

南海北部部分海域 1959 年 7 月软体动物的丰度分布（图 2-82）为：1～10ind./m² 的站位有 38 个，所占比例最高（53.5%）；10～20ind./m² 的站位有 19 个，占 26.8%；20～40ind./m² 的站位有 8 个，占 11.3%；40～80ind./m² 的站位有 3 个，占 4.2%；80～121ind./m² 的站位有 3 个，占 4.2%。

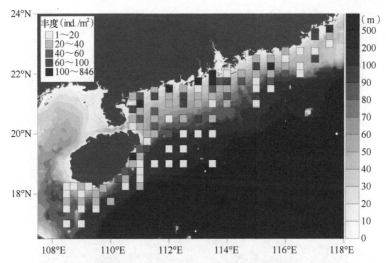

图 2-80 南海北部部分海域 1959 年 7 月多毛类动物的丰度分布

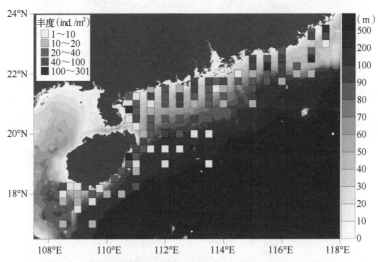

图 2-81 南海北部部分海域 1959 年 7 月甲壳动物的丰度分布

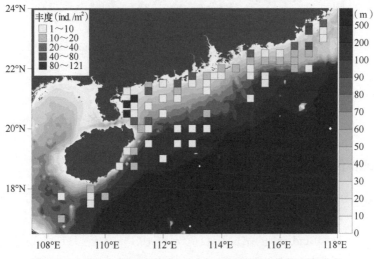

图 2-82 南海北部部分海域 1959 年 7 月软体动物的丰度分布

南海北部部分海域 1959 年 7 月棘皮动物的丰度分布（图 2-83）为：1～10ind./m² 的站位有 38 个，所占比例最高（48.7%）；10～20ind./m² 的站位有 33 个，占 42.3%；20～40ind./m² 的站位有 6 个，占 7.7%；100～151ind./m² 的站位有 1 个，占 1.3%。

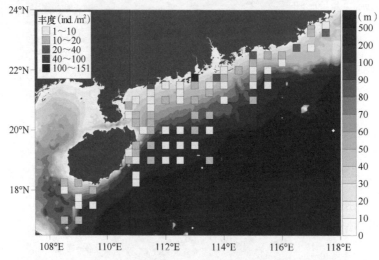

图 2-83 南海北部部分海域 1959 年 7 月棘皮动物的丰度分布

南海北部部分海域 1959 年 7 月其他类群动物的丰度分布（图 2-84）为：1～10ind./m² 的站位有 34 个，所占比例最高（54.0%）；10～20ind./m² 的站位有 22 个，占 34.9%；20～40ind./m² 的站位有 5 个，占 7.9%；100～146ind./m² 的站位有 2 个，占 3.2%。

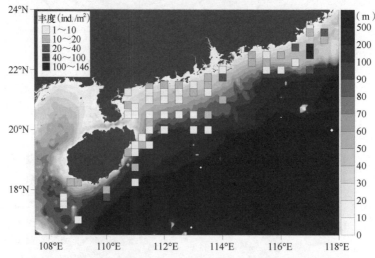

图 2-84 南海北部部分海域 1959 年 7 月其他类群动物的丰度分布

5. 南海北部海域 1960 年 1～3 月各类群丰度分布

南海北部部分海域 1960 年 1～3 月多毛类动物的丰度分布（图 2-85）为：20～40ind./m² 的站位有 33 个，所占比例最高（30.3%）；10～20ind./m² 和 40～80ind./m² 的站位各有 28 个，均占 25.7%；1～10ind./m² 的站位有 11 个，占 10.1%；80～431ind./m² 的站位有 9 个，占 8.3%。

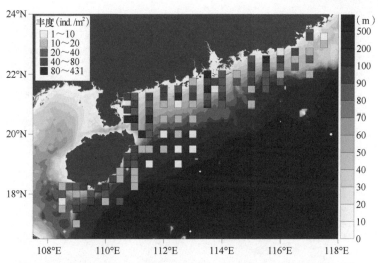

图 2-85 南海北部部分海域 1960 年 1～3 月多毛类动物的丰度分布

南海北部部分海域 1960 年 1～3 月甲壳动物的丰度分布（图 2-86）为：20～40ind./m² 的站位有 37 个，所占比例最高（35.2%）；10～20ind./m² 的站位有 25 个，占 23.8%；1～10ind./m² 的站位有 24 个，占 22.9%；40～80ind./m² 的站位有 14 个，占 13.3%；80～361ind./m² 的站位有 5 个，占 4.8%。

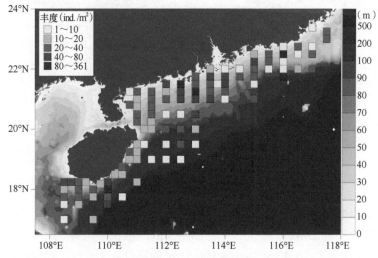

图 2-86 南海北部部分海域 1960 年 1～3 月甲壳动物的丰度分布

南海北部部分海域 1960 年 1～3 月软体动物的丰度分布（图 2-87）为：10～15ind./m² 的站位有 27 个，所占比例最高（41.5%）；5～10ind./m² 的站位有 23 个，占 35.4%；1～5ind./m² 的站位有 4 个，占 6.2%；15～20ind./m² 的站位有 8 个，占 12.3%；20～46ind./m² 的站位有 3 个，占 4.6%。

南海北部部分海域 1960 年 1～3 月棘皮动物的丰度分布（图 2-88）为：1～10ind./m² 的站位有 31 个，所占比例最高（43.7%）；10～20ind./m² 的站位有 29 个，占 40.8%；20～40ind./m² 的站位有 10 个，占 14.1%；100～206ind./m² 的站位有 1 个，占 1.4%。

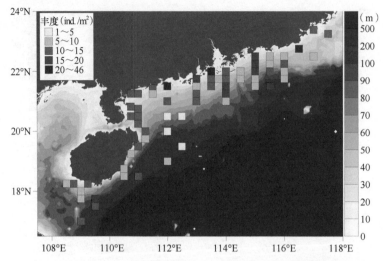

图 2-87　南海北部部分海域 1960 年 1～3 月软体动物的丰度分布

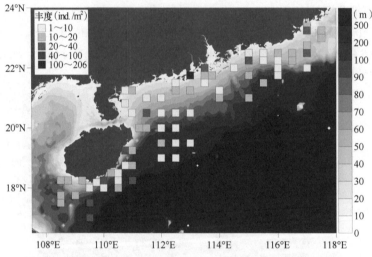

图 2-88　南海北部部分海域 1960 年 1～3 月棘皮动物的丰度分布

南海北部部分海域 1960 年 1～3 月其他类群动物的丰度分布（图 2-89）为：1～10ind./m²的站位有 28 个，所占比例最高（43.8%）；10～20ind./m²的站位有 25 个，占 39.1%；20～40ind./m²的站位有 8 个，占 12.5%；40～80ind./m²的站位有 2 个，占 3.1%；80～121ind./m²的站位有 1 个，占 1.6%。

6. 南海北部海域 1960 年 4～5 月各类群丰度分布

南海北部部分海域 1960 年 4～5 月多毛类动物的丰度分布（图 2-90）为：20～40ind./m²的站位有 34 个，所占比例最高（32.1%）；10～20ind./m²的站位有 29 个，占 27.4%；1～10ind./m²的站位有 16 个，占 15.1%；40～80ind./m²的站位有 19 个，占 17.9%；80～156ind./m²的站位有 8 个，占 7.5%。

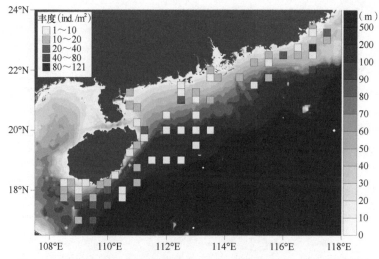

图 2-89 南海北部部分海域 1960 年 1～3 月其他类群动物的丰度分布

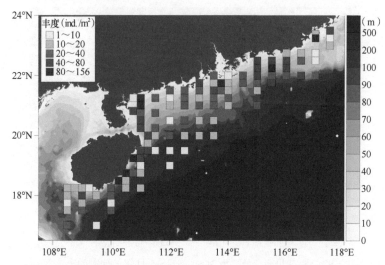

图 2-90 南海北部部分海域 1960 年 4～5 月多毛类动物的丰度分布

南海北部部分海域 1960 年 4～5 月甲壳动物的丰度分布（图 2-91）为：10～20ind./m² 的站位有 41 个，所占比例最高（39.0%）；20～40ind./m² 的站位有 28 个，占 26.7%；1～10ind./m² 的站位有 25 个，占 23.8%；40～80ind./m² 的站位有 9 个，占 8.6%；80～176ind./m² 的站位有 2 个，占 1.9%。

南海北部部分海域 1960 年 4～5 月软体动物的丰度分布（图 2-92）为：5～15ind./m² 的站位有 32 个，所占比例最高（55.2%）；1～5ind./m²、15～20ind./m² 和 20～40ind./m² 的站位各有 8 个，均占 13.8%；40～71ind./m² 的站位有 2 个，占 3.4%。

南海北部部分海域 1960 年 4～5 月棘皮动物的丰度分布（图 2-93）为：5～10ind./m² 的站位有 26 个，所占比例最高（35.6%）；10～20ind./m² 的站位有 21 个，占 28.8%；1～5ind./m² 的站位有 14 个，占 19.2%；20～40ind./m² 的站位有 10 个，占 13.7%；40～109ind./m² 的站位有 2 个，占 2.7%。

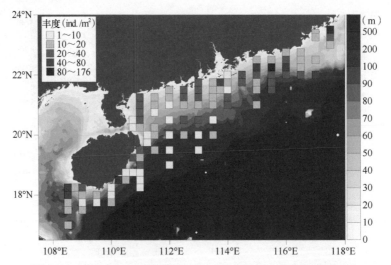

图 2-91　南海北部部分海域 1960 年 4～5 月甲壳动物的丰度分布

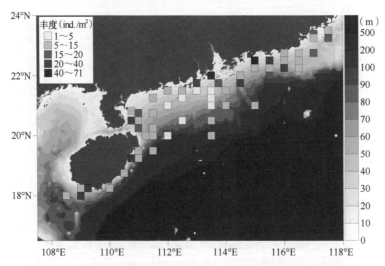

图 2-92　南海北部部分海域 1960 年 4～5 月软体动物的丰度分布

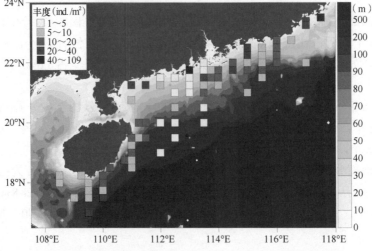

图 2-93　南海北部部分海域 1960 年 4～5 月棘皮动物的丰度分布

南海北部部分海域 1960 年 4～5 月其他类群动物的丰度分布（图 2-94）为：1～10ind./m² 的站位有 40 个，所占比例最高（56.3%）；10～20ind./m² 的站位有 21 个，占 29.6%；20～40ind./m² 的站位有 9 个，占 12.7%；60～81ind./m² 的站位有 1 个，占 1.4%。

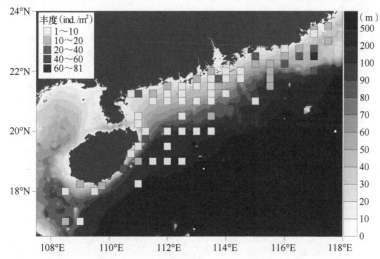

图 2-94　南海北部部分海域 1960 年 4～5 月其他类群动物的丰度分布

第六节　数量分布

一、南海北部海域 1959 年 7 月大型底栖动物数量分布

南海北部部分海域 1959 年 7 月大型底栖动物生物量分布（图 2-95）为：0.05～5g/m² 的站位有 74 个，占 60.7%；5～10g/m² 的站位有 23 个，占 18.9%；10～20g/m² 的站位有 9 个，占 7.4%；20～40g/m² 的站位有 11 个，占 9.0%；40～296.5g/m² 的站位有 5 个，占 4.1%。

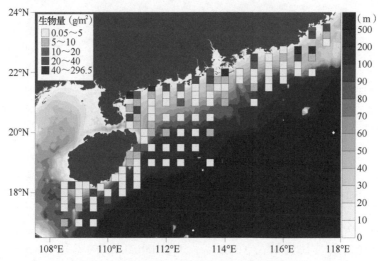

图 2-95　南海北部部分海域 1959 年 7 月大型底栖动物生物量分布

南海北部部分海域 1959 年 7 月大型底栖动物丰度分布（图 2-96）为：50～75ind./m² 的站位有 30 个，所占比例最高（24.6%）；25～50ind./m² 的站位有 28 个，占 23.0%；1～25ind./m² 的站位有 19 个，占 15.6%；75～100ind./m² 的站位有 14 个，占 11.5%；100～846ind./m² 的站位有 31 个，占 25.4%。

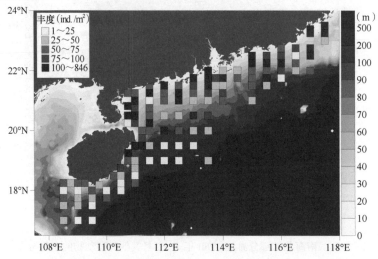

图 2-96　南海北部部分海域 1959 年 7 月大型底栖动物丰度分布

二、南海北部海域 1960 年 1～3 月大型底栖动物数量分布

南海北部部分海域 1960 年 1～3 月大型底栖动物生物量分布（图 2-97）为：0.1～10g/m² 的站位有 85 个，占 70.2%；10～20g/m² 的站位有 19 个，占 15.7%；20～40g/m² 的站位有 9 个，占 7.4%；40～60g/m² 的站位有 2 个，占 1.7%；60～520.8g/m² 的站位有 6 个，占 5.0%。

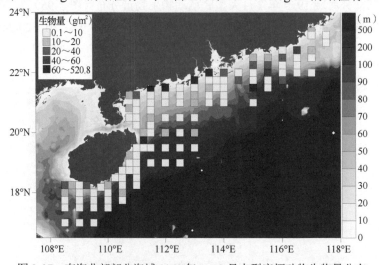

图 2-97　南海北部部分海域 1960 年 1～3 月大型底栖动物生物量分布

南海北部部分海域 1960 年 1～3 月大型底栖动物丰度分布（图 2-98）为：1～50ind./m² 的站位有 47 个，所占比例最高（38.5%）；50～100ind./m² 的站位有 45 个，占 36.9%；100～150ind./m² 的站位有 19 个，占 15.6%；150～200ind./m² 的站位有 8 个，占 6.6%；

200～520.1ind./m² 的站位有 3 个，占 2.5%。

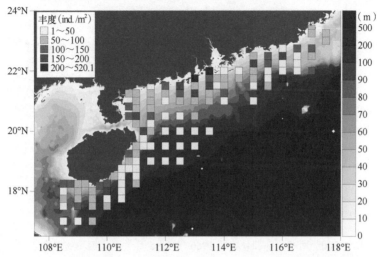

图 2-98 南海北部部分海域 1960 年 1～3 月大型底栖动物丰度分布

三、南海北部海域 1960 年 4～5 月大型底栖动物数量分布

南海北部部分海域 1960 年 4～5 月大型底栖动物生物量分布（图 2-99）为：0.05～5g/m² 的站位有 68 个，占 57.1%；5～10g/m² 的站位有 26 个，占 21.8%；10～30g/m² 的站位有 14 个，占 11.8%；30～90g/m² 的站位有 9 个，占 7.6%；90～154.5g/m² 的站位有 2 个，占 1.7%。

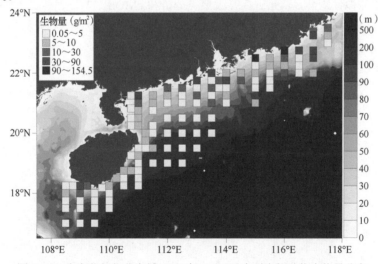

图 2-99 南海北部部分海域 1960 年 4～5 月大型底栖动物生物量分布

南海北部部分海域 1960 年 4～5 月大型底栖动物丰度分布（图 2-100）为：1～70ind./m² 的站位有 77 个，所占比例最高（64.7%）；70～140ind./m² 的站位有 30 个，占 25.2%；140～210ind./m² 的站位有 9 个，占 7.6%；210～280ind./m² 的站位有 2 个，占 1.7%；280～345.1ind./m² 的站位有 1 个，占 0.8%。

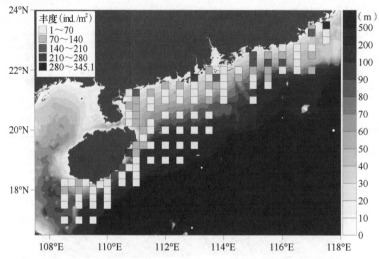

图 2-100　南海北部部分海域 1960 年 4~5 月大型底栖动物丰度分布

第七节　群落结构

一、南海北部海域拖网调查大型底栖动物群落结构

对南海北部海域 1959 年 4~5 月航次大型底栖动物种类进行"0/1"转化，构建 Sørensen 群落相似性矩阵，以此进行等级聚类分析和 nMDS，结果见图 2-101 和图 2-102。等级聚类分析结果可划为 34 个分组，用单因素相似性分析检验各组的差异性，结果显示，34 个分组间存在极显著差异（$R=0.786$，$P=0.001$）。

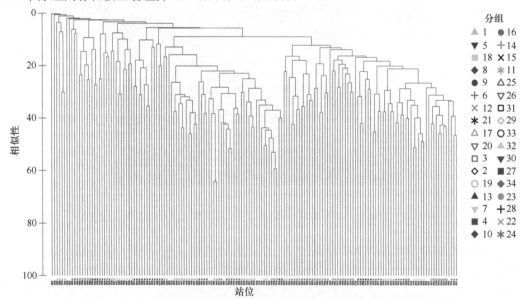

图 2-101　南海北部海域 1959 年 4~5 月大型底栖动物群落相似性聚类树状图

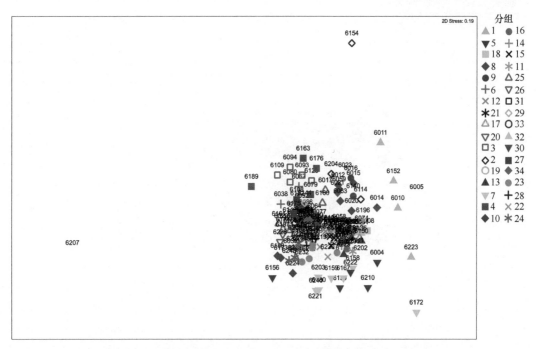

图 2-102 南海北部海域 1959 年 4～5 月大型底栖动物群落 nMDS 图

对南海北部海域 1959 年 7 月航次大型底栖动物种类进行 "0/1" 转化,构建 Sørensen 群落相似性矩阵,以此进行等级聚类分析和 nMDS,结果见图 2-103 和图 2-104。等级聚类分析结果可划为 28 个分组,用单因素相似性分析检验各组的差异性,结果显示,28 个分组间存在极显著差异($R=0.79$,$P=0.001$)。

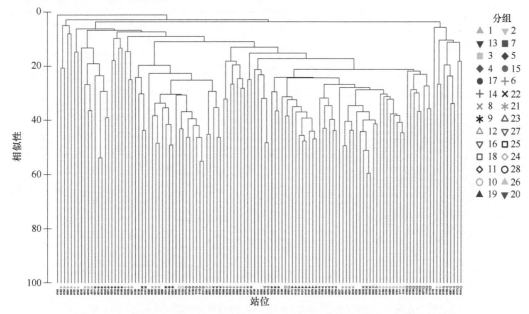

图 2-103 南海北部海域 1959 年 7 月大型底栖动物群落相似性聚类树状图

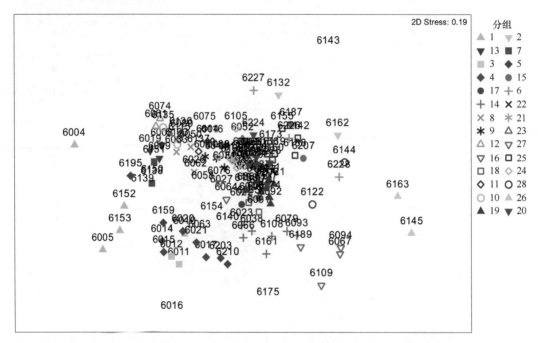

图 2-104　南海北部海域 1959 年 7 月大型底栖动物群落 nMDS 图

对南海北部海域 1959 年 10~12 月航次大型底栖动物种类进行"0/1"转化，构建 Sørensen 群落相似性矩阵，以此进行等级聚类分析和 nMDS，结果见图 2-105 和图 2-106。等级聚类分析结果可划为 29 个分组，用单因素相似性分析检验各组的差异性，结果显示，29 个分组间存在极显著差异（$R = 0.61$，$P = 0.001$）。

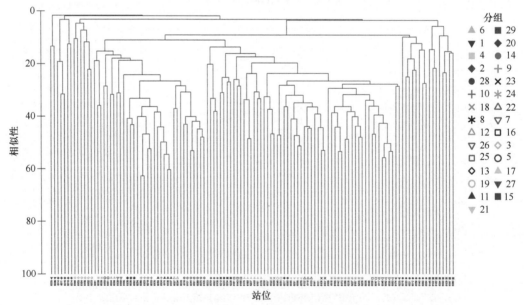

图 2-105　南海北部海域 1959 年 10~12 月大型底栖动物群落相似性聚类树状图

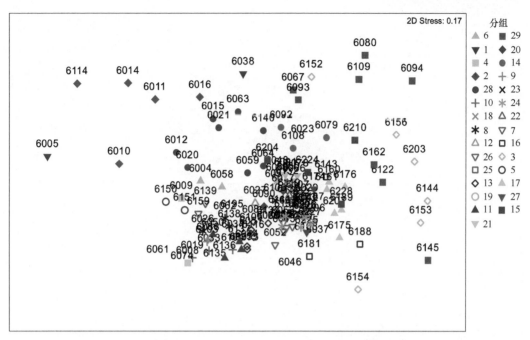

图 2-106 南海北部海域 1959 年 10～12 月大型底栖动物群落 nMDS 图

对南海北部海域 1960 年 1～2 月航次大型底栖动物种类进行"0/1"转化，构建 Sørensen 群落相似性矩阵，以此进行等级聚类分析和 nMDS，结果见图 2-107 和图 2-108。等级聚类分析结果可划为 26 个分组，用单因素相似性分析检验各组的差异性，结果显示，26 个分组间存在极显著差异（$R=0.834$，$P=0.001$）。

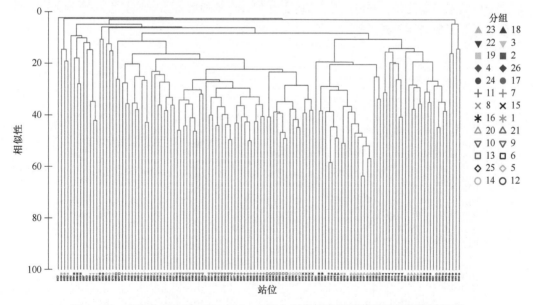

图 2-107 南海北部海域 1960 年 1～2 月大型底栖动物群落相似性聚类树状图

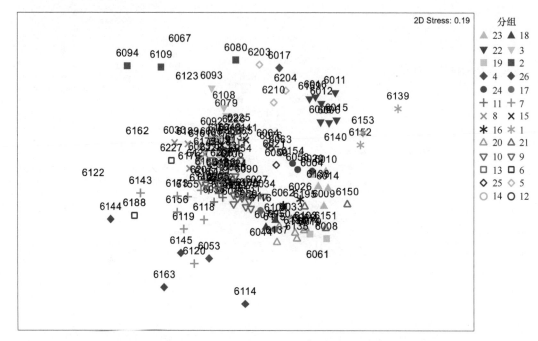

图 2-108　南海北部海域 1960 年 1～2 月大型底栖动物群落 nMDS 图

二、南海北部海域采泥调查大型底栖动物群落结构

对南海北部海域 1959 年 7 月航次大型底栖动物种类进行平方根转化，构建 Bray-Curtis 相似性矩阵，以此进行等级聚类分析和 nMDS，结果见图 2-109 和图 2-110。等级聚类分析结果可划为 13 个分组，用单因素相似性分析检验各组的差异性，结果显示，13 个分组间存在极显著差异（$R = 0.583$，$P = 0.001$）。

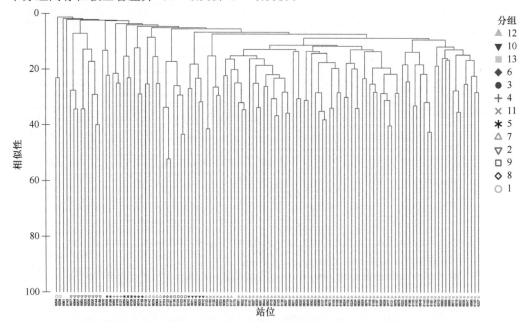

图 2-109　南海北部海域 1959 年 7 月大型底栖动物群落相似性聚类树状图

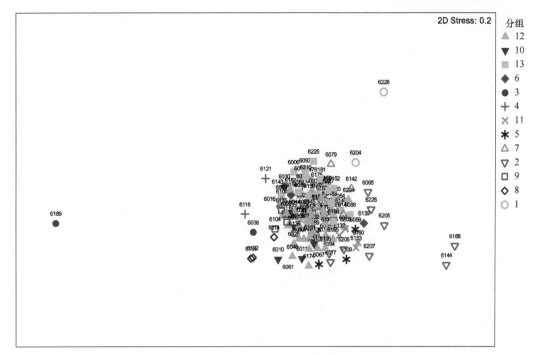

图 2-110　南海北部海域 1959 年 7 月大型底栖动物群落 nMDS 图

对南海北部海域 1960 年 1～3 月航次大型底栖动物种类进行平方根转化，构建 Bray-Curtis 相似性矩阵，以此进行等级聚类分析和 nMDS，结果见图 2-111 和图 2-112。等级聚类分析结果可划为 5 个分组，用单因素相似性分析检验各组的差异性，结果显示，5 个分组间存在极显著差异（R=0.479，P=0.001）。

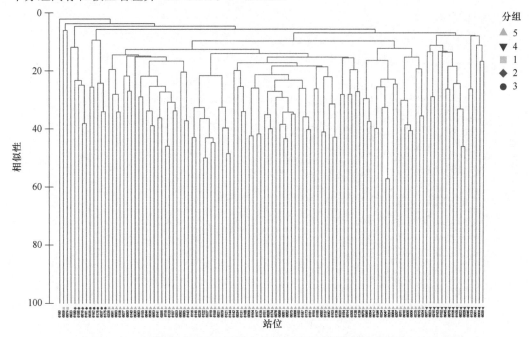

图 2-111　南海北部海域 1960 年 1～3 月大型底栖动物群落相似性聚类树状图

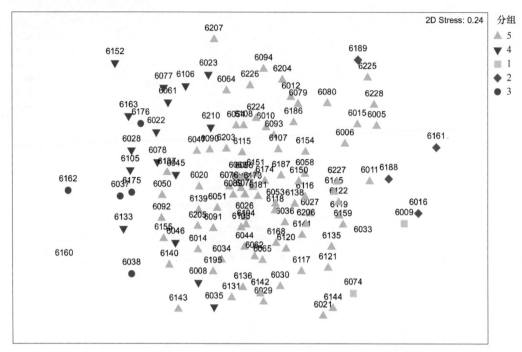

图 2-112　南海北部海域 1960 年 1～3 月大型底栖动物群落 nMDS 图

对南海北部海域 1960 年 4～5 月航次大型底栖动物种类进行平方根转化，构建 Bray-Curtis 相似性矩阵，以此进行等级聚类分析和 nMDS，结果见图 2-113 和图 2-114。等级聚类分析结果可划为 8 个组，用单因素相似性分析检验各组的差异性，结果显示，8 个分组间存在极显著差异（R=0.642，P=0.001）。

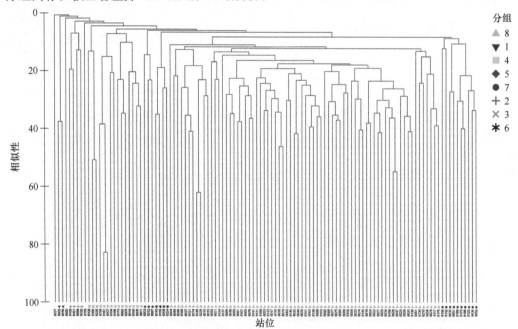

图 2-113　南海北部海域 1960 年 4～5 月大型底栖动物群落相似性聚类树状图

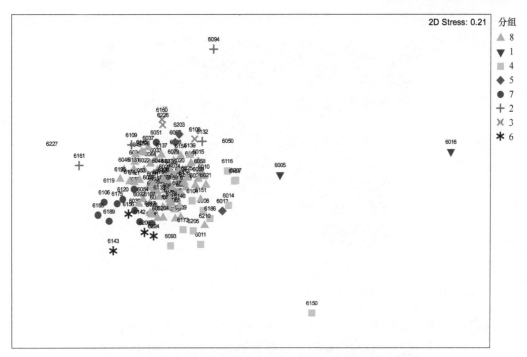

图 2-114 南海北部海域 1960 年 4～5 月大型底栖动物群落 nMDS 图

第八节 群落多样性特征值

一、南海北部海域 1959 年 7 月大型底栖动物指数

南海北部部分海域 1959 年 7 月香农-威弗多样性指数（H'）的空间分布见图 2-115。

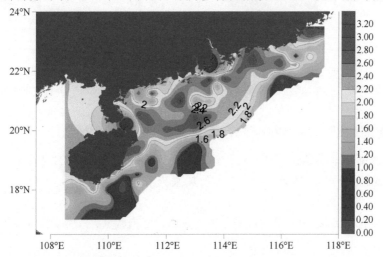

图 2-115 南海北部部分海域 1959 年 7 月香农-威弗多样性指数（H'）的空间分布

南海北部部分海域 1959 年 7 月马加莱夫物种丰富度指数（d）的空间分布见图 2-116。

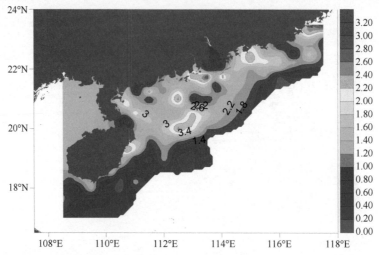

图 2-116　南海北部部分海域 1959 年 7 月马加莱夫物种丰富度指数（d）的空间分布

南海北部部分海域 1959 年 7 月 Pielou 均匀度指数（J'）的空间分布见图 2-117。

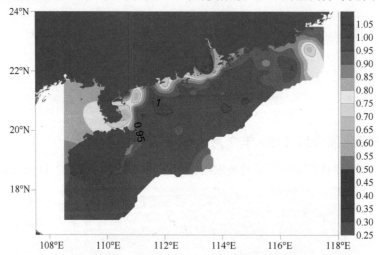

图 2-117　南海北部部分海域 1959 年 7 月 Pielou 均匀度指数（J'）的空间分布

二、南海北部海域 1960 年 1～3 月大型底栖动物指数

南海北部部分海域 1960 年 1～3 月香农-威弗多样性指数（H'）的空间分布见图 2-118。

南海北部部分海域 1960 年 1～3 月马加莱夫物种丰富度指数（d）的空间分布见图 2-119。

南海北部部分海域 1960 年 1～3 月 Pielou 均匀度指数（J'）的空间分布见图 2-120。

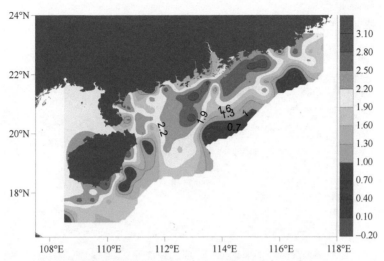

图 2-118　南海北部部分海域 1960 年 1～3 月香农-威弗多样性指数（H'）的空间分布

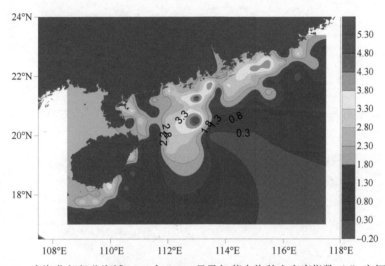

图 2-119　南海北部部分海域 1960 年 1～3 月马加莱夫物种丰富度指数（d）空间分布

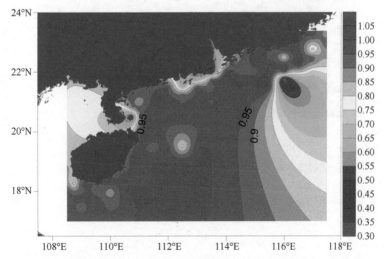

图 2-120　南海北部部分海域 1960 年 1～3 月 Pielou 均匀度指数（J'）的空间分布

三、南海北部海域 1960 年 4～5 月大型底栖动物指数

南海北部部分海域 1960 年 4～5 月香农-威弗多样性指数（H'）的空间分布见图 2-121。

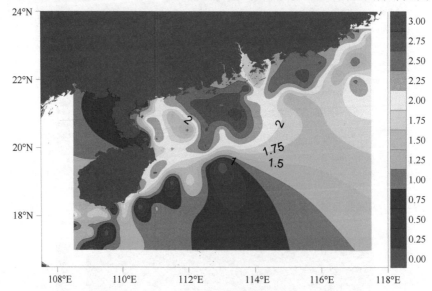

图 2-121　南海北部部分海域 1960 年 4～5 月香农-威弗多样性指数（H'）的空间分布

南海北部部分海域 1960 年 4～5 月马加莱夫物种丰富度指数（d）的空间分布见图 2-122。

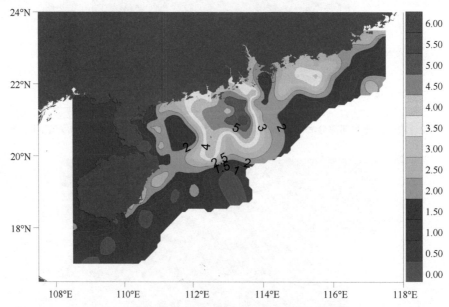

图 2-122　南海北部部分海域 1960 年 4～5 月马加莱夫物种丰富度指数（d）空间分布

南海北部部分海域 1960 年 4～5 月 Pielou 均匀度指数（J'）的空间分布见图 2-123。

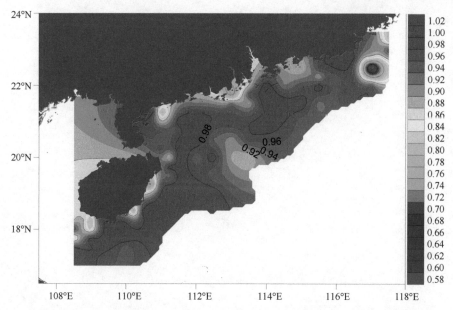

图 2-123 南海北部部分海域 1960 年 4～5 月 Pielou 均匀度指数（J'）的空间分布

第三章　北部湾海域

第一节　调查站位分布

北部湾部分海域1962年调查共设置41个站位（图3-1），其中1月实测40个站位，4月、8月和10月均实测41个站位。

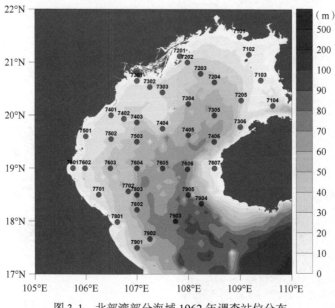

图3-1　北部湾部分海域1962年调查站位分布

第二节　物种组成

调查数据显示，1962年1月在北部湾海域共捕获大型底栖动物223种，其中多毛类动物有99种，甲壳动物有72种，软体动物有27种，棘皮动物有13种，其他类群动物有12种；1962年4月在北部湾海域共捕获大型底栖动物208种，其中多毛类动物有98种，甲壳动物有59种，软体动物有21种，棘皮动物有17种，其他类群动物有13种；1962年8月在北部湾海域共捕获大型底栖动物200种，其中多毛类动物有90种，甲壳动物有59种，软体动物有29种，棘皮动物有15种，其他类群动物有7种；1962年10月在北部湾海域共捕获大型底栖动物202种，其中多毛类动物有94种，甲壳动物有55种，软体动物有24种，棘皮动物有18种，其他类群动物有11种（图3-2）。

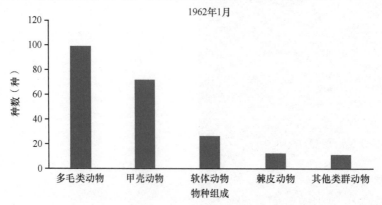

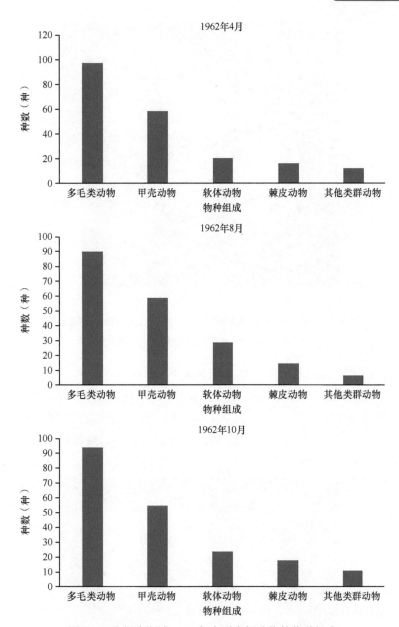

图 3-2　北部湾海域 1962 年大型底栖动物的物种组成

第三节　种数分布与季节变化

一、种数分布

北部湾部分海域 1962 年 1 月大型底栖动物的种数分布（图 3-3）为：5～10 种的站位有 16 个，占总调查站位数的比例最高（40%）；15～20 种的站位有 8 个，占 20%；20～26 种的站位有 7 个，占 17.5%；10～15 种和 1～5 种的站位分别有 4 个和 5 个，分别占 10% 和 12.5%。种数为 20～27 种的站位主要分布在北部湾海域 50m 以上水深处，7904 站位例外，水深为 70～80m；种数最少的站位分布在北部湾海域北部。

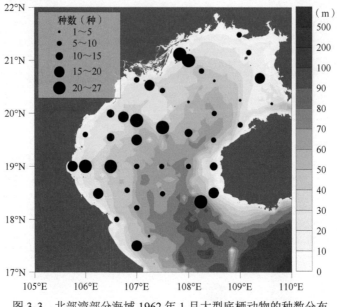

图 3-3　北部湾部分海域 1962 年 1 月大型底栖动物的种数分布

图例中数据范围 $a\sim b$ 表示该数据 $\geq a$ 且 $< b$，本章余同

　　北部湾部分海域 1962 年 4 月大型底栖动物的种数分布（图 3-4）为：5～10 种的站位有 15 个，占总调查站位数的比例最高（36.6%）；10～15 种的站位有 13 个，占 31.7%；15～20 种的站位有 7 个，占 17.1%；20～25 种和 1～5 种的站位分别有 2 个和 4 个，分别占 4.9% 和 9.8%。种数为 20～24 种的站位有 7601、7904，种数较少的站位主要分布在北部湾海域中部。

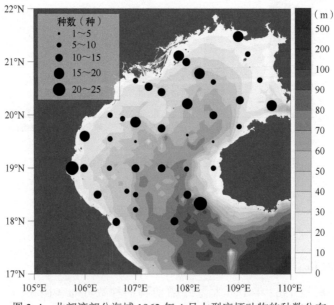

图 3-4　北部湾部分海域 1962 年 4 月大型底栖动物的种数分布

　　北部湾部分海域 1962 年 8 月大型底栖动物的种数分布（图 3-5）为：7～10 种的站位有 14 个，占调查站位数的比例最高（34.1%）；14～21 种的站位有 10 个，占 24.4%；

1～7 种和 10～14 种的站位各有 8 个，均占 19.5%；21～36 种的站位仅 1 个，占 2.4%。
种数最多的是 7701 站位，种数较少的站位主要分布在北部湾沿岸水深 60m 以上的水域。

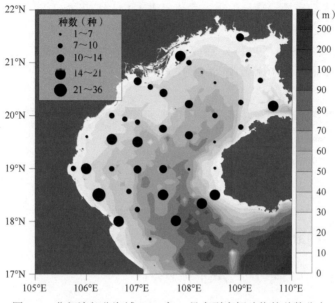

图 3-5　北部湾部分海域 1962 年 8 月大型底栖动物的种数分布

　　北部湾部分海域 1962 年 10 月大型底栖动物的种数分布（图 3-6）为：16～20 种
的站位有 14 个，占总调查站位数的比例最高（34.1%）；8～12 种的站位有 11 个，占
26.8%；12～16 种和 4～8 种的站位分别有 6 个和 8 个，分别占 14.6% 和 19.5%；1～4 种
的站位有 2 个，占 4.9%。种数为 16～21 种的站位主要分布在北部湾海域中部 60m 以上
水深的区域，种数为 1～4 种的站位分布在北部湾海域北部。

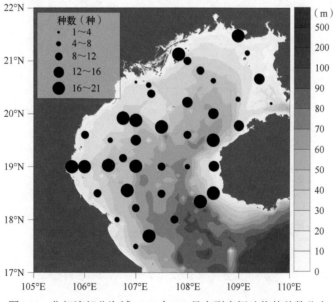

图 3-6　北部湾部分海域 1962 年 10 月大型底栖动物的种数分布

二、种数季节变化

北部湾海域大型底栖动物种数季节变化（表3-1）为：冬季（223种）大于春季（208种）大于秋季（202种）大于夏季（200种）；冬季最大，夏季最小。多毛类动物种数冬季最大（99种），夏季最小（90种）；甲壳动物种数冬季最大（72种），秋季最小（55种）；软体动物种数夏季最大（29种），春季最小（21种）。

表 3-1　北部湾海域大型底栖动物种数季节变化　　　　　（单位：种）

季节	多毛类动物	甲壳动物	软体动物	棘皮动物	其他类群动物	总计
春季	98	59	21	17	13	208
夏季	90	59	29	15	7	200
秋季	94	55	24	18	11	202
冬季	99	72	27	13	12	223

三、各类群种数分布

1. 北部湾海域1962年1月各类群种数分布

调查数据显示，北部湾部分海域1962年1月多毛类动物在38个站位有分布，占40个实测站位数的95%；7201站位多毛类动物种数最多（17种）；9～12种的站位有4个，占总发现站位的10.5%；6～9种的站位有10个，占总发现站位的26.3%；3～6种的站位最多（14个），占总发现站位的36.8%，主要分布在北部湾海域中西部；1～3种的站位有9个，占总发现站位的23.7%，主要分布在北部湾海域东北部（图3-7）。

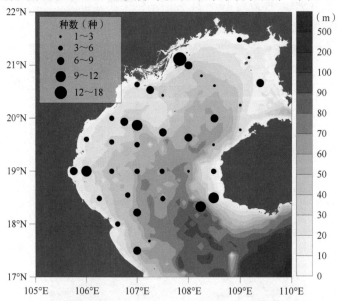

图 3-7　北部湾部分海域1962年1月多毛类动物的种数分布

调查数据显示，北部湾部分海域1962年1月甲壳动物在39个站位有分布，占40个实测站位的97.5%；7603站位甲壳动物的种数最多（14种）；9～12种的站位有3个，占总发现站位的7.7%；6～9种的站位有8个，占总发现站位的20.5%；3～6种的站位有12

个，占总发现站位的 30.8%，主要分布在北部湾海域东西两侧近岸区域；1～3 种的站位最多，有 14 个，占总发现站位的 35.9%，主要分布在北部湾海域东北部和中南部（图 3-8）。

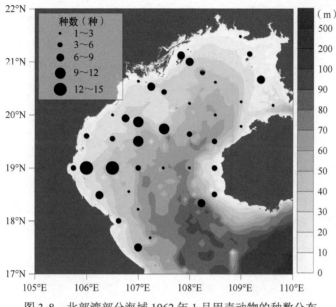

图 3-8 北部湾部分海域 1962 年 1 月甲壳动物的种数分布

调查数据显示，北部湾部分海域 1962 年 1 月软体动物在 14 个站位有分布，占 40 个实测站位的 35%；7401 站位软体动物的种数最多（5 种），7202 站位有 4 种软体动物，7201 站位有 3 种软体动物；2～3 种的站位有 6 个，占总发现站位的 42.9%；1～2 种的站位有 5 个，占总发现站位的 35.7%。总体来看，1 月软体动物主要出现在北部湾海域西北部和中东部近岸区域（图 3-9）。

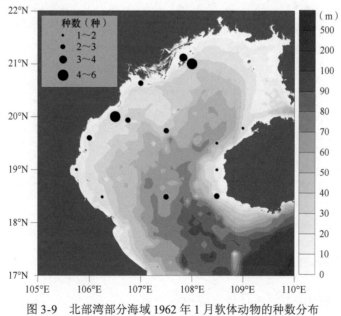

图 3-9 北部湾部分海域 1962 年 1 月软体动物的种数分布

调查数据显示，北部湾部分海域 1962 年 1 月棘皮动物在 24 个站位有分布，占 40 个实测站位的 60%；2～4 种的站位有 8 个，占总发现站位的 33.3%；1～2 种的站位有 16 个，占总发现站位的 66.7%。总体来看，1 月棘皮动物在北部湾海域分布较均匀（图 3-10）。

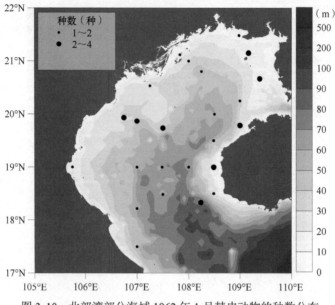

图 3-10　北部湾部分海域 1962 年 1 月棘皮动物的种数分布

调查数据显示，北部湾部分海域 1962 年 1 月其他类群动物在 27 个站位有分布，占 40 个实测站位的 67.5%；2～4 种的站位有 14 个，占总发现站位的 51.9%；1～2 种的站位有 13 个，占总发现站位的 48.1%（图 3-11）。

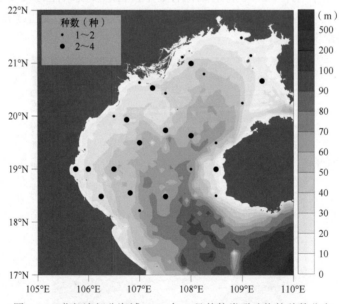

图 3-11　北部湾部分海域 1962 年 1 月其他类群动物的种数分布

2. 北部湾海域 1962 年 4 月各类群种数分布

调查数据显示，北部湾部分海域 1962 年 4 月多毛类动物在 39 个站位有分布，占 41 个实测站位的 95.12%；7601 站位多毛类动物种数最多（16 种）；6～12 种的站位有 12 个，占总发现站位的 30.8%；3～6 种的站位最多，有 18 个，占总发现站位的 46.2%；1～3 种的站位有 8 个，占总发现站位的 20.5%。总体来看，4 月多毛类动物在北部湾海域分布较均匀，大部分区域均有出现（图 3-12）。

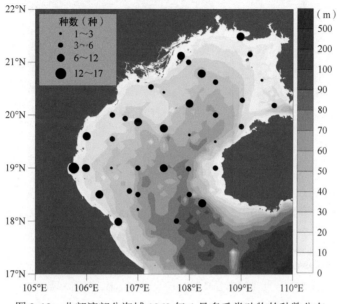

图 3-12　北部湾部分海域 1962 年 4 月多毛类动物的种数分布

调查数据显示，北部湾部分海域 1962 年 4 月甲壳动物在 36 个站位有分布，占 41 个实测站位的 87.80%；6～9 种的站位有 8 个，占总发现站位的 22.2%；4～6 种的站位有 10 个，占总发现站位的 27.8%；2～4 种的站位有 15 个，占总发现站位的 41.7%，主要分布在北部湾海域中东部；1～2 种的站位有 3 个，占总发现站位的 8.3%（图 3-13）。

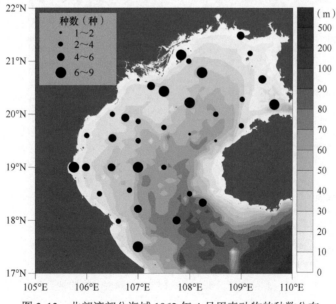

图 3-13　北部湾部分海域 1962 年 4 月甲壳动物的种数分布

调查数据显示，北部湾部分海域 1962 年 4 月软体动物在 20 个站位有分布，占 41 个实测站位的 48.78%；2～4 种的站位有 5 个，占总发现站位的 25%，主要分布在北部湾海域北部；1～2 种的站位有 15 个，占总发现站位的 75%（图 3-14）。

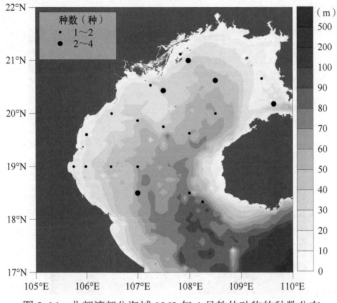

图 3-14　北部湾部分海域 1962 年 4 月软体动物的种数分布

调查数据显示，北部湾部分海域 1962 年 4 月棘皮动物在 25 个站位有分布，占 41 个实测站位的 60.98%；3～5 种的站位有 2 个，占总发现站位的 8%；2～3 种的站位有 7 个，占总发现站位的 28%；1～2 种的站位有 16 个，占总发现站位的 64%。总体来看，4 月棘皮动物在北部湾海域分布较均匀（图 3-15）。

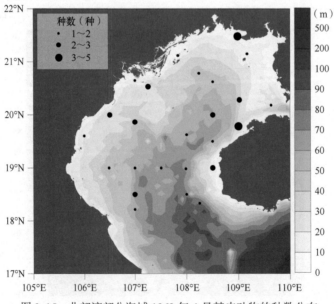

图 3-15　北部湾部分海域 1962 年 4 月棘皮动物的种数分布

调查数据显示，北部湾部分海域 1962 年 4 月其他类群动物在 28 个站位有分布，占 41 个实测站位的 68.29%；4～7 种的站位有 4 个，占总发现站位的 14.3%；2～4 种的站位有 8

个，占总发现站位的 28.6%；1～2 种的站位有 16 个，占总发现站位的 57.1%（图 3-16）。

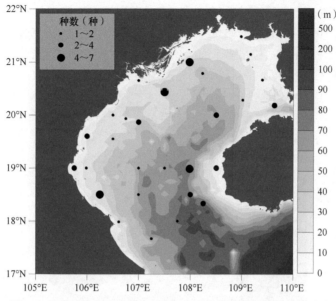

图 3-16　北部湾部分海域 1962 年 4 月其他类群动物的种数分布

3. 北部湾海域 1962 年 8 月各类群种数分布

调查数据显示，北部湾部分海域 1962 年 8 月多毛类动物在 40 个站位有分布，占 41 个实测站位的 97.56%；7701 站位多毛类动物的种数最多（20 种）；8～12 种的站位有 8 个，占总发现站位的 20%，主要分布在北部湾海域东南部；4～8 种的站位有 14 个，占总发现站位的 35%；1～4 种的站位最多，有 17 个，占总发现站位的 42.5%，主要分布在北部湾海域中北部。总体来看，8 月多毛类动物在北部湾海域分布较均匀，几乎所有实测站位均有出现（仅 1 个站位未检测到）（图 3-17）。

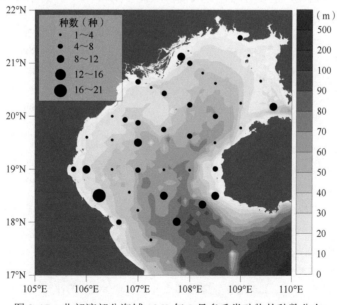

图 3-17　北部湾部分海域 1962 年 8 月多毛类动物的种数分布

调查数据显示，北部湾部分海域 1962 年 8 月甲壳动物在 40 个站位有分布，占 41 个实测站位的 97.56%；8～11 种的站位有 2 个，占总发现站位的 5%；6～8 种的站位有 4 个，占总发现站位的 10%；4～6 种的站位有 12 个，占总发现站位的 30%，主要分布在北部湾海域中西部；2～4 种的站位最多，有 18 个，占总发现站位的 45%，主要分布在北部湾海域北半部；1～2 种的站位有 4 个，占总发现站位的 10%（图 3-18）。

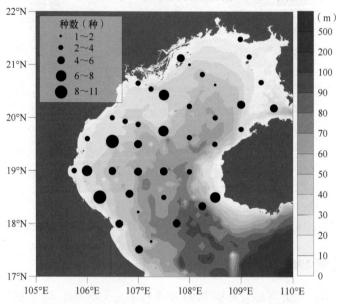

图 3-18　北部湾部分海域 1962 年 8 月甲壳动物的种数分布

调查数据显示，北部湾部分海域 1962 年 8 月软体动物在 19 个站位有分布，占 41 个实测站位的 46.34%；3～5 种的站位有 3 个，占总发现站位的 15.8%，主要分布在北部湾海域南部；2～3 种的站位仅有 1 个，占总发现站位的 5.3%；1～2 种的站位最多，有 15 个，占总发现站位的 78.9%，主要分布在北部湾海域北半部（图 3-19）。

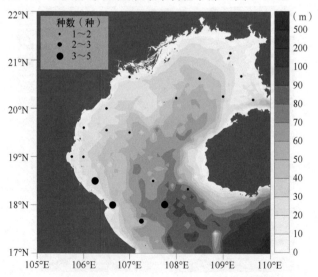

图 3-19　北部湾部分海域 1962 年 8 月软体动物的种数分布

　　调查数据显示，北部湾部分海域 1962 年 8 月棘皮动物在 25 个站位有分布，占 41 个实测站位的 60.98%；2～4 种的站位有 5 个，占总发现站位的 20%；1～2 种的站位有 20 个，占总发现站位的 80%。总体来看，8 月棘皮动物在北部湾海域分布较均匀（图 3-20）。

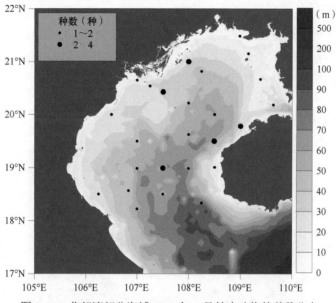

图 3-20　北部湾部分海域 1962 年 8 月棘皮动物的种数分布

　　调查数据显示，北部湾部分海域 1962 年 8 月其他类群动物在 30 个站位有分布，占41 个实测站位的 73.17%；2～4 种的站位有 11 个，占总发现站位的 36.7%，主要分布在北部湾海域西部；1～2 种的站位有 19 个，占总发现站位的 63.3%（图 3-21）。

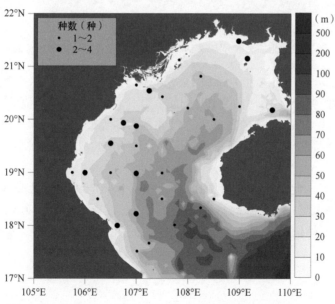

图 3-21　北部湾部分海域 1962 年 8 月其他类群动物的种数分布

4. 北部湾海域 1962 年 10 月各类群种数分布

调查数据显示，北部湾部分海域 1962 年 10 月多毛类动物在 39 个站位有分布，占 41 个实测站位的 95.12%；10～13 种的站位有 5 个，占总发现站位的 12.8%，主要分布在北部湾海域南部；8～10 种的站位有 6 个，占总发现站位的 15.4%；4～8 种的站位最多，有 20 个，占总发现站位的 51.3%，主要分布在北部湾海域中部和北部；2～4 种的站位有 3 个，占总发现站位的 7.7%；1～2 种的站位有 5 个，占总发现站位的 12.8%，主要分布在北部湾海域北部。总体来看，10 月多毛类动物在北部湾海域分布较均匀，几乎所有实测站位均有出现（仅 2 个站位未检测到）（图 3-22）。

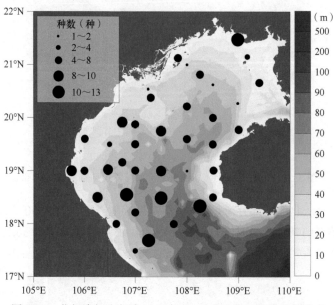

图 3-22　北部湾部分海域 1962 年 10 月多毛类动物的种数分布

调查数据显示，北部湾部分海域 1962 年 10 月甲壳动物在 38 个站位有分布，占 41 个实测站位的 92.68%；6～10 种的站位有 11 个，占总发现站位的 28.9%；4～6 种的站位有 9 个，占总发现站位的 23.7%；2～4 种的站位最多，有 14 个，占总发现站位的 36.8%；1～2 种的站位有 4 个，占总发现站位的 10.5%，主要分布在北部湾海域南部（图 3-23）。

调查数据显示，北部湾部分海域 1962 年 10 月软体动物在 23 个站位有分布，占 41 个实测站位的 56.10%；3～5 种的站位有 3 个，占总发现站位的 13.0%；2～3 种的站位有 5 个，占总发现站位的 21.7%；1～2 种的站位最多，有 15 个，占总发现站位的 65.2%（图 3-24）。

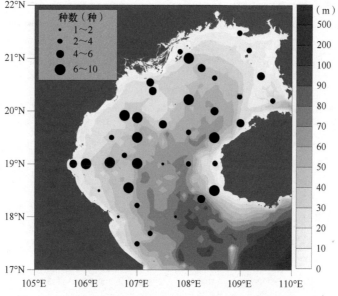

图 3-23 北部湾部分海域 1962 年 10 月甲壳动物的种数分布

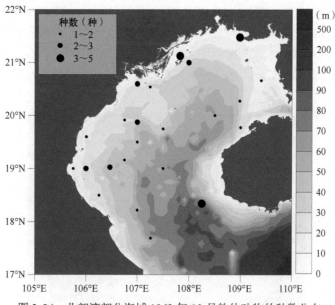

图 3-24 北部湾部分海域 1962 年 10 月软体动物的种数分布

调查数据显示，北部湾部分海域 1962 年 10 月棘皮动物在 23 个站位有分布，占 41 个实测站位的 56.10%；3～5 种的站位有 2 个，占总发现站位的 8.7%；2～3 种的站位有 5 个，占总发现站位的 21.7%；1～2 种的站位最多，有 16 个，占总发现站位的 69.6%（图 3-25）。

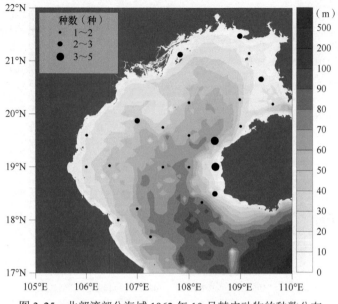

图 3-25　北部湾部分海域 1962 年 10 月棘皮动物的种数分布

　　调查数据显示，北部湾部分海域 1962 年 10 月其他类群动物在 28 个站位有分布，占 41 个实测站位的 68.29%；4～6 种和 3～4 种的站位各有 3 个，均占总发现站位的 10.7%，主要分布在北部湾海域中东部近岸区域；2～3 种的站位有 7 个，占总发现站位的 25%；1～2 种的站位最多，有 15 个，占总发现站位的 53.6%，主要分布在北部湾海域的北半部（图 3-26）。

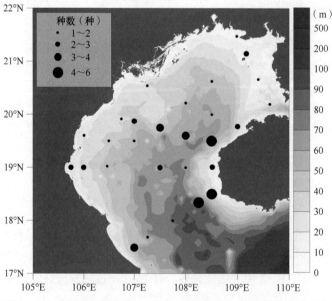

图 3-26　北部湾部分海域 1962 年 10 月其他类群动物的种数分布

第四节 优 势 种

一、北部湾海域 1962 年 1 月优势种

北部湾部分海域 1962 年 1 月优势种蛛美人虾 *Jocullianassa joculatrix* 出现在 11 个站位，主要分布在北部湾海域西部（图 3-27）。

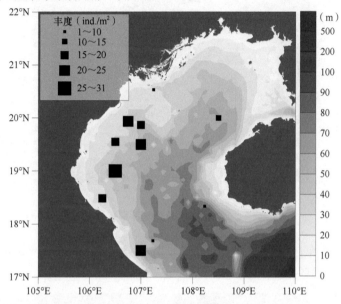

图 3-27 北部湾部分海域 1962 年 1 月优势种蛛美人虾 *Jocullianassa joculatrix*

北部湾部分海域 1962 年 1 月优势种洁白美人虾 *Praedatrypaea modesta* 出现在 10 个站位（图 3-28）。

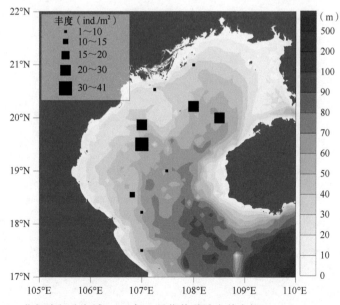

图 3-28 北部湾部分海域 1962 年 1 月优势种洁白美人虾 *Praedatrypaea modesta*

北部湾部分海域 1962 年 1 月优势种裸盲蟹 *Typhlocarcinus nudus* 出现在 11 个站位，主要分布在北部湾海域西北部（图 3-29）。

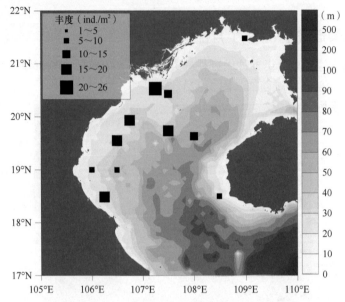

图 3-29　北部湾部分海域 1962 年 1 月优势种裸盲蟹 *Typhlocarcinus nudus*

北部湾部分海域 1962 年 1 月优势种背蚓虫 *Notomastus latericeus* 出现在 12 个站位，在北部湾海域大部分区域都有分布（图 3-30）。

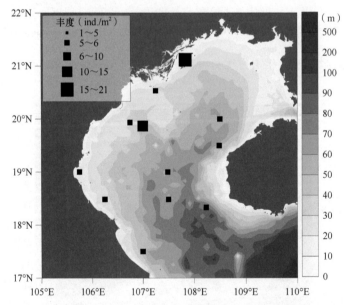

图 3-30　北部湾部分海域 1962 年 1 月优势种背蚓虫 *Notomastus latericeus*

北部湾部分海域 1962 年 1 月优势种红色相机蟹 *Camatopsis rubida* 出现在 10 个站位，主要分布在北部湾海域西部（图 3-31）。

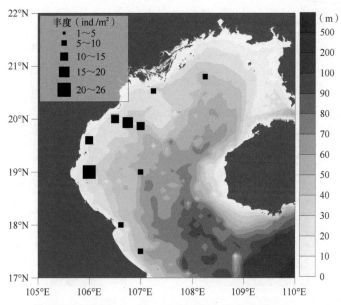

图 3-31 北部湾部分海域 1962 年 1 月优势种红色相机蟹 *Camatopsis rubida*

北部湾部分海域 1962 年 1 月优势种巢沙蚕 *Diopatra amboinensis* 出现在 6 个站位，主要分布在水深 40m 以上的近岸区域（图 3-32）。

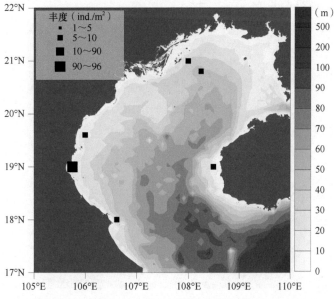

图 3-32 北部湾部分海域 1962 年 1 月优势种巢沙蚕 *Diopatra amboinensis*

二、北部湾海域 1962 年 4 月优势种

北部湾部分海域 1962 年 4 月优势种洁白美人虾 *Praedatrypaea modesta* 出现在 10 个站位，主要分布在北部湾海域北部和西部（图 3-33）。

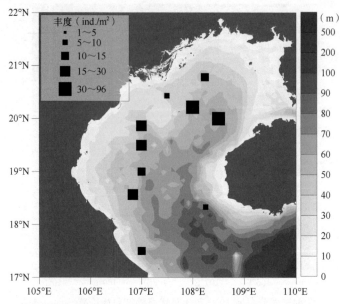

图 3-33 北部湾部分海域 1962 年 4 月优势种洁白美人虾 *Praedatrypaea modesta*

北部湾部分海域 1962 年 4 月优势种裸盲蟹 *Typhlocarcinus nudus* 出现在 10 个站位，主要分布在北部湾海域西北部（图 3-34）。

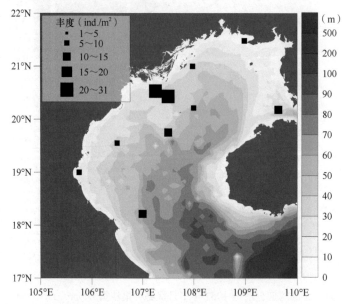

图 3-34 北部湾部分海域 1962 年 4 月优势种裸盲蟹 *Typhlocarcinus nudus*

北部湾部分海域 1962 年 4 月优势种蝼蛄虾属一种 *Upogebia* sp. 出现在 7 个站位（图 3-35）。

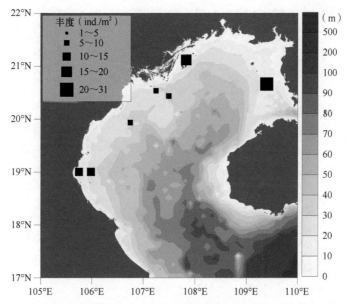

图 3-35 北部湾部分海域 1962 年 4 月优势种螻蛄虾属一种 *Upogebia* sp.

北部湾部分海域 1962 年 4 月优势种蛛美人虾 *Jocullianassa joculatrix* 出现在 7 个站位（图 3-36）。

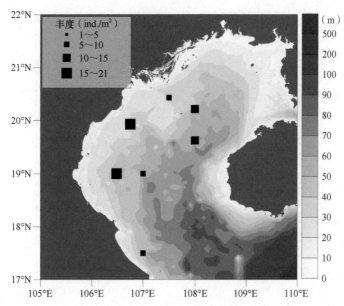

图 3-36 北部湾部分海域 1962 年 4 月优势种蛛美人虾 *Jocullianassa joculatrix*

北部湾部分海域 1962 年 4 月优势种双眼钩虾属一种 *Ampelisca* sp. 出现在 8 个站位（图 3-37）。

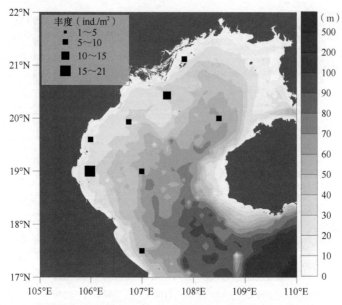

图 3-37　北部湾部分海域 1962 年 4 月优势种双眼钩虾属一种 *Ampelisca* sp.

北部湾部分海域 1962 年 4 月优势种长吻沙蚕 *Glycera chirori* 出现在 9 个站位，主要分布在北部湾海域东北部和西南部（图 3-38）。

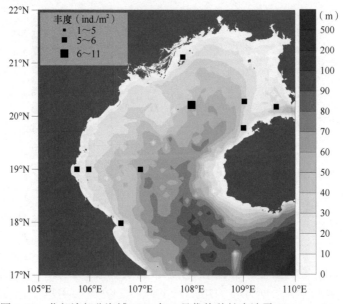

图 3-38　北部湾部分海域 1962 年 4 月优势种长吻沙蚕 *Glycera chirori*

三、北部湾海域 1962 年 8 月优势种

北部湾部分海域 1962 年 8 月优势种豆形短眼蟹 *Xenophthalmus pinnotheroides* 只出现在 3 个站位，其中 7905 站位此物种丰度较高，达到 970ind/m² （图 3-39）。

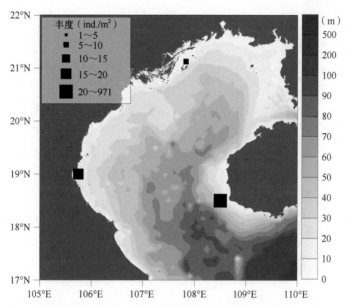

图 3-39　北部湾部分海域 1962 年 8 月优势种豆形短眼蟹 *Xenophthalmus pinnotheroides*

北部湾部分海域 1962 年 8 月优势种背蚓虫 *Notomastus latericeus* 出现在 10 个站位，主要分布在北部湾海域西北部（图 3-40）。

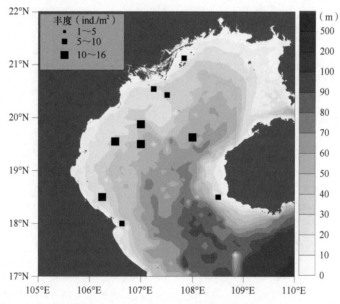

图 3-40　北部湾部分海域 1962 年 8 月优势种背蚓虫 *Notomastus latericeus*

北部湾部分海域 1962 年 8 月优势种洁白美人虾 *Praedatrypaea modesta* 出现在 5 个站位（图 3-41）。

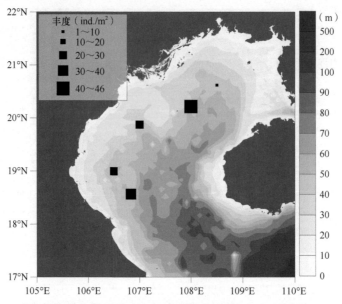

图 3-41　北部湾部分海域 1962 年 8 月优势种洁白美人虾 *Praedatrypaea modesta*

　　北部湾部分海域 1962 年 8 月优势种毡毛寡枝虫 *Paucibranchia stragulum* 出现在 8 个站位，主要分布在北部湾海域北部和南部（图 3-42）。

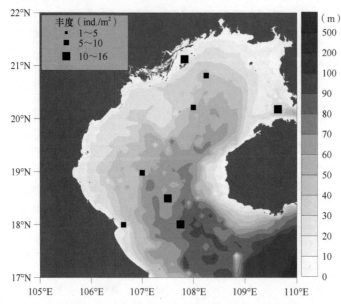

图 3-42　北部湾部分海域 1962 年 8 月优势种毡毛寡枝虫 *Paucibranchia stragulum*

　　北部湾部分海域 1962 年 8 月优势种蛛美人虾 *Jocullianassa joculatrix* 出现在 6 个站位，主要分布在北部湾海域西部（图 3-43）。

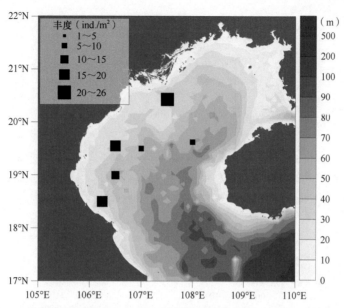

图 3-43 北部湾部分海域 1962 年 8 月优势种蛛美人虾 *Jocullianassa joculatrix*

北部湾部分海域 1962 年 8 月优势种裸盲蟹 *Typhlocarcinus nudus* 出现在 7 个站位（图 3-44）。

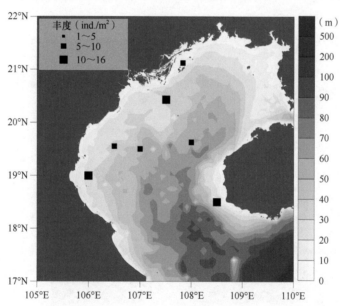

图 3-44 北部湾部分海域 1962 年 8 月优势种裸盲蟹 *Typhlocarcinus nudus*

四、北部湾海域 1962 年 10 月优势种

北部湾部分海域 1962 年 10 月优势种豆形短眼蟹 *Xenophthalmus pinnotheroides* 出现在 6 个站位，其在 7905 站位丰度最高，达到 800ind./m²，在北部湾海域北部的 4 个站位其丰度较低（图 3-45）。

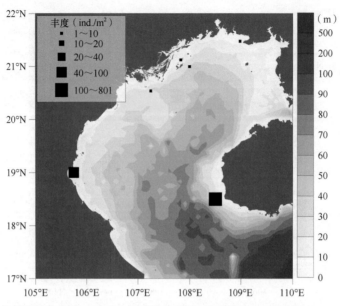

图 3-45　北部湾部分海域 1962 年 10 月优势种豆形短眼蟹 *Xenophthalmus pinnotheroides*

　　北部湾部分海域 1962 年 10 月优势种洁白美人虾 *Praedatrypaea modesta* 出现在 10 个站位，其在 7304 站位丰度最高，达到 110ind./m²，该种在北部湾海域中部和北部分布较均匀（图 3-46）。

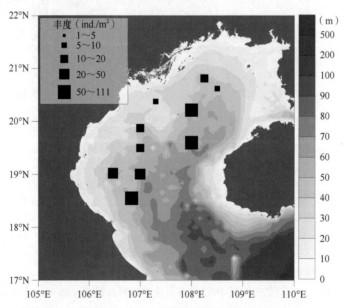

图 3-46　北部湾部分海域 1962 年 10 月优势种洁白美人虾 *Praedatrypaea modesta*

　　北部湾部分海域 1962 年 10 月优势种毡毛寡枝虫 *Paucibranchia stragulum* 出现在 14 个站位，主要分布在北部湾海域中部且较均匀（图 3-47）。

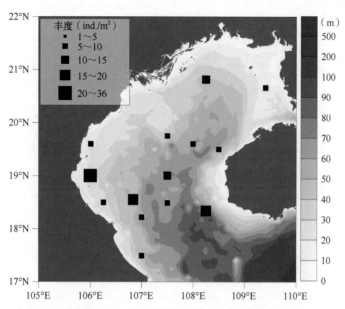

图 3-47　北部湾部分海域 1962 年 10 月优势种毡毛寡枝虫 *Paucibranchia stragulum*

北部湾部分海域 1962 年 10 月优势种蛛美人虾 *Jocullianassa joculatrix* 出现在 9 个站位，主要分布在北部湾海域西北部（图 3-48）。

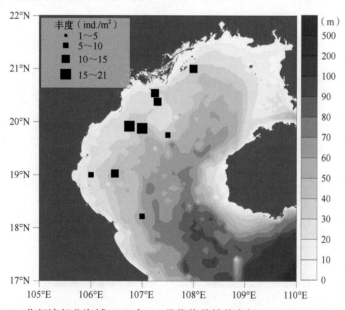

图 3-48　北部湾部分海域 1962 年 10 月优势种蛛美人虾 *Jocullianassa joculatrix*

北部湾部分海域 1962 年 10 月优势种背蚓虫 *Notomastus latericeus* 出现在 10 个站位，主要分布在北部湾海域中部（图 3-49）。

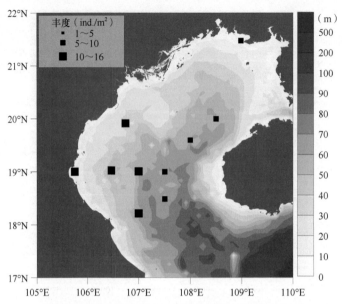

图 3-49　北部湾部分海域 1962 年 10 月优势种背蚓虫 *Notomastus latericeus*

北部湾部分海域 1962 年 10 月优势种裸盲蟹 *Typhlocarcinus nudus* 分布站位较少，出现在 8 个站位（图 3-50）。

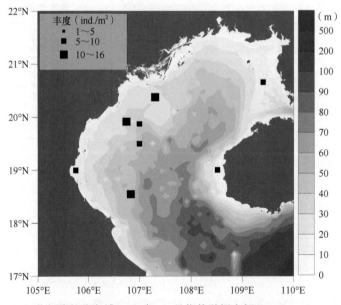

图 3-50　北部湾部分海域 1962 年 10 月优势种裸盲蟹 *Typhlocarcinus nudus*

北部湾海域 1962 年各季节优势种如表 3-2 所示。

表 3-2　北部湾海域 1962 年各季节优势种

季节	物种名
春季	*Praedatrypaea modesta* 洁白美人虾
	Typhlocarcinus nudus 裸盲蟹
	Upogebia sp. 蝼蛄虾属一种
	Jocullianassa joculatrix 蛛美人虾
	Ampelisca sp. 双眼钩虾属一种
	Glycera chirori 长吻沙蚕
夏季	*Xenophthalmus pinnotheroides* 豆形短眼蟹
	Notomastus latericeus 背蚓虫
	Praedatrypaea modesta 洁白美人虾
	Paucibranchia stragulum 毡毛寡枝虫
	Jocullianassa joculatrix 蛛美人虾
	Typhlocarcinus nudus 裸盲蟹
秋季	*Xenophthalmus pinnotheroides* 豆形短眼蟹
	Praedatrypaea modesta 洁白美人虾
	Paucibranchia stragulum 毡毛寡枝虫
	Jocullianassa joculatrix 蛛美人虾
	Notomastus latericeus 背蚓虫
	Typhlocarcinus nudus 裸盲蟹
冬季	*Jocullianassa joculatrix* 蛛美人虾
	Praedatrypaea modesta 洁白美人虾
	Typhlocarcinus nudus 裸盲蟹
	Notomastus latericeus 背蚓虫
	Camatopsis rubida 红色相机蟹
	Diopatra amboinensis 巢沙蚕

第五节　数量组成

一、北部湾海域大型底栖动物数量季节变化

北部湾海域大型底栖动物数量季节变化（表 3-3）为：生物量秋季（8.84g/m^2）大于冬季（7.61g/m^2）大于夏季（7.22g/m^2）大于春季（5.16g/m^2）；丰度秋季（112ind./m^2）大于夏季（104ind./m^2）大于冬季（101ind./m^2）大于春季（80ind./m^2）；生物量和丰度均以秋季最大。

表 3-3　北部湾海域大型底栖动物数量季节变化

数量	季节	多毛类动物	甲壳动物	软体动物	棘皮动物	其他类群动物	合计
	春季	0.79	0.75	1.19	1.69	0.75	5.16
	夏季	0.62	1.68	1.42	2.57	0.92	7.22
生物量（g/m²）	秋季	0.53	0.51	0.76	5.97	1.07	8.84
	冬季	0.36	1.17	0.65	4.32	1.11	7.61
	平均	0.57	1.03	1.01	3.64	0.96	7.21
	春季	30	29	3	7	11	80
	夏季	30	54	4	10	6	104
丰度（ind./m²）	秋季	34	56	5	10	7	112
	冬季	34	44	6	11	6	101
	平均	32	46	5	9	8	99

注：表中数据经过四舍五入，有舍入误差

二、北部湾海域 1962 年 1 月各类群生物量及丰度分布

1. 北部湾海域 1962 年 1 月各类群生物量分布

北部湾部分海域 1962 年 1 月多毛类动物的生物量分布（图 3-51）为：0～0.2g/m² 和 1.2～2.71g/m² 的站位各有 3 个，均占 13.6%；0.2～0.4g/m² 的站位有 6 个，占 27.3%，主要分布在北部湾海域北半部；0.4～0.8g/m² 的站位有 8 个，占 36.4%，主要分布在北部湾海域北端和西南部；0.8～1.2g/m² 的站位有 2 个，占 9.1%。

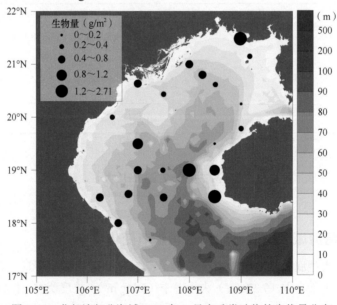

图 3-51　北部湾部分海域 1962 年 1 月多毛类动物的生物量分布

北部湾部分海域 1962 年 1 月甲壳动物的生物量分布（图 3-52）为：0～1g/m² 的站位最多，有 12 个，占 52.2%；1～2g/m² 的站位有 4 个，占 17.4%；2～4g/m² 的站位有 5 个，占 21.7%；4～6g/m² 和 6～17.91g/m² 的站位各有 1 个，均占 4.3%。

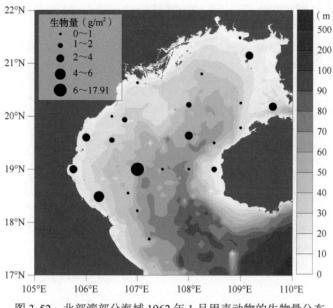

图 3-52　北部湾部分海域 1962 年 1 月甲壳动物的生物量分布

北部湾部分海域 1962 年 1 月软体动物的生物量分布（图 3-53）为：0～1g/m² 的站位最多，有 7 个，占 53.8%，主要分布在北部湾海域中部；1～2g/m² 的站位有 2 个，占 15.4%；2～4g/m² 的站位有 1 个，占 7.7%；4～6.11g/m² 的站位有 3 个，占 23.1%。

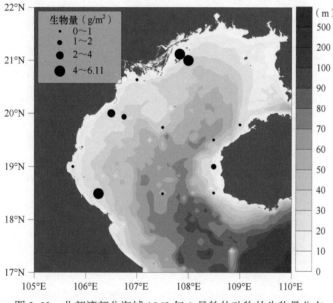

图 3-53　北部湾部分海域 1962 年 1 月软体动物的生物量分布

北部湾部分海域 1962 年 1 月棘皮动物的生物量分布（图 3-54）为：0～2g/m² 的站位最多，有 18 个，占 78.3%；2～4g/m² 和 4～6g/m² 站位各有 1 个，均占 4.3%；20～72g/m² 的站位有 3 个，占 13.0%。棘皮动物的生物量最高的是 7606 站位，达 72.01g/m²。

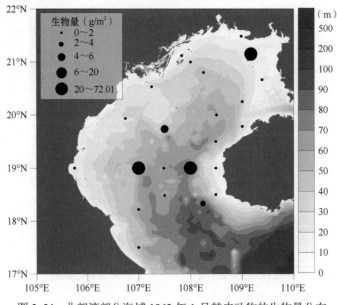

图 3-54　北部湾部分海域 1962 年 1 月棘皮动物的生物量分布

北部湾部分海域 1962 年 1 月其他类群动物的生物量分布（图 3-55）为：0～1g/m² 的站位最多，有 18 个，占 72%；2～4g/m² 和 4～8g/m² 的站位各有 1 个，均占 4%；1～2g/m² 的站位有 3 个，占 12%；8～14.46g/m² 的站位有 2 个，占 8%。

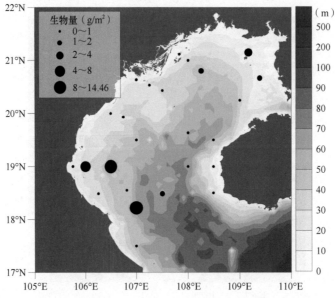

图 3-55　北部湾部分海域 1962 年 1 月其他类群动物的生物量分布

2. 北部湾海域 1962 年 1 月各类群丰度分布

北部湾部分海域 1962 年 1 月多毛类动物的丰度分布（图 3-56）为：20～40ind./m² 的站位有 14 个，所占比例最高（36.8%）；40～80ind./m² 的站位有 9 个，占 23.7%；10～

20ind./m² 的站位有 7 个，占 18.4%；1～10ind./m² 和 80～136ind./m² 的站位各有 4 个，均占 10.5%。

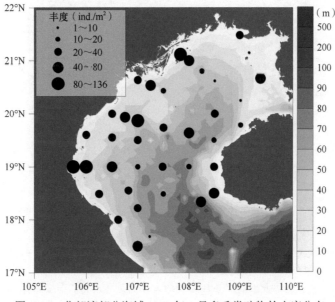

图 3-56　北部湾部分海域 1962 年 1 月多毛类动物的丰度分布

北部湾部分海域 1962 年 1 月甲壳动物的丰度分布（图 3-57）为：1～10ind./m² 的站位有 6 个，占 15.4%；10～20ind./m² 的站位有 7 个，占 17.9%；20～40ind./m² 的站位有 11 个，占 28.2%；40～80ind./m² 的站位有 8 个，占 20.5%；80～161ind./m² 的站位有 7 个，占 17.9%。

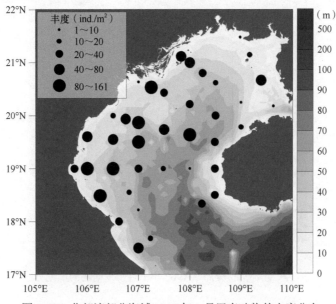

图 3-57　北部湾部分海域 1962 年 1 月甲壳动物的丰度分布

北部湾部分海域 1962 年 1 月软体动物的丰度分布（图 3-58）为：1～10ind./m² 的站位有 5 个，占 35.7%；10～20ind./m² 的站位有 6 个，占 42.9%；20～30ind./m² 的站位有 1

个，占 7.1%；40～56ind./m^2 的站位有 2 个，占 14.3%。

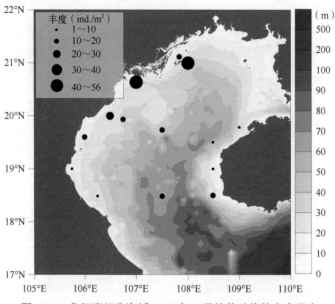

图 3-58　北部湾部分海域 1962 年 1 月软体动物的丰度分布

北部湾部分海域 1962 年 1 月棘皮动物的丰度分布（图 3-59）为：1～10ind./m^2 的站位有 14 个，占 58.3%；10～20ind./m^2 的站位有 8 个，占 33.3%；20～40ind./m^2 的站位有 1 个，占 4.2%；棘皮动物的丰度最高的是 7606 站位，丰度达到 230ind./m^2。

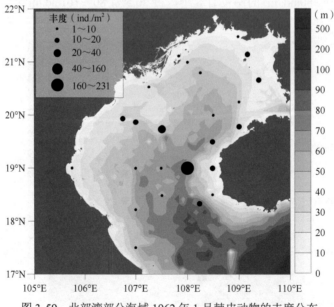

图 3-59　北部湾部分海域 1962 年 1 月棘皮动物的丰度分布

北部湾部分海域 1962 年 1 月其他类群动物的丰度分布（图 3-60）为：5～10ind./m^2 的站位有 10 个，占 37.0%；10～16ind./m^2 的站位有 17 个，占 63.0%。

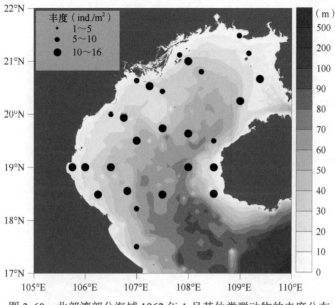

图 3-60　北部湾部分海域 1962 年 1 月其他类群动物的丰度分布

三、北部湾海域 1962 年 4 月各类群生物量及丰度分布

1. 北部湾海域 1962 年 4 月各类群生物量分布

北部湾部分海域 1962 年 4 月多毛类动物的生物量分布（图 3-61）为：$0\sim1\text{g/m}^2$ 的站位最多，有 17 个，占 73.9%；$1\sim2\text{g/m}^2$ 的站位有 4 个，占 17.4%；$2\sim4\text{g/m}^2$ 和 $10\sim17.51\text{g/m}^2$ 的站位各有 1 个，均占 4.3%。

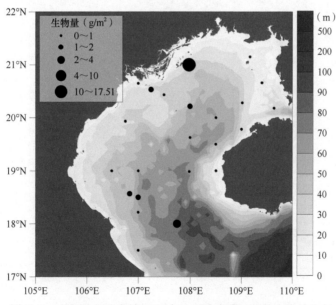

图 3-61　北部湾部分海域 1962 年 4 月多毛类动物的生物量分布

北部湾部分海域 1962 年 4 月甲壳动物的生物量分布（图 3-62）为：$0\sim0.5\text{g/m}^2$ 的站

位有 8 个，占 34.8%；0.5～1g/m² 的站位有 4 个，占 17.4%；1～2g/m² 的站位有 7 个，占 30.4%；2～4g/m² 的站位有 3 个，占 13.0%；4～6.66g/m² 的站位有 1 个，占 4.3%。

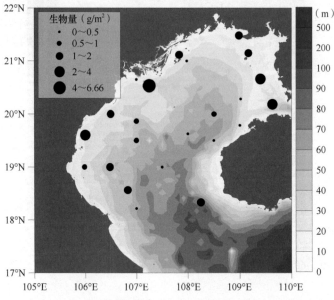

图 3-62　北部湾部分海域 1962 年 4 月甲壳动物的生物量分布

　　北部湾部分海域 1962 年 4 月软体动物的生物量分布（图 3-63）为：0～1g/m² 的站位最多，有 12 个，占 60%；1～4g/m² 的站位有 5 个，占 25%；4～8g/m²、8～12g/m² 和 12～20.16g/m² 的站位各有 1 个，均占 5%。

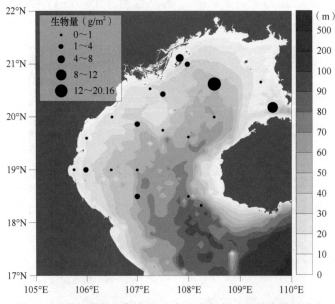

图 3-63　北部湾部分海域 1962 年 4 月软体动物的生物量分布

　　北部湾部分海域 1962 年 4 月棘皮动物的生物量分布（图 3-64）为：0～1g/m² 的站位最多，有 17 个，占 68%；8～16g/m² 和 16～23.51g/m² 的站位各有 1 个，均占 4%；1～4g/m² 的站位有 2 个，占 8%；4～8g/m² 的站位有 4 个，占 16%。

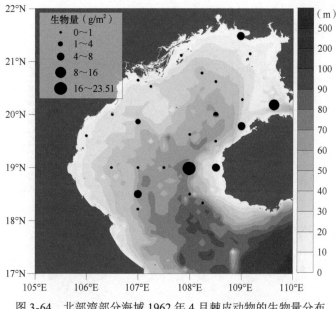

图 3-64　北部湾部分海域 1962 年 4 月棘皮动物的生物量分布

北部湾部分海域 1962 年 4 月其他类群动物的生物量分布（图 3-65）为：$0\sim 1\text{g/m}^2$ 的站位最多，有 23 个，占 82.1%；$2\sim 4\text{g/m}^2$、$4\sim 8\text{g/m}^2$ 和 $8\sim 10.16\text{g/m}^2$ 的站位各有 1 个，均占 3.6%；$1\sim 2\text{g/m}^2$ 的站位有 2 个，占 7.1%。

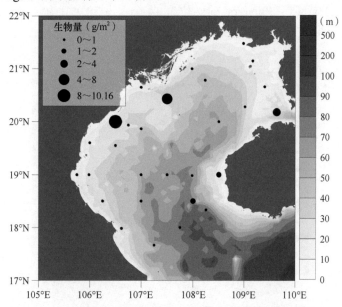

图 3-65　北部湾部分海域 1962 年 4 月其他类群动物的生物量分布

2. 北部湾海域 1962 年 4 月各类群丰度分布

北部湾部分海域 1962 年 4 月多毛类动物的丰度分布（图 3-66）为：$15\sim 30\text{ind./m}^2$ 的站位有 17 个，所占比例最高（43.6%）；$30\sim 60\text{ind./m}^2$ 的站位有 10 个，占 25.6%；$1\sim$

15ind./m² 的站位有 7 个，占 17.9%；60～120ind./m² 的站位有 4 个，占 10.3%；120～181ind./m² 的站位有 1 个，占 2.6%。

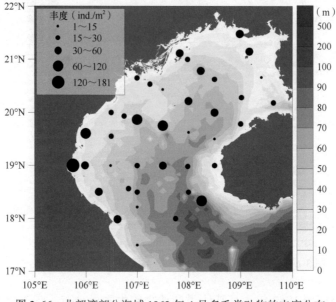

图 3-66 北部湾部分海域 1962 年 4 月多毛类动物的丰度分布

北部湾部分海域 1962 年 4 月甲壳动物的丰度分布（图 3-67）为：1～15ind./m² 的站位有 4 个，占 11.1%；15～30ind./m² 的站位有 14 个，占 38.9%；30～60ind./m² 的站位有 15 个，占 41.7%；60～120ind./m² 的站位有 2 个，占 5.6%；120～146ind./m² 的站位有 1 个，占 2.8%。

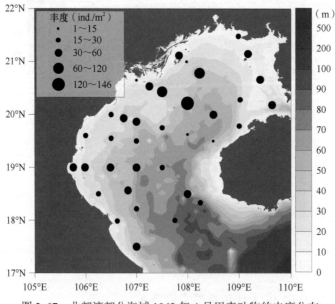

图 3-67 北部湾部分海域 1962 年 4 月甲壳动物的丰度分布

北部湾部分海域 1962 年 4 月软体动物的丰度分布（图 3-68）为：5～10ind./m² 的站位有 13 个，占 65%；10～16ind./m² 的站位有 7 个，占 35%。

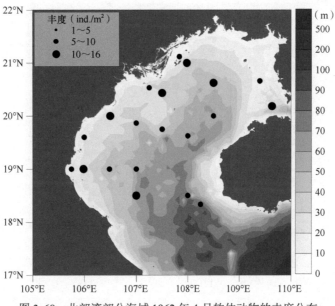

图 3-68 北部湾部分海域 1962 年 4 月软体动物的丰度分布

北部湾部分海域 1962 年 4 月棘皮动物的丰度分布（图 3-69）为：1～10ind./m² 的站位有 15 个，占 60%；10～20ind./m² 的站位有 7 个，占 28%；90ind./m²、30ind./m² 和 20ind./m² 站位各有 1 个，均占 4%。

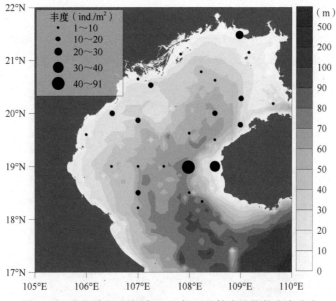

图 3-69 北部湾部分海域 1962 年 4 月棘皮动物的丰度分布

北部湾部分海域 1962 年 4 月其他类群动物的丰度分布（图 3-70）为：1～10ind./m² 的站位有 16 个，占 57.1%；10～20ind./m² 的站位有 7 个，占 25%；20～40ind./m² 的站位有 4 个，占 14.3%；丰度最高的是 7606 站位，达 155ind./m²。

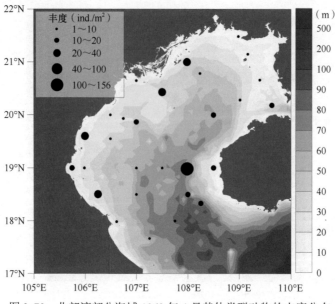

图 3-70　北部湾部分海域 1962 年 4 月其他类群动物的丰度分布

四、北部湾海域 1962 年 8 月各类群生物量及丰度分布

1. 北部湾海域 1962 年 8 月各类群生物量分布

北部湾部分海域 1962 年 8 月多毛类动物的生物量分布（图 3-71）为：$0\sim0.5\text{g/m}^2$ 的站位最多，有 12 个，占 48%；$0.5\sim1\text{g/m}^2$ 的站位有 7 个，占 28%；$1\sim2\text{g/m}^2$ 的站位有 3 个，占 12%；$2\sim4\text{g/m}^2$ 的站位有 2 个，占 8%；在 $4\sim9.06\text{g/m}^2$ 的站位有 1 个，占 4%。

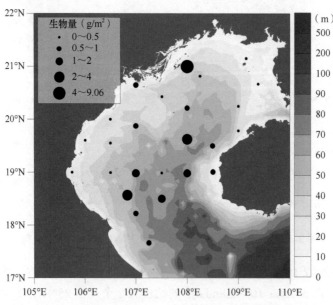

图 3-71　北部湾部分海域 1962 年 8 月多毛类动物的生物量分布

北部湾部分海域 1962 年 8 月甲壳动物的生物量分布（图 3-72）为：$0\sim0.5\text{g/m}^2$ 的站

位最多，有 13 个，占 43.3%；0.5～1g/m² 的站位有 4 个，占 13.3%；1～2g/m² 的站位有 9 个，占 30%；2～6g/m² 的站位有 3 个，占 10%；生物量最高的是 7401 站位，达 41.45g/m²。

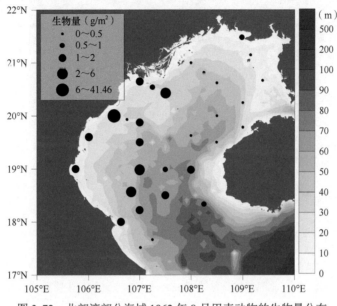

图 3-72　北部湾部分海域 1962 年 8 月甲壳动物的生物量分布

北部湾部分海域 1962 年 8 月软体动物的生物量分布（图 3-73）为：0～1g/m² 的站位最多，有 13 个，占 68.4%；1～2g/m² 的站位有 2 个，占 10.5%；2～4g/m² 的站位有 1 个，占 5.3%；4～6g/m² 的站位有 2 个，占 10.5%；生物量最高的是 7701 站位，达 37.9g/m²。

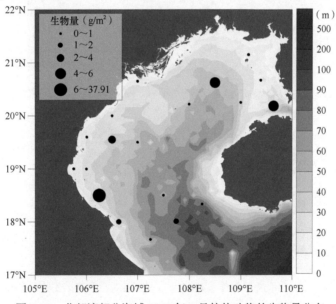

图 3-73　北部湾部分海域 1962 年 8 月软体动物的生物量分布

北部湾部分海域 1962 年 8 月棘皮动物的生物量分布（图 3-74）为：0～0.5g/m² 的站位最多，有 13 个，占 52%；0.5～1g/m² 的站位有 5 个，占 20%；1～2g/m² 的站位有 2 个，占 8%；2～8g/m² 的站位有 3 个，占 12%；8～62.3g/m² 的站位有 2 个，占 8%。棘皮动物的生物量最高的是 7606 站位，达 62.3g/m²。

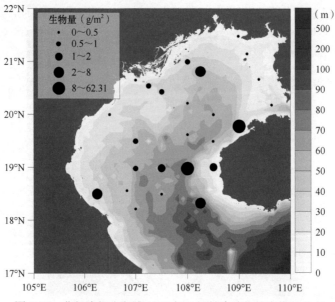

图 3-74　北部湾部分海域 1962 年 8 月棘皮动物的生物量分布

北部湾部分海域 1962 年 8 月其他类群动物的生物量分布（图 3-75）为：0～0.5g/m² 的站位最多，有 20 个，占 66.7%；0.5～1g/m² 和 2～4g/m² 站位各有 3 个，均占 10%；1～2g/m² 的站位有 2 个，占 6.7%；4～12.71g/m² 的站位有 2 个，占 6.7%。

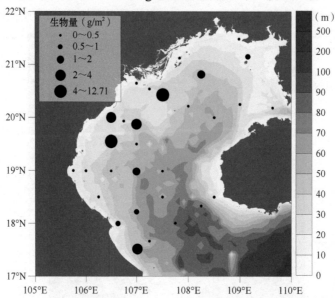

图 3-75　北部湾部分海域 1962 年 8 月其他类群动物的生物量分布

2. 北部湾海域 1962 年 8 月各类群丰度分布

北部湾部分海域 1962 年 8 月多毛类动物的丰度分布（图 3-76）为：1～25ind./m² 的站位有 19 个，所占比例最高（47.5%）；25～50ind./m² 的站位有 13 个，占 32.5%；50～

75ind./m² 的站位有 6 个，占 15%；125ind./m²、90ind./m² 的站位各有 1 个，均占 2.5%。

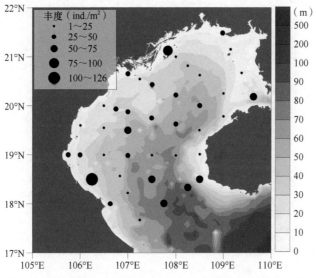

图 3-76　北部湾部分海域 1962 年 8 月多毛类动物的丰度分布

北部湾部分海域 1962 年 8 月甲壳动物的丰度分布（图 3-77）为：1～20ind./m² 的站位有 16 个，占 40%；20～40ind./m² 的站位有 12 个，占 30%；40～60ind./m² 的站位有 9 个，占 22.5%；60～80ind./m² 的站位有 2 个，占 5%；80～1176ind./m² 的站位有 1 个，占 2.5%。甲壳动物的丰度最高的是 7905 站位，达 1175ind./m²。

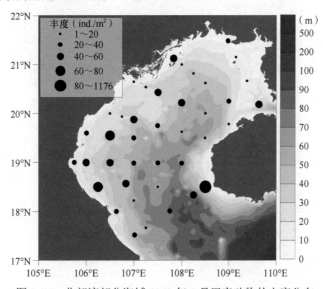

图 3-77　北部湾部分海域 1962 年 8 月甲壳动物的丰度分布

北部湾部分海域 1962 年 8 月软体动物的丰度分布（图 3-78）为：5～10ind./m² 的站位有 15 个，占 78.9%；10～15ind./m² 的站位有 1 个，占 5.3%；20～26ind./m² 的站位有 3 个，占 15.8%。

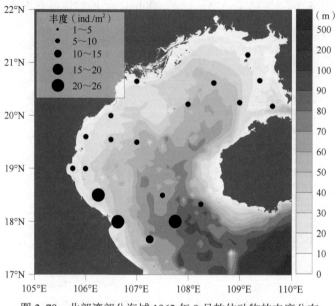

图 3-78 北部湾部分海域 1962 年 8 月软体动物的丰度分布

北部湾部分海域 1962 年 8 月棘皮动物的丰度分布（图 3-79）为：1～10ind./m² 的站位有 14 个，占 56%；10～20ind./m² 的站位有 10 个，占 40%；丰度最高的是 7606 站位，达 225ind./m²。

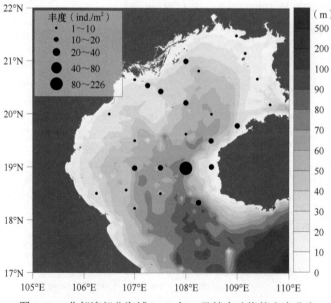

图 3-79 北部湾部分海域 1962 年 8 月棘皮动物的丰度分布

北部湾部分海域 1962 年 4 月其他类群动物的丰度分布（图 3-80）为：1～6ind./m² 的站位有 15 个，占 50%；6～12ind./m² 的站位有 12 个，占 40%；30ind./m²、20ind./m² 和 15ind./m² 的站位各有 1 个，均占 3.3%。

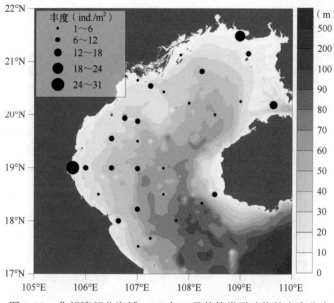

图 3-80　北部湾部分海域 1962 年 8 月其他类群动物的丰度分布

五、北部湾海域 1962 年 10 月各类群生物量及丰度分布

1. 北部湾海域 1962 年 10 月各类群生物量分布

北部湾部分海域 1962 年 10 月多毛类动物的生物量分布（图 3-81）为：0～0.5g/m² 的站位最多，有 13 个，占 56.5%；0.5～1g/m² 的站位有 4 个，占 17.4%；1～2g/m² 的站位有 3 个，占 13.0%；2～4g/m² 的站位有 2 个，占 8.7%；4～5.81g/m² 的站位有 1 个，占 4.3%。

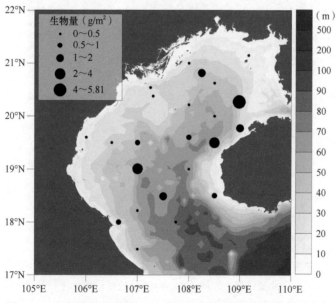

图 3-81　北部湾部分海域 1962 年 10 月多毛类动物的生物量分布

北部湾部分海域 1962 年 10 月甲壳动物的生物量分布（图 3-82）为：0～0.5g/m² 的站

位最多，有 13 个，占 56.5%；0.5～1g/m² 的站位有 4 个，占 17.4%；1～2g/m²、2～3g/m² 和 3～4.26g/m² 的站位各有 2 个，均占 8.7%。

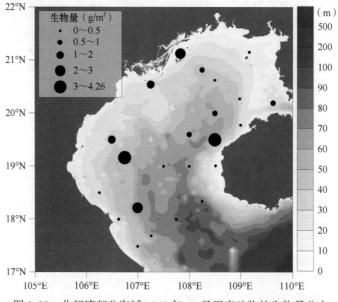

图 3-82　北部湾部分海域 1962 年 10 月甲壳动物的生物量分布

北部湾部分海域 1962 年 10 月软体动物的生物量分布（图 3-83）为：0～0.5g/m² 的站位最多，有 13 个，占 59.1%；0.5～1g/m² 和 2～6g/m² 的站位各有 1 个，均占 4.5%；1～2g/m² 的站位有 5 个，占 22.7%；6～9.86g/m² 的站位有 2 个，占 9.1%。

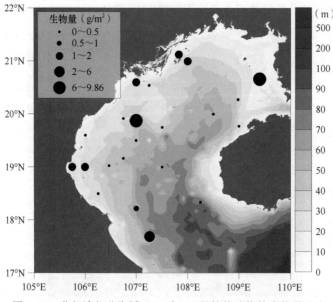

图 3-83　北部湾部分海域 1962 年 10 月软体动物的生物量分布

北部湾部分海域 1962 年 10 月棘皮动物的生物量分布（图 3-84）为：0～0.5g/m² 的站位最多，有 11 个，占 50%；0.5～1g/m² 的站位有 4 个，占 18.2%；1～4g/m² 的站位有 2 个，占 9.1%；4～20g/m² 的站位有 1 个，占 4.5%；20～82.3g/m² 的站位有 4 个，占 18.2%。棘皮动物生物量最高的是 7905 站位，达 82.3g/m²。

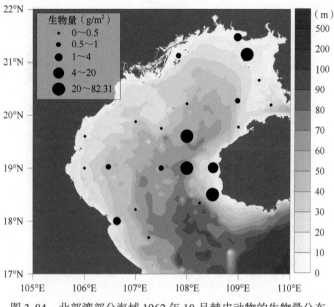

图 3-84　北部湾部分海域 1962 年 10 月棘皮动物的生物量分布

北部湾部分海域 1962 年 10 月其他类群动物的生物量分布（图 3-85）为：0～0.5g/m² 的站位最多，有 16 个，占 57.1%；0.5～1g/m² 的站位有 4 个，占 14.3%；1～2g/m² 的站位有 5 个，占 17.9%；2～8g/m² 的站位有 1 个，占 3.6%；8～14.76g/m² 的站位有 2 个，占 7.1%。

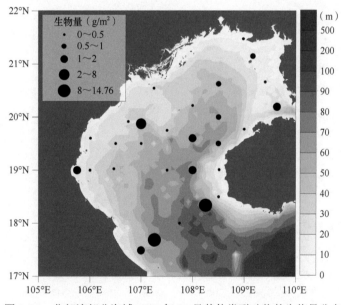

图 3-85　北部湾部分海域 1962 年 10 月其他类群动物的生物量分布

2. 北部湾海域 1962 年 10 月各类群丰度分布

北部湾部分海域 1962 年 10 月多毛类动物的丰度分布（图 3-86）为：1～15ind./m² 和

15～30ind./m² 的站位各有 7 个，均占 17.9%；30～45ind./m² 的站位有 10 个，占 25.6%；45～60ind./m² 的站位有 9 个，占 23.1%；60～81ind./m² 的站位有 6 个，占 15.4%。

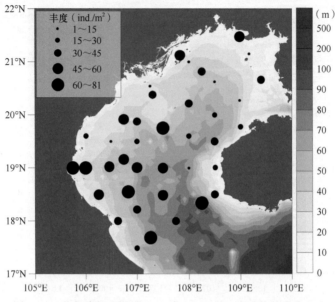

图 3-86　北部湾部分海域 1962 年 10 月多毛类动物的丰度分布

北部湾部分海域 1962 年 10 月甲壳动物的丰度分布（图 3-87）为：1～20ind./m² 和 20～40ind./m² 的站位各有 12 个，均占 31.6%；40～80ind./m² 的站位有 8 个，占 21.1%；80～200ind./m² 的站位有 5 个，占 13.2%；丰度最高的是 7905 站位，达 840ind./m²。

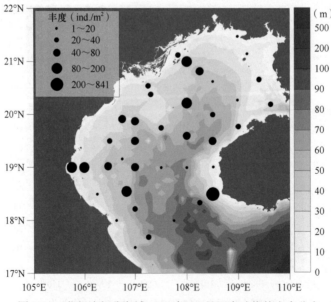

图 3-87　北部湾部分海域 1962 年 10 月甲壳动物的丰度分布

北部湾部分海域 1962 年 10 月软体动物的丰度分布（图 3-88）为：1～7ind./m² 的站位有 14 个，占 60.9%；7～14ind./m² 的站位有 5 个，占 21.7%；14～21ind./m² 的站位有 2

个，占 8.7%；25ind./m² 、35ind./m² 的站位各有 1 个。

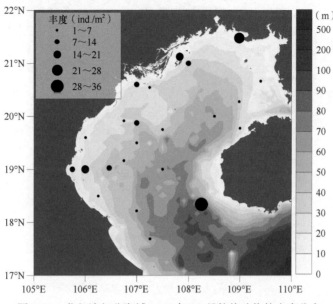

图 3-88　北部湾部分海域 1962 年 10 月软体动物的丰度分布

北部湾部分海域 1962 年 10 月棘皮动物的丰度分布（图 3-89）为：1～10ind./m² 的站位有 14 个，占 60.9%；10～20ind./m² 的站位有 6 个，占 26.1%；20～40ind./m² 的站位有 2 个，占 8.7%；丰度最高的是 7606 站位，达 205ind./m²。

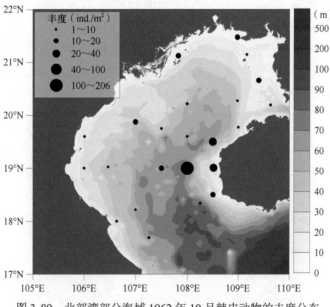

图 3-89　北部湾部分海域 1962 年 10 月棘皮动物的丰度分布

北部湾部分海域 1962 年 10 月其他类群动物的丰度分布（图 3-90）为：1～6ind./m² 的站位有 13 个，所占比例最高（46.4%）；6～12ind./m² 的站位有 7 个，占 25%；12～18ind./m² 的站位有 4 个，占 14.3%；18～24ind./m²、24～31ind./m² 的站位各有 2 个，均占 7.1%。

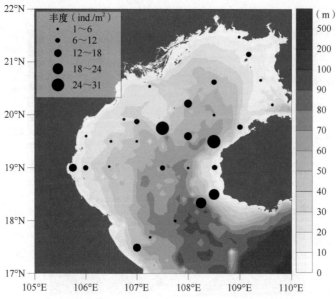

图 3-90 北部湾部分海域 1962 年 10 月其他类群动物的丰度分布

第六节 数 量 分 布

一、北部湾海域 1962 年 1 月大型底栖动物数量分布

北部湾部分海域 1962 年 1 月大型底栖动物的生物量分布（图 3-91）为：0.3～2g/m² 和 2～4g/m² 的站位各有 11 个，均占 27.5%；4～6g/m² 和 6～12g/m² 的站位各有 5 个，均占 12.5%；12～73.96g/m² 的站位有 8 个，占 20%。生物量极高的站位有 2 个，7606 站位生物量达 73.95g/m²，7604 站位生物量达 66.95g/m²；生物量较高的站位主要分布在北部

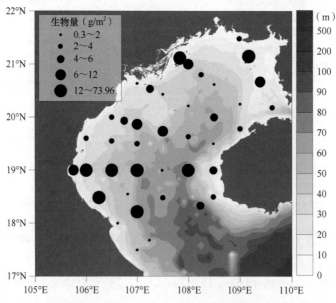

图 3-91 北部湾部分海域 1962 年 1 月大型底栖动物的生物量分布

湾海域中部，生物量较低的站位主要分布在北部湾海域北部。

北部湾部分海域 1962 年 1 月大型底栖动物的丰度分布（图 3-92）为：5～50ind./m² 的站位有 16 个，所占比例最高（40%）；150～200ind./m² 的站位有 9 个，占 22.5%；50～100ind./m² 的站位有 7 个，占 17.5%；100～150ind./m² 和 200～276ind./m² 的站位各有 4 个，均占 10%。丰度较高的站位主要分布在北部湾海域中部东西海域，丰度较低的站位分布在北部湾海域北部和中南部。

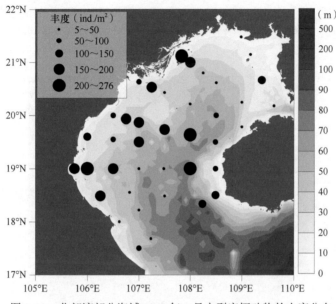

图 3-92　北部湾部分海域 1962 年 1 月大型底栖动物的丰度分布

二、北部湾海域 1962 年 4 月大型底栖动物数量分布

北部湾部分海域 1962 年 4 月大型底栖动物的生物量分布（图 3-93）为：0.3～2g/m²

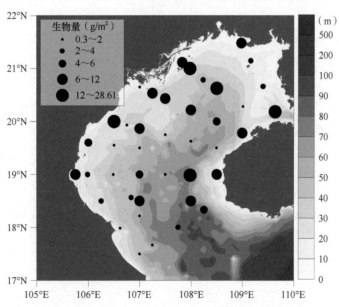

图 3-93　北部湾部分海域 1962 年 4 月大型底栖动物的生物量分布

的站位有 14 个，占 34.1%；6～12g/m² 的站位有 11 个，占 26.8%；2～4g/m² 的站位有 7 个，占 17.1%；12～28.61g/m² 的站位有 5 个，占 12.2%；4～6g/m² 的站位有 4 个，占 9.8%。4 月大型底栖动物生物量较低（0～4g/m²）的站位占 51.2%，主要分布在北部湾海域中部和南部。

北部湾部分海域 1962 年 4 月大型底栖动物的丰度分布（图 3-94）为：40～80ind./m² 的站位有 16 个，所占比例最高（39.0%）；80～120ind./m² 的站位有 12 个，占 29.3%；5～40ind./m² 的站位有 7 个，占 17.1%；120～160ind./m² 和 160～271ind./m² 的站位各有 3 个，均占 7.3%。丰度较高的是 7304、7601 和 7606 站位，丰度在 120ind./m² 以下的站位占全部实测站位的 85.4%。

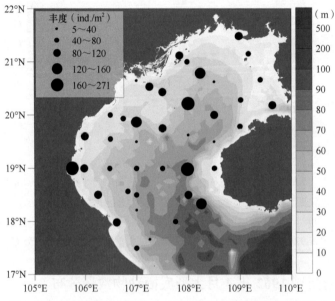

图 3-94　北部湾部分海域 1962 年 4 月大型底栖动物的丰度分布

三、北部湾海域 1962 年 8 月大型底栖动物数量分布

北部湾部分海域 1962 年 8 月大型底栖动物的生物量分布（图 3-95）为：2～4g/m² 的站位有 18 个，所占比例最高（43.9%）；6～12g/m² 和 12～141.71g/m² 的站位各有 7 个，均占 17.1%；0.7～2g/m² 的站位有 6 个，占 14.6%；4～6g/m² 的站位有 3 个，占 7.3%。生物量最高的是 7905 站位，达 141.7g/m²。

北部湾部分海域 1962 年 8 月大型底栖动物的丰度分布（图 3-96）为：25～50ind./m² 和 50～100ind./m² 的站位各有 15 个，所占比例最高（36.6%）；100～150ind./m² 的站位有 8 个，占 19.5%；150～300ind./m² 的站位有 2 个，占 4.9%；7905 站位丰度达 1250ind./m²，原因是豆形短眼蟹 *Xenophthalmus pinnotheroides* 丰度在此站位达到了 970ind./m²。丰度在 150ind./m² 以下的站位占全部实测站位的 92.7%。

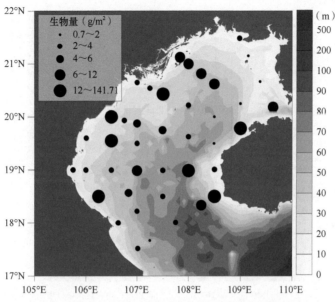

图 3-95　北部湾部分海域 1962 年 8 月大型底栖动物的生物量分布

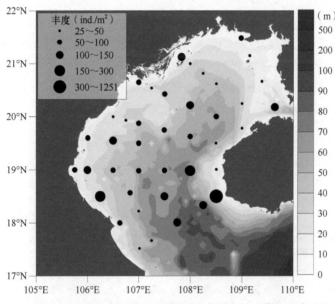

图 3-96　北部湾部分海域 1962 年 8 月大型底栖动物的丰度分布

四、北部湾海域 1962 年 10 月大型底栖动物数量分布

北部湾部分海域 1962 年 10 月大型底栖动物的生物量分布（图 3-97）为：0.45～2g/m²的站位有 15 个，所占比例最高（36.6%）；4～6g/m²的站位有 9 个，占 22.0%；12～172.26g/m²的站位有 8 个，占 19.5%；6～12g/m²的站位有 6 个，占 14.6%；2～4g/m²的站位有 3 个，占 7.3%。生物量较低（0～4g/m²）的站位主要分布在北部湾海域北部和中部。

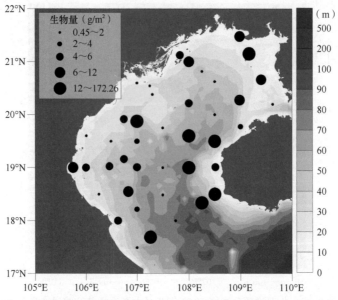

图 3-97　北部湾部分海域 1962 年 10 月大型底栖动物的生物量分布

　　北部湾部分海域 1962 年 10 月大型底栖动物的丰度分布（图 3-98）为：50～100ind./m² 的站位有 14 个，所占比例最高（34.1%）；10～50ind./m² 的站位有 10 个，占 24.4%；100～150ind./m² 的站位有 9 个，占 22.0%；150～300 的站位有 7 个，占 17.1%；7905 站位丰度达到 915ind./m²，原因是豆形短眼蟹 *Xenophthalmus pinnotheroides* 丰度在此站位达到了 800ind./m²。丰度在 150ind./m² 以下的站位占全部实测站位的 80.5%。

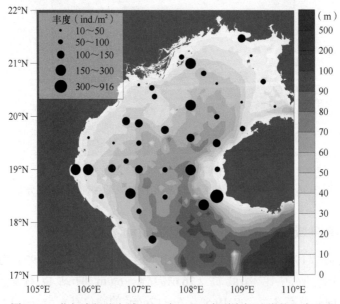

图 3-98　北部湾部分海域 1962 年 10 月大型底栖动物的丰度分布

第七节　群落结构

对北部湾海域 1962 年 1 月航次大型底栖动物种类进行平方根转化，构建 Bray-Curtis 相似性矩阵，以此进行等级聚类分析和 nMDS，结果见图 3-99 和图 3-100。等级聚类分析结果可划为 3 个分组，其中 3 组的贡献种为背蚓虫 *Notomastus latericeus*，2 组的贡献种为红色相机蟹 *Camatopsis rubida*，1 组的贡献种为截额角颚蟹 *Ceratoplax truncatifrons*。用单因素相似性分析检验各组的差异性，结果显示，3 个分组间存在极显著差异（$R =$

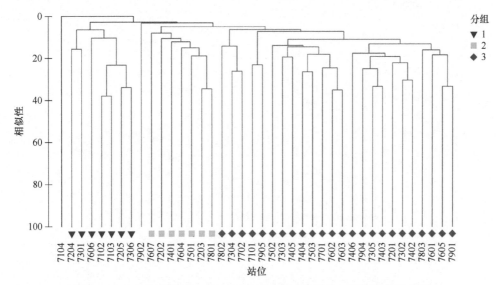

图 3-99　北部湾海域 1962 年 1 月大型底栖动物群落相似性聚类树状图

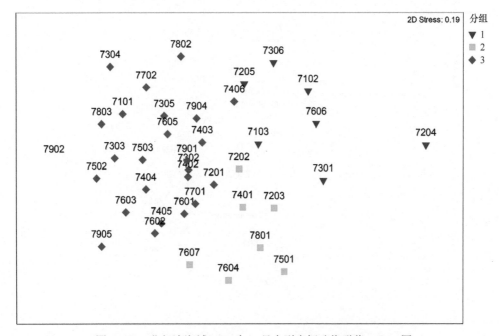

图 3-100　北部湾海域 1962 年 1 月大型底栖动物群落 nMDS 图

0.551，*P* = 0.001），1 组与 3 组之间存在极显著差异（*R* = 0.605，*P* = 0.001），3 组与 2 组之间存在极显著差异（*R* = 0.471，*P* = 0.001），1 组与 2 组之间存在极显著差异（*R* = 0.64，*P* = 0.001）。

对北部湾海域 1962 年 4 月航次大型底栖动物种类进行平方根转化，构建 Bray-Curtis 相似性矩阵，以此进行等级聚类分析和 nMDS，结果见图 3-101 和图 3-102。等级聚类分析结果可划为 2 个分组，其中 2 组的贡献种为洁白美人虾 *Praedatrypaea modesta*，1 组的贡献种为单钩襟节虫 *Clymenella cincta*。用单因素相似性分析检验两组的差异性，结果显示，2 个分组间存在极显著差异（*R*=0.547，*P*=0.001）。

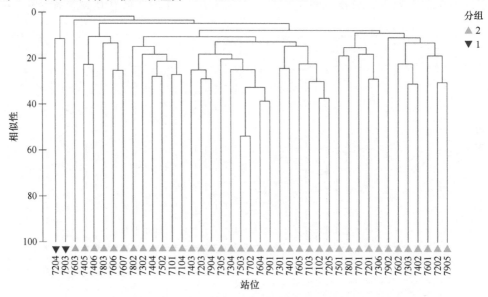

图 3-101　北部湾海域 1962 年 4 月大型底栖动物群落相似性聚类树状图

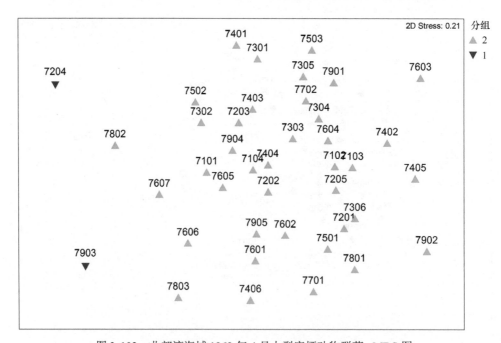

图 3-102　北部湾海域 1962 年 4 月大型底栖动物群落 nMDS 图

对北部湾海域 1962 年 8 月航次大型底栖动物种类进行平方根转化，构建 Bray-Curtis 相似性矩阵，以此进行等级聚类分析和 nMDS，结果见图 3-103 和图 3-104。等级聚类分析结果可划为 3 个分组，其中 3 组的贡献种为背蚓虫 *Notomastus latericeus*、毡毛寡枝虫 *Paucibranchia stragulum*，2 组的贡献种为不倒翁虫 *Sternaspis scutata*。1 组只有一个站位，无法通过 SIMPER 分析来确定贡献种。用单因素相似性分析检验各组的差异性，结果显示，3 个分组间存在极显著差异（$R=0.417$，$P=0.001$），2 组与 3 组之间存在极显著差异（$R=0.371$，$P=0.001$），3 组与 1 组之间存在显著差异（$R=0.645$，$P=0.029$），1 组与 2 组之间差异不显著（$R=0.667$，$P=0.143$）。

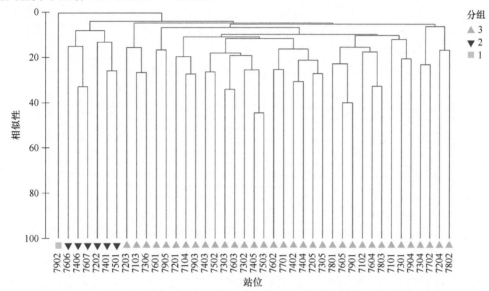

图 3-103　北部湾海域 1962 年 8 月大型底栖动物群落相似性聚类树状图

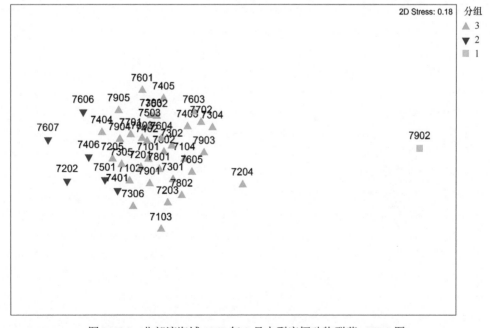

图 3-104　北部湾海域 1962 年 8 月大型底栖动物群落 nMDS 图

对北部湾海域1962年10月航次大型底栖动物种类进行平方根转化,构建Bray-Curtis相似性矩阵,以此进行等级聚类分析和nMDS,结果见图3-105和图3-106。等级聚类分析结果可划为3个分组,其中3组的贡献种为伪指刺锚参 *Protankyra pseudodigitata*,2组的贡献种为毡毛寡枝虫 *Paucibranchia stragulum*。1组只有一个站位,无法通过SIMPER分析来确定贡献种。用单因素相似性分析检验各组的差异性,结果显示,3个分组间存在极显著差异($R = 0.649$,$P = 0.001$),2组与3组之间存在极显著差异($R = 0.621$,$P = 0.001$),3组与1组之间差异不显著($R = 1$,$P = 0.25$),1组与2组之间存在显著差异($R = 0.726$,$P = 0.026$)。

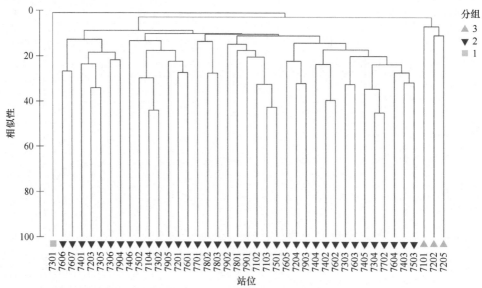

图 3-105　北部湾海域 1962 年 10 月大型底栖动物群落相似性聚类树状图

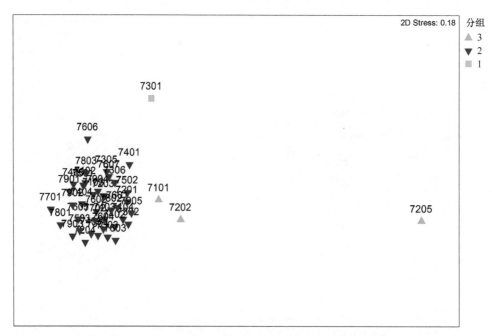

图 3-106　北部湾海域 1962 年 10 月大型底栖动物群落 nMDS 图

第八节　群落多样性特征值

一、北部湾海域 1962 年 1 月大型底栖动物指数

北部湾部分海域 1962 年 1 月香农-威弗多样性指数（H'）在中西部和南北端较高，中部有两个低值区，其余大部分区域在 2.00 以上（图 3-107）。

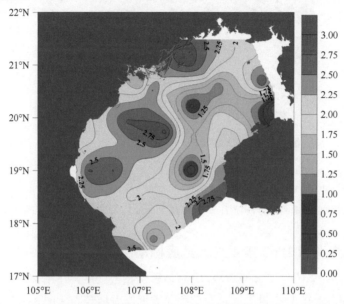

图 3-107　北部湾部分海域 1962 年 1 月香农-威弗多样性指数（H'）的空间分布

北部湾部分海域 1962 年 1 月马加莱夫物种丰富度指数（d）在中西部和南北两端有高值区，在东北部有一个面积较大的低值区（图 3-108）。

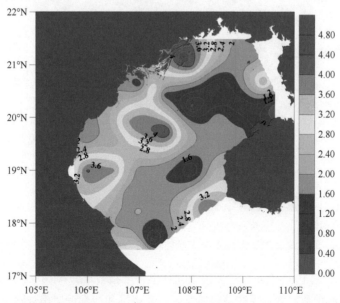

图 3-108　北部湾部分海域 1962 年 1 月马加莱夫物种丰富度指数（d）的空间分布

北部湾部分海域 1962 年 1 月 Pielou 均匀度指数（J'）在东南部有一个低值区，其余大部分区域在 0.900 以上（图 3-109）。

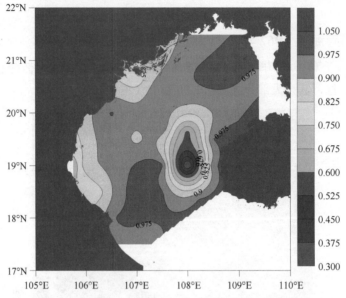

图 3-109　北部湾部分海域 1962 年 1 月 Pielou 均匀度指数（J'）的空间分布

二、北部湾海域 1962 年 4 月大型底栖动物指数

北部湾部分海域 1962 年 4 月香农-威弗多样性指数（H'）在中部和南端有两个低值区，其余大部分水域在 1.95 以上，且西部和北端近岸海域较高（图 3-110）。

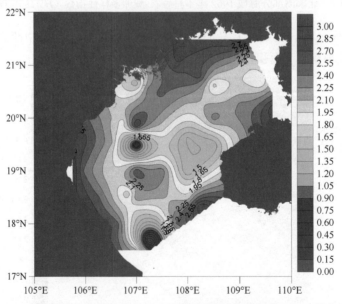

图 3-110　北部湾部分海域 1962 年 4 月香农-威弗多样性指数（H'）的空间分布

北部湾部分海域 1962 年 4 月马加莱夫物种丰富度指数（d）在中部和南端有 3 个低值区，且大部分海域指数较低，仅在该海域北端、东南端和西部近岸指数较高（图 3-111）。

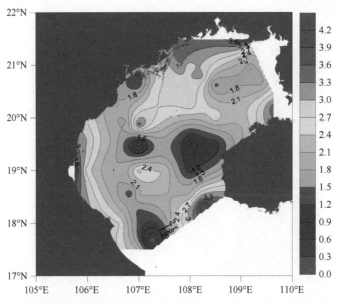

图 3-111　北部湾部分海域 1962 年 4 月马加莱夫物种丰富度指数（*d*）的空间分布

北部湾部分海域 1962 年 4 月 Pielou 均匀度指数（*J′*）在中部有 3 个低值区，其余大部分区域在 0.93 以上（图 3-112）。

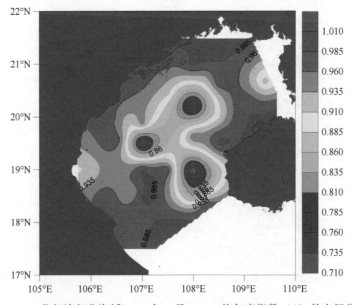

图 3-112　北部湾部分海域 1962 年 4 月 Pielou 均匀度指数（*J′*）的空间分布

三、北部湾海域 1962 年 8 月大型底栖动物指数

北部湾部分海域 1962 年 8 月香农-威弗多样性指数（*H′*）在中南部有 3 个高值区，其余大部分水域在 2.10 以下，且东南部近岸海域有一个低值区（图 3-113）。

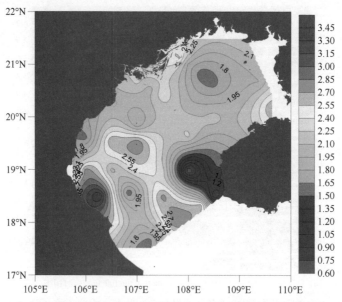

图 3-113　北部湾部分海域 1962 年 8 月香农-威弗多样性指数（H'）的空间分布

　　北部湾部分海域 1962 年 8 月马加莱夫物种丰富度指数（d）在西南部有一个高值区，其余大部分海域较低，在 2.70 以下（图 3-114）。

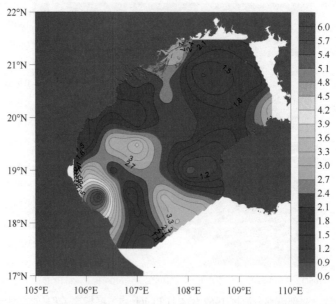

图 3-114　北部湾部分海域 1962 年 8 月马加莱夫物种丰富度指数（d）的空间分布

　　北部湾部分海域 1962 年 8 月 Pielou 均匀度指数（J'）在东南部有一个低值区，其余大部分海域在 0.91 以上（图 3-115）。

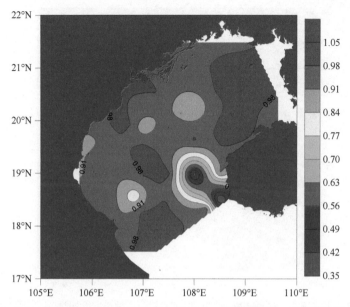

图 3-115 北部湾部分海域 1962 年 8 月 Pielou 均匀度指数（J'）的空间分布

四、北部湾海域 1962 年 10 月大型底栖动物指数

北部湾部分海域 1962 年 10 月香农-威弗多样性指数（H'）在中部东西近岸两侧和南端有 3 个高值区，西北、东北和东南有四个低值区（图 3-116）。

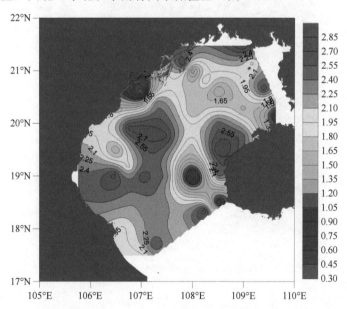

图 3-116 北部湾部分海域 1962 年 10 月香农-威弗多样性指数（H'）的空间分布

北部湾部分海域 1962 年 10 月马加莱夫物种丰富度指数（d）在中部和北部有 4 个低值区，在中部东西近岸两侧和北端较高，大于 2.90（图 3-117）。

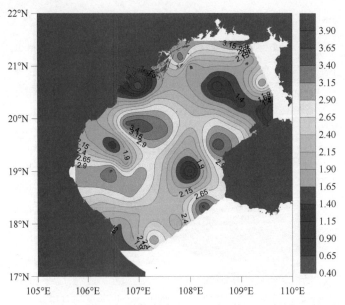

图 3-117　北部湾部分海域 1962 年 10 月马加莱夫物种丰富度指数（d）的空间分布

北部湾部分海域 1962 年 10 月 Pielou 均匀度指数（J'）在东南部有 2 个低值区，其余大部分海域在 0.85 以上（图 3-118）。

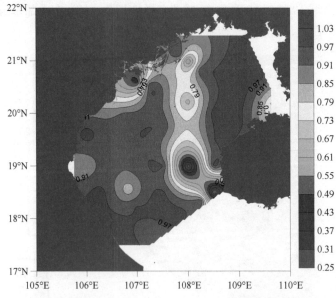

图 3-118　北部湾部分海域 1962 年 10 月 Pielou 均匀度指数（J'）的空间分布

第四章　海南岛、西沙群岛
及南沙群岛海域

第一节　调查站位分布

1990～1992 年中德海南岛海洋生物调查和 1997 年中日海南岛海洋生物调查站位分布见图 4-1。

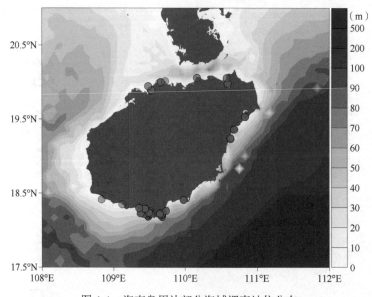

图 4-1　海南岛周边部分海域调查站位分布

1984～2000 年南沙群岛及其邻近海区综合科学考察和 2001～2005 年"十五"南沙群岛及其邻近海区综合调查站位分布见图 4-2。

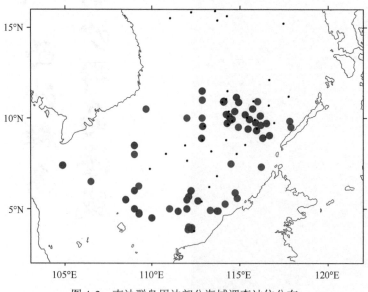

图 4-2　南沙群岛周边部分海域调查站位分布

1973～1977 年西沙群岛、中沙群岛及附近海域海洋综合调查和 1975～1976 年中苏西沙群岛生物调查站位分布见图 4-3。

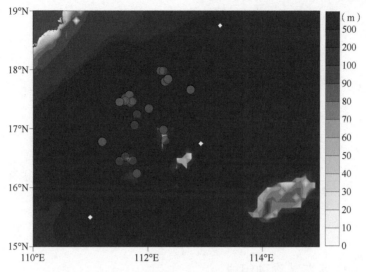

图 4-3　西沙群岛周边部分海域调查站位分布

第二节　物 种 组 成

一、海南岛海域物种组成

调查数据显示，海南岛海域共捕获大型底栖动物 168 种，其中多毛类动物有 15 种，甲壳动物有 140 种，软体动物有 13 种，棘皮动物和其他类群动物未搜集到（图 4-4）。

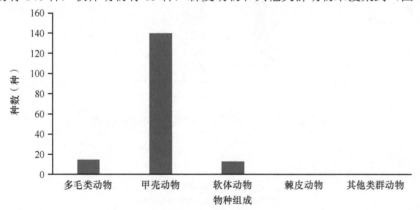

图 4-4　海南岛海域大型底栖动物的物种组成

二、南沙群岛海域物种组成

调查数据显示，南沙群岛海域共捕获大型底栖动物 450 种，其中多毛类动物有 38 种，甲壳动物有 202 种，软体动物有 156 种，棘皮动物有 22 种，其他类群动物有 32 种（图 4-5）。

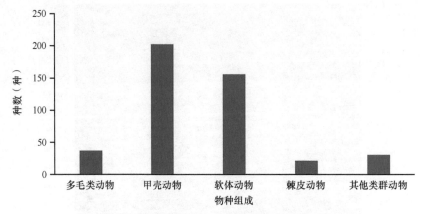

图 4-5　南沙群岛海域大型底栖动物的物种组成

三、西沙群岛海域物种组成

调查数据显示，西沙群岛海域共捕获大型底栖动物 92 种，其中多毛类动物有 3 种，甲壳动物有 50 种，软体动物有 36 种，棘皮动物有 1 种，其他类群动物有 2 种（图 4-6）。

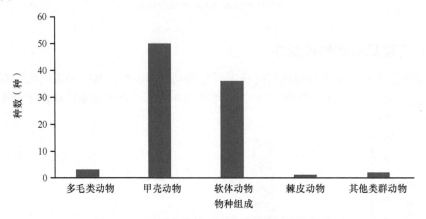

图 4-6　西沙群岛海域大型底栖动物的物种组成

第三节　种数分布

一、海南岛海域种数分布

海南岛周边部分海域大型底栖动物的种数分布（图 4-7）为：1～4 种的站位有 175 个，占总调查站位数的比例最高（76.4%）；4～8 种的站位有 37 个，占 16.2%；8～12 种的站位有 15 个，占 6.6%；15 种和 19 种的站位各有 1 个。

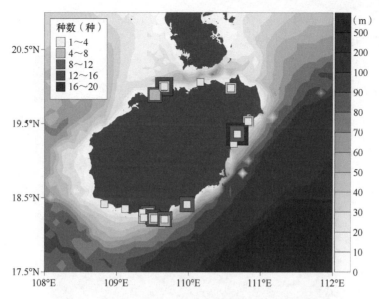

图4-7 海南岛周边部分海域大型底栖动物的种数分布

图例中数据范围a～b表示该数据≥a且<b，由于采样站位比较密集，地图分辨率有限导致图中色块重叠，色块大小有别，
一是为了区分不同站位，二是不同大小代表数量的多少不同，本章余同

二、海南岛海域各类群的种数分布

调查数据显示，海南岛周边部分海域多毛类动物在27个站位有分布，1～2种的站位有22个，占总发现站位的81.5%；2～4种的站位有4个，占总发现站位的14.8%；6种的站位有1个（图4-8）。

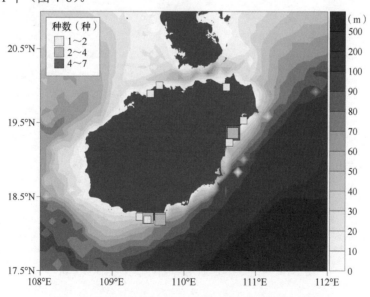

图4-8 海南岛周边部分海域多毛类动物的种数分布

调查数据显示，海南岛周边部分海域甲壳动物在219个站位有分布，1～5种的站位有175个，占总发现站位的79.9%；5～10种的站位有27个，占总发现站位的12.3%；10～

15 种的站位有 13 个，占总发现站位的 5.9%；15～20 种的站位有 3 个，占总发现站位的 1.4%；23 种的站位有 1 个（图 4-9）。

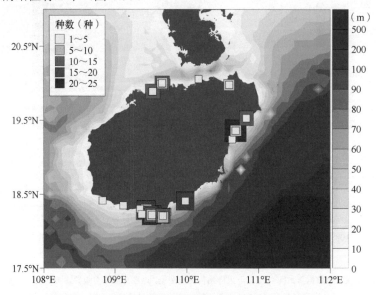

图 4-9　海南岛周边部分海域甲壳动物的种数分布

调查数据显示，海南岛周边部分海域软体动物在 15 个站位有分布，1～2 种的站位有 9 个，占总发现站位的 60%；2～4 种的站位有 3 个，占总发现站位的 20%；4～6 种的站位有 2 个，占总发现站位的 13.3%；7 种的站位有 1 个（图 4-10）。

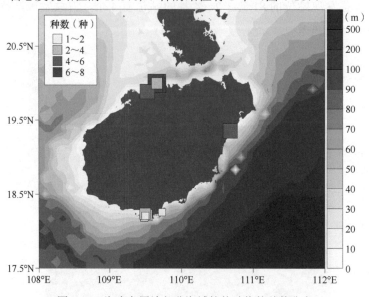

图 4-10　海南岛周边部分海域软体动物的种数分布

三、南沙群岛海域种数分布

南沙群岛周边部分海域大型底栖动物的种数分布（图 4-11）为：1～24 种的站位有 115 个，占总调查站位数的比例最高（89.8%）；24～47 种的站位有 2 个，占 1.6%；

47～70 种的站位有 7 个，占 5.5%；93～117 种的站位有 4 个，占 3.1%。

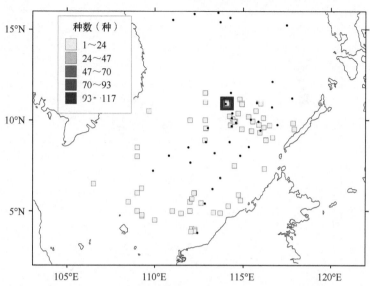

图 4-11 南沙群岛周边部分海域大型底栖动物的种数分布

四、南沙群岛海域各类群的种数分布

调查数据显示，南沙群岛周边部分海域多毛类动物在 16 个站位有分布，1～7 种的站位有 6 个，占总发现站位的 37.5%；7～14 种的站位有 7 个，占总发现站位的 43.8%；18 种、24 种、35 种的站位各有 1 个（图 4-12）。

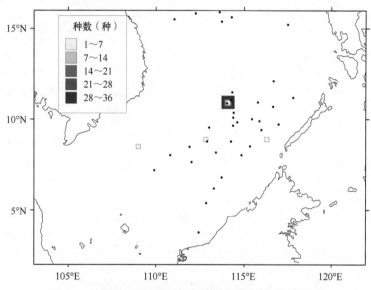

图 4-12 南沙群岛周边部分海域多毛类动物的种数分布

调查数据显示，南沙群岛周边部分海域甲壳动物在 116 个站位有分布，1～2 种的站位有 56 个，占总发现站位的 48.3%；2～4 种的站位有 21 个，占总发现站位的 18.1%；4～12 种的站位有 20 个，占总发现站位的 17.2%；12～24 种的站位有 5 个，占总发现站位的 4.3%；24～130 种的站位有 14 个，占总发现站位的 12.1%（图 4-13）。

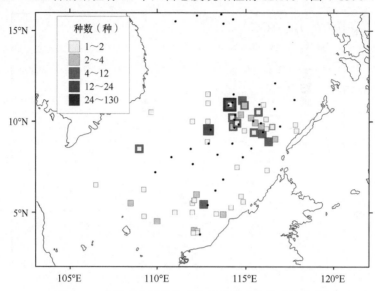

图 4-13　南沙群岛周边部分海域甲壳动物的种数分布

调查数据显示，南沙群岛周边部分海域软体动物在 38 个站位有分布，1～2 种的站位有 11 个，占总发现站位的 28.9%；2～4 种的站位有 8 个，占总发现站位的 21.1%；4～6 种和 6～10 种的站位各有 3 个，均占总发现站位的 7.9%；10～68 种的站位有 13 个，占总发现站位的 34.2%（图 4-14）。

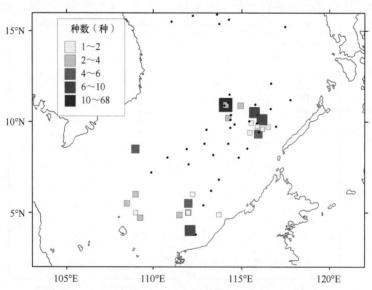

图 4-14　南沙群岛周边部分海域软体动物的种数分布

调查数据显示，南沙群岛周边部分海域棘皮动物在 16 个站位有分布，1～2 种的站位有 3 个，占总发现站位的 18.8%；4～6 种的站位有 1 个，占总发现站位的 6.3%；2～4 种、6～8 种和 8～17 种的站位各有 4 个，均占总发现站位的 25%（图 4-15）。

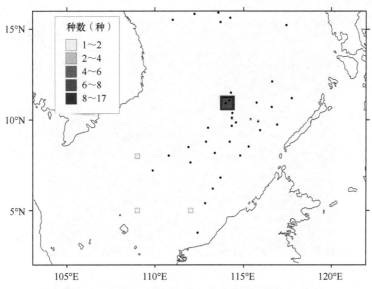

图 4-15　南沙群岛周边部分海域棘皮动物的种数分布

调查数据显示，南沙群岛周边部分海域其他类群动物在 12 个站位有分布，1～2 种的站位有 1 个，占总发现站位的 8.3%；2～4 种的站位有 5 个，占总发现站位的 41.7%；4～6 种的站位有 2 个，占总发现站位的 16.7%；6～8 种的站位有 1 个，占总发现站位的 8.3%；8～13 种的站位有 3 个，占总发现站位的 25%（图 4-16）。

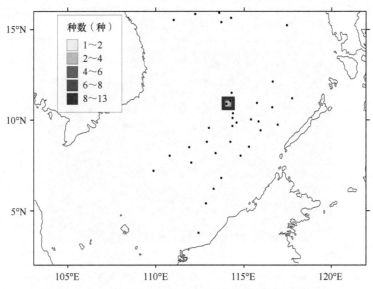

图 4-16　南沙群岛周边部分海域其他类群动物的种数分布

五、西沙群岛海域种数分布

西沙群岛周边部分海域大型底栖动物的种数分布（图 4-17）为：1～5 种的站位有 44 个，占总调查站位数的比例最高（64.7%）；5～10 种的站位有 15 个，占 22.1%；10～15 种的站位有 6 个，占 8.8%；15～19 种的站位有 3 个，占 4.4%。

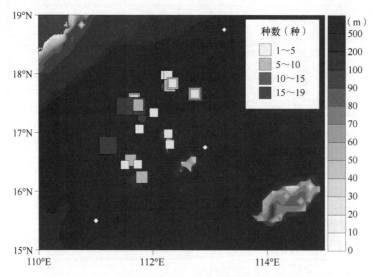

图 4-17　西沙群岛周边部分海域大型底栖动物的种数分布

六、西沙群岛海域各类群的种数分布

调查数据显示，西沙群岛周边部分海域多毛类动物在 2 个站位有分布，1 个站位有 1 种，1 个站位有 2 种（图 4-18）。

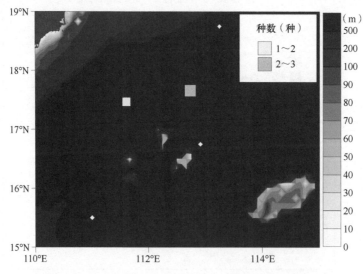

图 4-18　西沙群岛周边部分海域多毛类动物的种数分布

调查数据显示，西沙群岛周边部分海域甲壳动物在 55 个站位有分布，1～4 种的站位有 34 个，占总发现站位的 61.8%；4～8 种的站位有 13 个，占总发现站位的 23.6%；8～12 种的站位有 4 个，占总发现站位的 7.3%；12～16 种和 16～22 种的站位各有 2 个，均占总发现站位的 3.6%（图 4-19）。

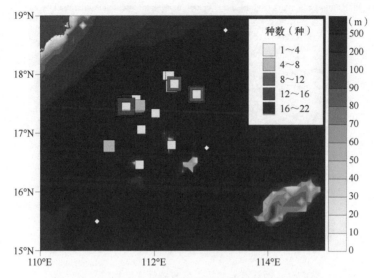

图 4-19　西沙群岛周边部分海域甲壳动物的种数分布

　　调查数据显示，西沙群岛周边部分海域软体动物在 27 个站位有分布，1～5 种的站位有 21 个，占总发现站位的 77.8%；5～10 种的站位有 3 个，占总发现站位的 11.1%；12 种的站位有 1 个；15～24 种的站位有 2 个，占总发现站位的 7.4%（图 4-20）。

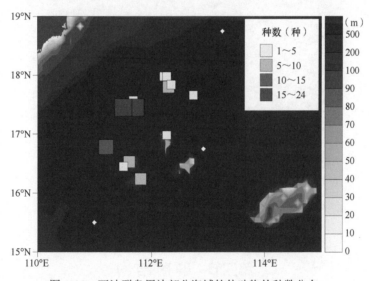

图 4-20　西沙群岛周边部分海域软体动物的种数分布

　　调查数据显示，西沙群岛周边部分海域棘皮动物在 1 个站位有分布（图 4-21）。
　　调查数据显示，西沙群岛周边部分海域其他类群动物在 5 个站位有分布，均为 1～2 种（图 4-22）。

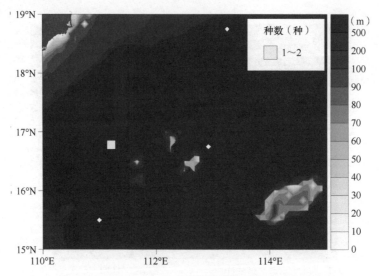

图 4-21　西沙群岛周边部分海域棘皮动物的种数分布

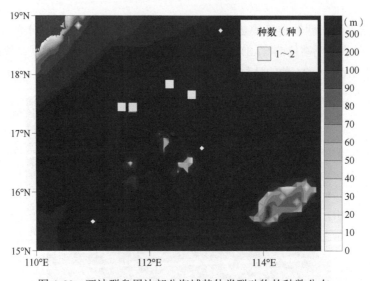

图 4-22　西沙群岛周边部分海域其他类群动物的种数分布

第四节　群落结构

一、海南岛海域调查群落结构

对海南岛海域大型底栖动物种类进行"0/1"转化，构建 Sørensen 群落相似性矩阵，以此进行等级聚类分析和 nMDS，结果见图 4-23 和图 4-24。等级聚类分析结果可划为 9 个分组，用单因素相似性分析检验各组的差异性，结果显示，9 个分组间存在极显著差异（$R = 0.545$，$P = 0.001$）。

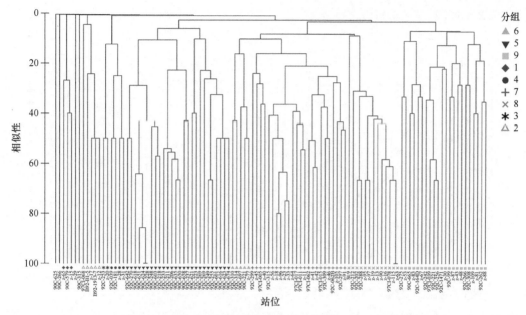

图 4-23　海南岛海域大型底栖动物群落相似性聚类树状图

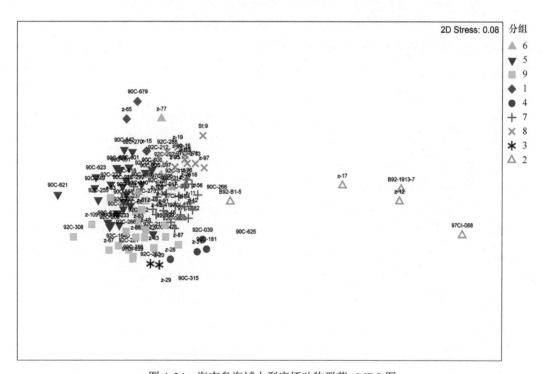

图 4-24　海南岛海域大型底栖动物群落 nMDS 图

二、南沙群岛海域调查群落结构

对南沙群岛海域大型底栖动物种类进行"0/1"转化，构建 Sørensen 群落相似性矩阵，以此进行等级聚类分析和 nMDS，结果见图 4-25 和图 4-26。等级聚类分析结果可划为14 个分组，用单因素相似性分析检验各组的差异性，结果显示，14 个分组间存在极显著差异（$R = 0.767$，$P = 0.001$）。

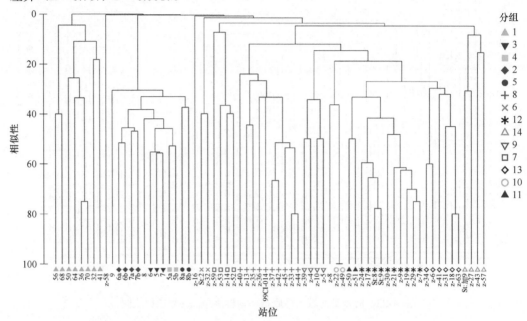

图 4-25　南沙群岛海域大型底栖动物群落相似性聚类树状图

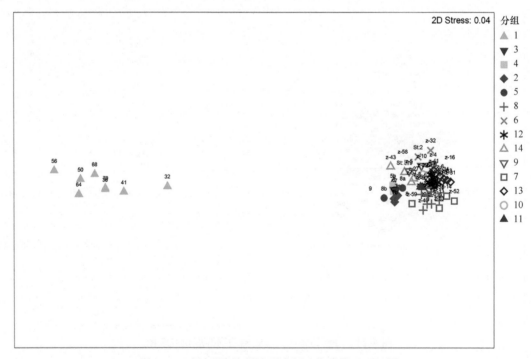

图 4-26　南沙群岛海域大型底栖动物群落 nMDS 图

三、西沙群岛海域调查群落结构

对西沙群岛海域大型底栖动物种类进行"0/1"转化，构建 Sørensen 群落相似性矩阵，以此进行等级聚类分析和 nMDS，结果见图 4-27 和图 4-28。等级聚类分析结果可划为 7

个分组，用单因素相似性分析检验各组的差异性，结果显示，7 个分组间存在极显著差异（$R = 0.644$，$P = 0.001$）。

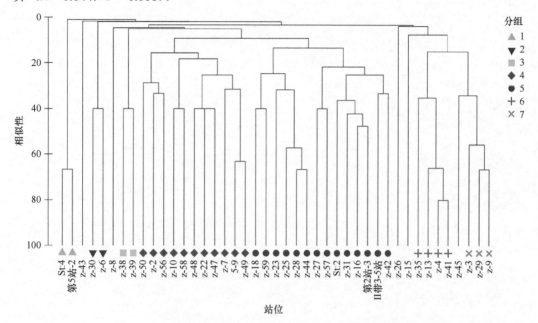

图 4-27　西沙群岛海域大型底栖动物群落相似性聚类树状图

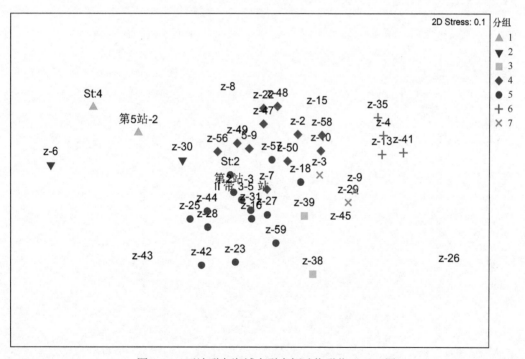

图 4-28　西沙群岛海域大型底栖动物群落 nMDS 图

附

表

附表 1　南海北部海域拖网历史调查大型底栖动物种类名录

门 Phylum	纲 Class	目 Order	科 Family	物种 Species	春	夏	秋	冬
多孔动物门 Porifera	寻常海绵纲 Demospongiae	四放海绵目 Tetractinellida	珊瑚海绵科 Corallistidae	Isabella sp.		✓		
刺胞动物门 Cnidaria	珊瑚虫纲 Anthozoa	软珊瑚目 Alcyonacea	穗珊瑚科 Nephtheidae	Dendronephthya sp.	✓		✓	✓
				Litophyton sp.		✓		✓
				Stereonephthya rubriflora	✓		✓	
				Stereonephthya sp.	✓		✓	
				Umbellulifera graeffei			✓	✓
				Umbellulifera sp.	✓		✓	
			巢软珊瑚科 Nidaliidae	Nidalia sp.	✓	✓	✓	✓
				Siphonogorgia sp.	✓	✓	✓	
			拟软珊瑚科 Paralcyoniidae	Studeriotes spinosa	✓	✓	✓	
		黑珊瑚目 Antipatharia	未鉴定到科	Antipatharia sp.			✓	✓
		海鳃目 Pennatulacea	棘羽海鳃科 Echinoptilidae	Echinoptilum macintoshi		✓	✓	
				Echinoptilum minimum		✓	✓	✓
				Echinoptilum sp.	✓	✓		
			海鳃科 Kophobelemnidae	Sclerobelemnon sp.	✓	✓	✓	
				Sclerobelemnon burgeri	✓	✓	✓	✓
			海笔鳃水母科 Pennatulidae	Pennatula fimbriata	✓	✓	✓	✓
				Pennatula murrayi	✓	✓	✓	✓
				Pennatula sp.	✓	✓	✓	
				Pteroeides sp.			✓	✓
				Pteroeides malayense		✓	✓	
				Ptilosarcus sp.		✓		✓
			穗海鳃科 Stachyptilidae	Stachyptilum dofleini	✓	✓	✓	✓

续表

门 Phylum	纲 Class	目 Order	科 Family	物种 Species	春	夏	秋	冬
刺胞动物门 Cnidaria	珊瑚虫纲 Anthozoa	海鳃目 Pennatulacea	穗海鳃科 Stachyptilidae	*Stachyptilum* sp.	✓			
			棒海鳃科 Veretillidae	*Cavernularia obesa*			✓	
				Cavernularia sp.	✓	✓	✓	✓
				Lituaria hicksoni	✓		✓	
				Veretillum sp.			✓	✓
			沙箸海鳃科 Virgulariidae	*Scytalium* sp.		✓		✓
				Virgularia sp.	✓	✓	✓	✓
	水螅纲 Hydrozoa	花裸螅目 Anthoathecata	介螅水母科 Hydractiniidae	Hydractiniidae sp.	✓		✓	✓
		被鞘螅目 Leptothecata	美羽螅科 Aglaopheniidae	*Aglaophenia* sp.	✓	✓	✓	
				Cladocarpus sp.	✓	✓	✓	✓
				Gymnangium sp.		✓	✓	
				Lytocarpia myriophyllum	✓	✓	✓	
				Macrorhynchia philippina	✓		✓	
				Macrorhynchia phoenicea	✓	✓	✓	
				Macrorhynchia sp.			✓	✓
				Monoserius pennarius	✓	✓	✓	✓
				Monoserius sp.	✓	✓	✓	✓
			钟螅科 Campanulariidae	*Clytia* sp.	✓	✓	✓	
				Hartlaubella gelatinosa	✓		✓	✓
				Obelia sp.	✓		✓	✓
			海翼羽螅科 Halopterididae	*Antennella quadriaurita*	✓	✓	✓	
				Antennella sp.	✓	✓	✓	✓
				Monostaechas sp.	✓			

续表

门 Phylum	纲 Class	目 Order	科 Family	物种 Species	春	夏	秋	冬
刺胞动物门 Cnidaria	水螅纲 Hydrozoa	被鞘螅目 Leptothecata	管螅科 Lafoeidae	Lafoeidae sp.		✓		
				Filellum serratum			✓	
				Lafoea sp.	✓	✓		✓
			羽螅科 Plumulariidae	Nemertesia sp.	✓	✓		✓
				Plumularia setacea	✓	✓		✓
				Plumularia sp.	✓	✓	✓	✓
			小桧叶螅科 Sertularellidae	Sertularella sp.	✓	✓	✓	✓
			桧叶螅科 Sertulariidae	Sertulariidae sp.			✓	✓
				Diphasia thornelyi	✓	✓	✓	✓
				Diphasia sp.	✓	✓	✓	✓
				Dynamena sp.			✓	✓
				Idia sp.	✓	✓	✓	✓
				Idiellana pristis	✓	✓	✓	✓
				Salacia tetracythara	✓	✓	✓	✓
				Sertularia turbinata	✓	✓		
				Sertularia sp.		✓	✓	✓
				Tridentata loculosa			✓	
			连苞螅科 Synthecidae	Synthecium elegans	✓	✓	✓	✓
				Synthecium sp.				✓
			盾杯螅科 Thyroscyphidae	Thyroscyphus torresii	✓	✓	✓	✓
				Thyroscyphus sp.	✓	✓	✓	✓
			深海合螅科 Zygophylacidae	Cryptolaria sp.	✓			
				Zygophylax sp.	✓	✓		✓

续表

门 Phylum	纲 Class	目 Order	科 Family	物种 Species	春	夏	秋	冬
环节动物门 Annelida	多毛纲 Polychaeta	未划分目	小头虫科 Capitellidae	Dasybranchus lumbricoides	√	√	√	√
				Dasybranchus sp.	√		√	√
				Notomastus latericeus	√	√	√	√
				Notomastus sp.				√
			磷虫科 Chaetopteridae	Phyllochaetopterus claparedii	√	√	√	√
			竹节虫科 Maldanidae	Asychis disparidentata	√	√	√	√
				Clymenella cincta	√	√	√	√
				Maldane sarsi	√	√	√	√
				Metasychis gotoi	√	√	√	√
				Nicomache inornata	√		√	
				Nicomache sp.	√	√	√	√
				Praxillella affinis	√	√	√	√
				Praxillella gracilis	√	√	√	√
				Sabaco gangeticus	√	√		
			海蛹科 Opheliidae	Armandia sp.	√		√	
				Ophelina acuminata	√		√	
				Ophelina sp.	√	√	√	√
		仙虫目 Amphinomida	仙虫科 Amphinomidae	Chloeia flava	√	√	√	√
				Chloeia fusca	√	√		
				Chloeia violacea	√			√
		矶沙蚕目 Eunicida	矶沙蚕科 Eunicidae	Eunice australis	√	√	√	√
				Eunice gracilis	√		√	
				Eunice indica	√	√	√	√

续表

门 Phylum	纲 Class	目 Order	科 Family	物种 Species	春	夏	秋	冬
环节动物门 Annelida	多毛纲 Polychaeta	矶沙蚕目 Eunicida	矶沙蚕科 Eunicidae	*Eunice tubifex*	✓	✓	✓	✓
				Palola siciliensis	✓		✓	✓
				Paucibranchia stragulum	✓	✓	✓	✓
			欧努菲虫科 Omuphidae	*Diopatra amboinensis*	✓	✓	✓	✓
				Diopatra neapolitana	✓	✓	✓	✓
				Diopatra neotridens			✓	
				Diopatra sp.				
				Hyalinoecia tubicola	✓		✓	✓
				Onuphis eremita	✓			✓
		叶须虫目 Phyllodocida	蝙鳞虫科 Acoetidae	*Acoetes jogasimae*	✓	✓	✓	✓
				Acoetes melanonota	✓	✓	✓	✓
				Euarche maculosa	✓	✓	✓	
				Eupanthalis edriophthalma	✓	✓	✓	✓
				Eupanthalis sp.	✓	✓	✓	✓
				Polyodontes maxillosus	✓	✓	✓	✓
			鳞沙蚕科 Aphroditidae	*Laetmonice brachyceras*	✓	✓	✓	✓
			真鳞虫科 Eulepethidae	*Pareulepis malayana*	✓	✓	✓	✓
			吻沙蚕科 Glyceridae	*Glycera unicornis*	✓	✓	✓	✓
			角吻沙蚕科 Goniadidae	*Goniada emerita*	✓		✓	
			双指鳞虫科 Iphionidae	*Iphione muricata*	✓		✓	
			齿吻沙蚕科 Nephtyidae	*Aglaophamus jeffreysii*		✓	✓	
				Aglaophamus sinensis	✓		✓	
				Aglaophamus sp.	✓	✓	✓	✓

续表

门 Phylum	纲 Class	目 Order	科 Family	物种 Species	春	夏	秋	冬
环节动物门 Annelida	多毛纲 Polychaeta	叶须虫目 Phyllodocida	齿吻沙蚕科 Nephtyidae	Inermonephtys inermis	✓	✓		✓
			沙蚕科 Nereididae	Neanthes pachychaeta	✓	✓	✓	✓
				Nectoneanthes oxypoda	✓	✓	✓	✓
				Nereis persica	✓		✓	✓
				Nereis zonata	✓	✓	✓	✓
			叶须虫科 Phyllodocidae	Pterocirrus sp.	✓			✓
			锡鳞虫科 Sigalionidae	Euthalenessa digitata	✓	✓	✓	
				Labioleanira tentaculata	✓	✓	✓	✓
				Pisione hainanensis	✓			
				Shenelais boa		✓		
				Shenolepis izuensis	✓	✓	✓	✓
				Shenolepis japonica	✓	✓	✓	✓
				Shenolepis vulturis	✓			✓
		缨鳃虫目 Sabellida	欧文虫科 Oweniidae	Owenia fusiformis	✓	✓	✓	
			缨鳃虫科 Sabellidae	Euratella sp.			✓	
			龙介虫科 Serpulidae	Spirobranchus giganteus	✓	✓	✓	
				Spirobranchus latiscapus	✓	✓	✓	
				Spirobranchus polytrema	✓			
		海稚虫目 Spionida	海稚虫科 Spionidae	Laonice cirrata	✓	✓	✓	
				Paraprionospio sp.	✓		✓	✓
				Prionospio sp.	✓			
		蛰龙介目 Terebellida	双栉虫科 Ampharetidae	Melinnopsis sp.	✓		✓	✓
				Paramphicteis weberi	✓	✓	✓	✓

续表

门 Phylum	纲 Class	目 Order	科 Family	物种 Species	春	夏	秋	冬
环节动物门 Annelida	多毛纲 Polychaeta	蛰虫介目 Terebellida	丝鳃虫科 Cirratulidae	Cirriformia tentaculata	✓		✓	✓
			笔帽虫科 Pectinariidae	Pectinaria capensis	✓	✓	✓	✓
				Pectinaria conchilega	✓	✓	✓	✓
				Pectinaria japonica	✓	✓	✓	✓
			不倒翁虫科 Sternaspidae	Sternaspis scutata	✓	✓	✓	✓
			蛰龙介科 Terebellidae	Loimia medusa	✓	✓	✓	✓
			毛鳃虫科 Trichobranchidae	Terebellides stroemii	✓	✓	✓	✓
星虫动物门 Sipuncula	方格星虫纲 Sipunculidea	戈芬星虫目 Golfingiiformes	方格星虫科 Sipunculidae	Siphonosoma australe	✓	✓	✓	✓
软体动物门 Mollusca	双壳纲 Bivalvia	未划分目	怪蛤科 Cetoconchidae	Cetoconcha gloriosa	✓	✓	✓	✓
			筒蛎科 Clavagellidae	Dacosta australis	✓	✓	✓	✓
				Dacosta sp.	✓			
			杓蛤科 Cuspidariidae	Cuspidaria convexa			✓	
				Cuspidaria corrugata	✓	✓	✓	✓
				Cuspidaria japonica	✓		✓	✓
				Cuspidaria suganumai		✓	✓	✓
				Cuspidaria sp.		✓	✓	
			鸭嘴蛤科 Laternulidae	Laternula anatina	✓	✓	✓	✓
			帮斗蛤科 Pandoridae	Pandora sp.	✓	✓	✓	
			短吻蛤科 Periplomatidae	Periploma sp.	✓	✓	✓	✓
			孔螂科 Poromyidae	Poromya australis			✓	✓
		贫齿目 Adapedonta	刀蛏科 Pharidae	Cultellus attenuatus	✓	✓	✓	✓
				Cultellus philippianus	✓	✓	✓	✓
				Siliqua minima	✓	✓	✓	✓

续表

门 Phylum	纲 Class	目 Order	科 Family	物种 Species	春	夏	秋	冬
软体动物门 Mollusca	双壳纲 Bivalvia	贫齿目 Adapedonta	刀蛏科 Pharidae	*Siliqua* sp.	✓	✓		
			竹蛏科 Solenidae	*Solen canaliculatus*	✓			
				Solen gordonis	✓			
				Solen tchangi	✓		✓	✓
				Solen sp.	✓	✓	✓	✓
		蚶目 Arcida	蚶科 Arcidae	*Acar plicata*	✓		✓	✓
				Anadara cistula	✓			
				Anadara craticulata			✓	✓
				Anadara ferruginea	✓	✓	✓	✓
				Anadara indica	✓	✓	✓	
				Anadara pilula			✓	✓
				Anadara tricenicosta	✓	✓	✓	✓
				Anadara troscheli	✓	✓	✓	
				Anadara vellicata	✓	✓	✓	
				Anadara sp.		✓	✓	
				Arca avellana	✓	✓	✓	✓
				Arca navicularis	✓			
				Arca sp.	✓	✓	✓	✓
				Calloarca tenella	✓			
				Mabellarca dautzenbergi	✓	✓	✓	
				Mesocibota bistrigata	✓	✓	✓	
				Trisidos tortuosa	✓		✓	✓
				Xenophorarca xenophoricola	✓	✓	✓	✓

续表

门 Phylum	纲 Class	目 Order	科 Family	物种 Species	春	夏	秋	冬
软体动物门 Mollusca	双壳纲 Bivalvia	蚶目 Arcida	帽蚶科 Cucullaeidae	*Cucullaea granulosa*	✓	✓	✓	✓
			蚶蜊科 Glycymerididae	*Glycymeris aspersa*	✓	✓	✓	✓
			拟锉蛤科 Limopsidae	*Limopsis crenata*			✓	
				Limopsis forskalii	✓	✓	✓	✓
				Limopsis multistriata				
			细纹蚶科 Noetiidae	*Striarca symmetrica*	✓	✓	✓	✓
				Verilarca thielei	✓	✓	✓	✓
		鸟蛤目 Cardiida	鸟蛤科 Cardiidae	*Acrosterigma biradiatum*				✓
				Acrosterigma impolitum		✓	✓	✓
				Cardium sp.	✓	✓	✓	✓
				Discors multipunctatum			✓	
				Frigidocardium exasperatum	✓	✓	✓	
				Frigidocardium torresi	✓			
				Fulvia aperta	✓			
				Fulvia hungerfordi	✓			
				Lumulicardia retusa	✓			✓
				Vepricardium asiaticum	✓	✓	✓	✓
				Vepricardium coronatum	✓	✓	✓	✓
				Vepricardium multispinosum	✓	✓	✓	✓
				Vepricardium sinense	✓	✓	✓	✓
			紫云蛤科 Psammobiidae	*Gari lessoni*	✓	✓	✓	✓
				Gari truncata			✓	✓
				Gari sp.	✓	✓	✓	✓

续表

门 Phylum	纲 Class	目 Order	科 Family	物种 Species	春	夏	秋	冬
软体动物门 Mollusca	双壳纲 Bivalvia	鸟蛤目 Cardiida	双带蛤科 Semelidae	*Abra fujitai*	✓			✓
				Abra weberi	✓	✓	✓	✓
				Abra sp.	✓	✓		✓
			截蛏科 Solecurtidae	*Azorinus abbreviatus*	✓	✓	✓	
				Azorinus coarctatus	✓	✓	✓	✓
				Solecurtus philippinarum	✓			
			櫻蛤科 Tellinidae	*Apolymetis meyeri*	✓	✓		
				Arcopaginula inflata	✓	✓		
				Arcopella isseli	✓	✓		✓
				Austromacoma lucerna	✓			
				Bathytellina citrocarnea	✓			
				Clathrotellina pretium			✓	✓
				Dallitellina rostrata			✓	
				Hanleyanus vestalis	✓	✓	✓	✓
				Macoma sp.			✓	
				Praetextellina praetexta			✓	
				Psammacoma candida	✓	✓	✓	✓
				Psammacoma gubernaculum	✓	✓		✓
				Pulvinus micans	✓	✓	✓	✓
				Scutarcopagia verrucosa	✓			
				Serratina jonasi			✓	✓
				Sylvanus lilium	✓	✓	✓	✓
				Tellina sp.	✓	✓	✓	✓

续表

门 Phylum	纲 Class	目 Order	科 Family	物种 Species	春	夏	秋	冬
软体动物门 Mollusca	双壳纲 Bivalvia	鸟蛤目 Cardiida	樱蛤科 Tellinidae	Tellinides sp.	✓			
		心蛤目 Carditida	心蛤科 Carditidae	Megacardita ferruginosa	✓			✓
				Megacardita sp.	✓			✓
				Venericardia sp.		✓		✓
			厚壳蛤科 Crassatellidae	Crassatella brasiliensis	✓		✓	✓
				Nipponocrassatella nana	✓		✓	✓
		鼬眼蛤目 Galeommatida	鼬眼蛤科 Galeommatidae	Ephippodonta sp.	✓	✓		
			拉沙蛤科 Lasaeidae	Borniopsis ochetostomae	✓			✓
				Curvemysella paula	✓			✓
				Kellia porculus	✓			
				Koreamya sibogai			✓	✓
				Pseudopythina sp.	✓			✓
		开腹蛤目 Gastrochaenida	开腹蛤科 Gastrochaenidae	Cucurbitula cymbium	✓	✓		✓
				Rocellaria sp.	✓			
		锉蛤目 Limida	锉蛤科 Limidae	Lima sp.		✓	✓	✓
				Limaria hirasei		✓		
		海螂目 Myida	篮蛤科 Corbulidae	Corbula densesculpta	✓	✓		✓
				Corbula erythrodon		✓		
				Corbula macgillivrayi		✓		
				Corbula scaphoides	✓		✓	✓
				Corbula sinensis	✓			✓
				Corbula tunicata	✓		✓	✓
				Corbula sp.	✓		✓	✓

续表

门 Phylum	纲 Class	目 Order	科 Family	物种 Species	春	夏	秋	冬
软体动物门 Mollusca	双壳纲 Bivalvia	贻贝目 Mytilida	贻贝科 Mytilidae	*Amygdalum arborescens*	✓	✓	✓	✓
				Amygdalum watsoni	✓	✓	✓	✓
				Arcuatula japonica	✓	✓	✓	✓
				Botula cinnamomea			✓	✓
				Jolya elongata	✓	✓	✓	
				Leiosolenus sp.	✓	✓	✓	
				Leiosolenus lessepsianus	✓			
				Leiosolenus lischkei	✓			
				Lioberus sp.	✓			
				Lithophaga sp.			✓	✓
				Modiolatus sp.	✓			
				Modiolatus hanleyi				
				Modiolus sp.	✓	✓	✓	✓
				Musculus sp.	✓	✓	✓	✓
		吻状蛤目 Nuculanida	黄锦蛤科 Neilonellidae	*Neilonella schepmani*	✓			
			吻状蛤科 Nuculanidae	*Nuculana* sp.	✓	✓		
				Saccella confusa	✓			
				Saccella robsoni	✓	✓	✓	✓
			笋齿蛤科 Sareptidae	*Sarepta speciosa*	✓	✓	✓	
			云母蛤科 Yoldiidae	*Orthoyoldia lepidula*	✓	✓	✓	✓
				Yoldia serotina				✓
		胡桃蛤目 Nuculida	胡桃蛤科 Nuculidae	*Acila divaricata*	✓	✓	✓	✓
				Ennucula convexa	✓		✓	✓

续表

门 Phylum	纲 Class	目 Order	科 Family	物种 Species	春	夏	秋	冬
软体动物门 Mollusca	双壳纲 Bivalvia	胡桃蛤目 Nuculida	胡桃蛤科 Nuculidae	Ennucula cumingii	√	√	√	√
				Nucula sp.	√	√	√	√
		牡蛎目 Ostreida	缘曲牡蛎科 Gryphaeidae	Hyotissa inermis	√	√	√	√
			丁蛎科 Malleidae	Malleus albus		√		√
				Malleus sp.		√		√
			牡蛎科 Ostreidae	Anomiostrea coralliophila	√	√	√	
				Ostrea sp.	√			√
				Ostrea denselamellosa	√		√	
				Saccostrea echinata	√			
			江珧科 Pinnidae	Atrina pectinata	√	√	√	√
				Atrina penna	√	√	√	
			珠母贝科 Margaritidae	Pinctada chemnitzii	√	√	√	√
				Pterelectroma physoides	√	√	√	
				Pteria heteroptera	√	√		
				Pteria hirundo	√			
				Pteria maura	√	√	√	√
			单韧穴蛤科 Vulsellidae	Vulsella vulsella	√			
			不等蛤科 Anomiidae	Anomia chinensis	√			√
				Anomia sp.		√		√
		扇贝目 Pectinida	扇贝科 Pectinidae	Amusium pleuronectes	√	√	√	√
				Chlamys sp.	√	√	√	√
				Decatopecten plica	√	√	√	√

续表

门 Phylum	纲 Class	目 Order	科 Family	物种 Species	春	夏	秋	冬
软体动物门 Mollusca	双壳纲 Bivalvia	扇贝目 Pectinida	扇贝科 Pectinidae	*Laevichlamys cuneata*	✓	✓	✓	✓
				Mimachlamys crassicostata	✓	✓	✓	✓
				Minnivola pyxidata	✓		✓	✓
				Pecten excavatus	✓	✓	✓	
				Annachlamys striatula	✓	✓		✓
				Serratovola rubicunda	✓	✓	✓	✓
				Ylistrum japonicum	✓	✓	✓	✓
			襞蛤科 Plicatulidae	*Plicatula plicata*	✓	✓	✓	✓
				Plicatula regularis	✓		✓	✓
			拟日月贝科 Propeamussiidae	*Propeamussium jeffreysii*	✓	✓	✓	✓
			海菊蛤科 Spondylidae	*Spondylus imperialis*	✓	✓	✓	✓
		帘蛤目 Venerida	小鸭嘴蛤科 Anatinellidae	*Raeta* sp.	✓			✓
			猴头蛤科 Chamidae	*Chama asperella*	✓	✓	✓	✓
				Chama lobata	✓	✓	✓	✓
				Chama sp.	✓	✓	✓	✓
			绿螂科 Glauconomidae	*Glauconome chinensis*	✓	✓	✓	
			同心蛤科 Glossidae	*Meiocardia moltkiana*	✓	✓	✓	✓
				Meiocardia vulgaris	✓	✓	✓	✓
				Meiocardia sp.			✓	
			蛤蜊科 Mactridae	*Lutraria maxima*	✓	✓	✓	✓
				Mactra sp.	✓	✓	✓	✓
				Mactrinula dolabrata	✓	✓	✓	✓
				Mactrinula reevesii	✓	✓	✓	✓

续表

门 Phylum	纲 Class	目 Order	科 Family	物种 Species	春	夏	秋	冬
软体动物门 Mollusca	双壳纲 Bivalvia	帘蛤目 Venerida	蹄蛤科 Ungulinidae	*Joannisiella* sp.	✓	✓		
			帘蛤科 Veneridae	*Antigona lamellaris*	✓	✓	✓	✓
				Aphrodora kurodai	✓	✓	✓	✓
				Callista chinensis	✓	✓	✓	
				Clementia papyracea	✓	✓	✓	
				Dosinia altior	✓	✓		
				Dosinia angulosa			✓	
				Dosinia japonica	✓	✓	✓	
				Dosinia sp.	✓	✓	✓	
				Gouldia sp.	✓	✓		
				Paphia euglypta	✓	✓	✓	✓
				Paphia philippiana	✓	✓	✓	✓
				Paphia sp.		✓		
				Paratapes undulatus	✓	✓	✓	✓
				Pelecyora nana	✓	✓	✓	
				Pitar sulfureus	✓	✓	✓	✓
				Placamen lamellatum	✓	✓	✓	
				Sunetta solanderii	✓	✓	✓	✓
				Venus albina	✓	✓		
	腹足纲 Gastropoda	新进腹足目 Caenogastropoda	蟹守螺科 Cerithiidae	*Cerithium* sp.	✓	✓		
			梯螺科 Epitoniidae	*Acrilla acuminata*	✓	✓	✓	✓
				Epitonium multicostatum	✓	✓	✓	✓
				Epitonium pallasi			✓	✓

续表

门 Phylum	纲 Class	目 Order	科 Family	物种 Species	春	夏	秋	冬
软体动物门 Mollusca	腹足纲 Gastropoda	新进腹足目 Caenogastropoda	梯螺科 Epitoniidae	Epitonium scalare		✓		✓
				Epitonium stigmaticum	✓	✓		✓
				Epitonium sp.				✓
			壳螺科 Siliquariidae	Tenagodus sp.	✓			
			三口螺科 Triphoridae	Triphora sp.				✓
			锥螺科 Turritellidae	Turritella bacillum	✓	✓	✓	✓
				Turritella cingulifera	✓	✓	✓	✓
				Turritella terebra	✓		✓	✓
				Turritella sp.	✓			✓
		头楯目 Cephalaspidea	拟海牛科 Aglajidae	Aglaja sp.	✓			
			三叉螺科 Cylichnidae	Cylichna cylindracea	✓			
			长葡萄螺科 Haminoeidae	Haloa rotundata	✓			
			壳蛞蝓科 Philinidae	Philine aperta	✓	✓	✓	✓
				Philine orientalis	✓	✓		
				Philine scalpta	✓			✓
				Philine sp.	✓	✓	✓	
			粗米螺科 Scaphandridae	Scaphander lignarius	✓	✓		
		小笠螺目 Lepetellida	钥孔螺科 Fissurellidae	Fissurella sp.	✓		✓	
				Zeidora sp.	✓			✓
		滨螺形目 Littorinimorpha	蛙螺科 Bursidae	Bufonaria echinata	✓	✓	✓	✓
				Bufonaria rana	✓			✓
				Bursa bufonia	✓			
				Bursa sp.	✓		✓	✓

续表

门 Phylum	纲 Class	目 Order	科 Family	物种 Species	春	夏	秋	冬
软体动物门 Mollusca	腹足纲 Gastropoda	滨螺形目 Littorinimorpha	帆螺科 Calyptraeidae	Calyptraeidae sp.	✓	✓	✓	✓
				Calyptraea sp.	✓	✓	✓	✓
				Crepidula sp.				
				Ergaea walshi	✓	✓	✓	✓
			尖帽螺科 Capulidae	Capulus danieli		✓	✓	
				Capulus sp.	✓	✓		✓
			冠螺科 Cassidae	Phalium flammiferum			✓	✓
				Phalium glaucum				
				Phalium sp.	✓	✓	✓	✓
				Semicassis bisulcata	✓	✓	✓	✓
			嵌线螺科 Cymatiidae	Cymatium sp.	✓		✓	✓
				Gelagna succincta	✓		✓	✓
				Gyrineum perca	✓	✓	✓	✓
				Linatella caudata	✓	✓	✓	✓
				Lotoria grandimaculata			✓	
				Ranularia caudata	✓		✓	✓
				Ranularia cynocephala	✓	✓	✓	✓
				Ranularia sinensis	✓	✓	✓	✓
				Reticutriton pfeifferianus	✓		✓	✓
				Annepona mariae	✓			
			宝贝科 Cypraeidae	Contradusta walkeri	✓	✓	✓	✓
				Cypraea sp.			✓	
				Erronea onyx	✓	✓	✓	

续表

门 Phylum	纲 Class	目 Order	科 Family	物种 Species	春	夏	秋	冬
软体动物门 Mollusca	腹足纲 Gastropoda	滨螺形目 Littorinimorpha	宝贝科 Cypraeidae	*Ficadusta pulchella*	√		√	√
				Naria erosa		√	√	√
				Naria miliaris	√	√	√	√
			光螺科 Eulimidae	*Eulima* sp.	√			
				Niso yokoyamai		√		
			琵琶螺科 Ficidae	*Ficus filosa*	√			
				Ficus gracilis	√	√	√	√
				Ficus subintermedia				
				Ficus sp.	√	√	√	√
			玉螺科 Naticidae	*Mammilla kurodai*	√			
				Mammilla mammata	√	√	√	√
				Natica bibalteata	√	√	√	√
				Natica buriasiensis	√	√	√	
				Natica spadicea	√	√		√
				Natica vitellus			√	
				Natica sp.	√		√	√
				Polinices sagamiensis			√	
				Polinices sp.	√	√	√	√
				Sinum incisum	√	√	√	√
				Sinum javanicum	√	√	√	√
				Sinum sp.	√	√	√	
				Tanea lineata	√	√	√	√
				Tanea picta		√		

续表

门 Phylum	纲 Class	目 Order	科 Family	物种 Species	春	夏	秋	冬
软体动物门 Mollusca	腹足纲 Gastropoda	滨螺形目 Littorinimorpha	玉螺科 Naticidae	*Tanea tenuipicta*	✓	✓	✓	✓
			梭螺科 Ovulidae	*Diminovula alabaster*	✓			
				Primovula sp.				✓
				Volva volva			✓	
			扭螺科 Personidae	*Distorsio reticularis*	✓	✓	✓	✓
			Rostellariidae	*Rimellopsis powisii*	✓	✓	✓	✓
			钻螺科 Seraphsidae	*Terebellum terebellum*	✓	✓	✓	✓
			凤螺科 Strombidae	*Dolomena dilatata*	✓		✓	✓
				Doxander vittatus	✓	✓		
				Margistrombus robustus	✓	✓		✓
				Strombus sp.	✓	✓		✓
			鹑螺科 Tonnidae	*Tonna galea*	✓	✓	✓	
				Tonna sulcosa		✓	✓	✓
				Tonna zonata				✓
				Tonna sp.		✓	✓	
			猎女神螺科 Triviidae	*Dolichupis producta*	✓	✓		
			鹅绒螺科 Velutinidae	*Lamellaria* sp.	✓	✓	✓	✓
			衣笠螺科 Xenophoridae	*Onustus exutus*	✓	✓	✓	✓
				Onustus sp.		✓		
				Stellaria chinensis	✓	✓	✓	✓
				Stellaria solaris	✓	✓	✓	✓
				Xenophora solarioides	✓	✓	✓	✓
				Xenophora sp.	✓	✓	✓	✓

续表

门 Phylum	纲 Class	目 Order	科 Family	物种 Species	春	夏	秋	冬
软体动物门 Mollusca	腹足纲 Gastropoda	新腹足目 Neogastropoda	侍女螺科 Ancillariidae	*Amalda rubiginosa*	√	√	√	√
			东风螺科 Babyloniidae	*Babylonia areolata*	√	√	√	√
				Babylonia lutosa	√	√	√	√
			蛾螺科 Buccinidae	*Siphonalia fusoides*	√		√	
				Siphonalia trochulus			√	√
				Siphonalia sp.		√		√
			Busyconidae	*Busycotypus canaliculatus*				√
			衲螺科 Cancellariidae	*Cancellaria rugosa*	√		√	√
				Cancellaria sp.	√	√	√	√
				Fusiaphera macrospira	√	√		√
				Merica asperella	√	√	√	√
				Merica oblonga	√		√	
				Merica sinensis	√	√	√	√
				Scalptia obliquata	√	√	√	
				Trigonostoma bicolor	√	√	√	√
				Trigonostoma sp.	√	√	√	√
			格纹螺科 Clathurellidae	*Lienardia rubida*	√			
			棒螺科 Clavatulidae	*Clavatulidae* sp.			√	
				Clavatula sp.	√	√	√	√
				Turricula javana	√	√	√	√
				Turricula nelliae	√	√	√	√
			蛇首螺科 Colubrariidae	*Metula mitrella*	√	√	√	√

续表

门 Phylum	纲 Class	目 Order	科 Family	物种 Species	春	夏	秋	冬
软体动物门 Mollusca	腹足纲 Gastropoda	新腹足目 Neogastropoda	类鸠螺科 Columbariidae	*Columbarium* sp.			✓	
			核螺科 Columbellidae	Columbellidae sp.			✓	✓
				Mitrella albuginosa		✓		
				Pardalinops testudinaria	✓		✓	
				Pyrene sp.	✓	✓	✓	✓
			芋螺科 Conidae	*Conasprella aculeiformis*	✓	✓	✓	✓
				Conasprella orbignyi	✓	✓	✓	✓
				Conasprella viminea	✓	✓	✓	✓
				Conus acutangulus	✓		✓	
				Conus anabathrum	✓		✓	
				Conus australis	✓		✓	
				Conus cancellatus	✓	✓	✓	✓
				Conus flavidus	✓	✓	✓	✓
				Conus praecellens	✓	✓	✓	✓
				Conus sulcatus	✓		✓	✓
				Conus sp.	✓	✓	✓	✓
			肋脊笔螺科 Costellariidae	*Vexillum zebuense*	✓			
				Vexillum sp.	✓		✓	✓
			棒塔螺科 Drilliidae	*Clathrodrillia flavidula*	✓	✓	✓	✓
				Clavus bilineatus		✓	✓	
				Clavus unizonalis	✓		✓	
				Clavus sp.	✓	✓	✓	✓
				Drillia sp.	✓	✓	✓	✓

门 Phylum	纲 Class	目 Order	科 Family	物种 Species	春	夏	秋	冬
软体动物门 Mollusca	腹足纲 Gastropoda	新腹足目 Neogastropoda	细带螺科 Fasciolariidae	*Fusinus forceps*	✓	✓	✓	✓
				Fusinus sp.	✓		✓	✓
				Granulifusus niponicus	✓		✓	✓
			竖琴螺科 Harpidae	*Harpa major*		✓		
				Harpa sp.		✓		
				Morum cancellatum	✓			
				Morum grande	✓		✓	✓
			钟螺科 Horaiclavidae	*Horaiclavus splendidus*	✓			
			缘螺科 Marginellidae	*Cryptospira tricincta*	✓		✓	✓
			盔螺科 Melongenidae	*Hemifusus tuba*		✓		✓
			笔螺科 Mitridae	*Mitridae* sp.				✓
				Calcimitra triplicata	✓			
				Cancilla isabella	✓		✓	✓
				Domiporta carnicolor	✓		✓	✓
				Imbricaria flammea	✓	✓	✓	✓
				Imbricaria interlirata		✓		✓
				Imbricaria yagurai				✓
				Mitra mitra	✓			✓
				Mitra sp.	✓	✓	✓	✓
				Nebularia aegra	✓		✓	✓
				Neocancilla clathrus	✓			
				Pseudonebularia chrysalis	✓			
				Ptergia sinensis				✓

续表

门 Phylum	纲 Class	目 Order	科 Family	物种 Species	春	夏	秋	冬
软体动物门 Mollusca	腹足纲 Gastropoda	新腹足目 Neogastropoda	笔螺科 Mitridae	*Quasimitra cardinalis*	✓	✓		
				Quasimitra nympha				✓
				Scabricola desetangsii			✓	
				Strigatella vexillum		✓		
				Swainsonia fissurata				✓
			胃螺科 Muricidae	*Muricidae* sp.	✓	✓	✓	✓
				Babelomurex japonicus				✓
				Ceratostoma sp.			✓	
				Chicoreus axicornis		✓	✓	✓
				Coralliophila fimbriata	✓			
				Coralliophila sp.	✓			
				Lataxiena fimbriata	✓	✓	✓	✓
				Latiaxis sp.	✓		✓	
				Murex aduncospinosus	✓	✓	✓	✓
				Murex trapa	✓	✓	✓	✓
				Murex sp.	✓	✓	✓	
				Pterynotus alatus	✓	✓	✓	✓
				Rapana bezoar	✓	✓	✓	
				Rapana rapiformis		✓		
				Reishia clavigera		✓		
				Thais sp.				✓
			织纹螺科 Nassaridae	*Vokesimurex rectirostris*	✓	✓	✓	✓
				Nassaria acuminata	✓	✓	✓	✓

续表

门 Phylum	纲 Class	目 Order	科 Family	物种 Species	春	夏	秋	冬
软体动物门 Mollusca	腹足纲 Gastropoda	新腹足目 Neogastropoda	织纹螺科 Nassariidae	Nassarius sp.	✓		✓	
				Nassarius bourbonensis	✓	✓	✓	✓
				Nassarius caelatus	✓	✓	✓	
				Nassarius clathratus	✓	✓	✓	✓
				Nassarius conoidalis	✓	✓	✓	
				Nassarius crematus	✓	✓	✓	✓
				Nassarius crenulatus		✓		
				Nassarius haldemani		✓	✓	
				Nassarius hiradoensis	✓			
				Nassarius hirtus	✓	✓	✓	✓
				Nassarius marmoreus		✓	✓	✓
				Nassarius nodiferus	✓		✓	✓
				Nassarius siquijorensis	✓	✓	✓	✓
				Nassarius spiratus	✓	✓	✓	✓
				Nassarius succinctus	✓	✓	✓	✓
				Nassarius sufflatus	✓			✓
				Nassarius variciferus	✓	✓	✓	✓
				Nassarius vittatus		✓	✓	
				Phos sp.	✓	✓	✓	✓
				Phos roseatus	✓			
				Reticunassa festiva	✓			
			榧螺科 Olividae	Tritia sp.	✓		✓	✓
				Oliva irisans	✓		✓	✓

续表

门 Phylum	纲 Class	目 Order	科 Family	物种 Species	春	夏	秋	冬
软体动物门 Mollusca	腹足纲 Gastropoda	新腹足目 Neogastropoda	榧螺科 Olividae	Oliva mustelina	✓		✓	✓
				Olivella rosolina		✓		✓
			土产螺科 Pisaniidae	Cantharus cecillei	✓			
				Cantharus sp.	✓		✓	✓
				Engina sp.	✓			
			西美螺科 Pseudomelatomidae	Crassispira sinensis	✓		✓	
				Inquisitor alabaster	✓	✓	✓	✓
				Inquisitor pseudoprincipalis		✓	✓	✓
			Raphitomidae	Daphnella flammea		✓		
				Tritonoturris macandrewi			✓	
				Tritonoturris subrissoides	✓			
			笋螺科 Terebridae	Cinguloterebra cumingii	✓		✓	✓
				Cinguloterebra pretiosa	✓	✓	✓	✓
				Duplicaria bernardii	✓	✓	✓	✓
				Terebra nodularis	✓	✓	✓	✓
				Terebra sp.	✓	✓	✓	✓
				Triplostephanus fenestratus	✓	✓	✓	✓
				Triplostephanus triseriatus	✓	✓	✓	✓
			Tudiclidae	Afer cumingii	✓	✓	✓	✓
			塔螺科 Turridae	Turridae sp.	✓	✓	✓	✓
				Gemmula cosmoi	✓	✓	✓	✓
				Gemmula damperierana			✓	
				Gemmula granosus	✓	✓	✓	✓

续表

门 Phylum	纲 Class	目 Order	科 Family	物种 Species	春	夏	秋	冬
软体动物门 Mollusca	腹足纲 Gastropoda	新腹足目 Neogastropoda	塔螺科 Turridae	*Gemmula speciosa*	✓			
				Lophiotoma leucotropis	✓			
				Lophiotoma sp.				✓
				Turris annulata	✓			
				Turris crispa	✓			
				Turris grandis	✓		✓	
				Turris normandavidsoni	✓		✓	✓
				Turris sp.	✓	✓	✓	✓
				Unedogemmula indica	✓	✓	✓	✓
			涡螺科 Volutidae	*Fulgoraria rupestris*		✓		✓
				Fulgoraria sp.			✓	
				Melo melo				✓
		裸鳃目 Nudibranchia	片鳃科 Arminidae	*Armina appendiculata*	✓			
				Armina babai		✓	✓	
				Armina sp.	✓			✓
				Dermatobranchus ornatus		✓		
				Pleurophyllidiopsis sp.	✓			✓
			枝鳃海牛科 Dendrodorididae	*Dendrodoris elongata*		✓		
				Dendrodoris krusensternii				✓
			仿海牛科 Dorididae	*Dorididae* sp.	✓	✓	✓	
				Homoiodoris japonica			✓	
			斗斗鳃科 Dotidae	*Doto* sp.		✓	✓	
			多角海牛科 Polyceridae	*Kaloplocamus ramosus*	✓			

续表

门 Phylum	纲 Class	目 Order	科 Family	物种 Species	春	夏	秋	冬
软体动物门 Mollusca	腹足纲 Gastropoda	裸鳃目 Nudibranchia	多角海牛科 Polyceridae	*Plocamopherus tilesii*			✓	✓
			四枝海牛科 Scyllaeidae	*Notobryon* sp.			✓	✓
			缨鳃科 Tethydidae	*Melibe viridis*	✓	✓		
				Melibe sp.	✓	✓		
			三歧海牛科 Tritoniidae	*Marionia* sp.				
		侧鳃目 Pleurobranchida	无壳侧鳃科 Pleurobranchaeidae	*Euselenops luniceps*	✓		✓	✓
				Pleurobranchaea brockii	✓		✓	✓
				Pleurobranchaea sp.	✓	✓		
			侧鳃科 Pleurobranchidae	*Pleurobranchus hilli*		✓	✓	
			Chilodontaidae	*Euchelus scaber*	✓		✓	✓
		Seguenziida		*Perrinia chinensis*	✓		✓	✓
			丽口螺科 Calliostomatidae	*Calliostoma* sp.	✓		✓	✓
		马蹄螺目 Trochida	马蹄螺科 Trochidae	*Monilea callifera*		✓		✓
				Monodonta sp.		✓		✓
				Sericominolia sp.				
				Trochus sp.			✓	✓
				Umbonium vestiarium	✓			
			蝾螺科 Turbinidae	*Guildfordia triumphans*			✓	✓
				Guildfordia yoka				
			瓦螺科 Tegulidae	*Chlorostoma argyrostomum*		✓		
			小阳螺科 Solariellidae	*Minolia chinensis*	✓	✓		
		未划分目	愚螺科 Amathinidae	*Amathina tricarinata*	✓		✓	
				Amathina sp.			✓	

续表

门 Phylum	纲 Class	目 Order	科 Family	物种 Species	春	夏	秋	冬
软体动物门 Mollusca	腹足纲 Gastropoda	未划分目	轮螺科 Architectonicidae	*Architectonica maxima*	✓	✓	✓	✓
				Architectonica perdix	✓	✓	✓	✓
				Architectonica perspectiva	✓	✓	✓	✓
				Architectonica sp.	✓	✓		✓
			Mathildidae	Mathildidae sp.				✓
			小塔螺科 Pyramidellidae	*Colsyrnola ornata*	✓			✓
				Pyramidella sp.	✓	✓		✓
				Turbonilla sp.	✓		✓	✓
	掘足纲 Scaphopoda	角贝目 Dentaliida	丽角贝科 Calliodentaliidae	*Calliodentalium* sp.				
			角贝科 Dentaliidae	*Dentalium* sp.	✓	✓	✓	✓
				Fissidentalium sp.	✓			
				Paradentalium hexagonum	✓	✓	✓	
				Pictodentalium vernedei	✓	✓	✓	✓
			滑角贝科 Gadilinidae	*Episiphon kiaochowwanense*	✓	✓	✓	
			光角贝科 Laevidentaliidae	*Laevidentalium lubricatum*	✓	✓	✓	✓
			内角贝科 Entalinidae	*Entalinopsis intercostata*		✓	✓	
		梭角贝目 Gadilida	梭角贝科 Gadilidae	*Cadulus* sp.				✓
节肢动物门 Arthropoda	六蜕纲 Hexanauplia	猛水蚤目 Harpacticoida	短角猛水蚤科 Cletodidae	*Cletodes* sp.			✓	
		茗荷目 Lepadiformes	花茗荷科 Poecilasmatidae	*Temnaspis tridens*	✓			
		无柄目 Sessilia	古藤壶科 Archaeobalanidae	*Acasta spongites*	✓			
				Conopea sinensis	✓			
	软甲纲 Malacostraca	端足目 Amphipoda	双眼钩虾科 Ampeliscidae	*Ampelisca acutifortata*	✓			
				Ampelisca furcigera	✓			

续表

门 Phylum	纲 Class	目 Order	科 Family	物种 Species	春	夏	秋	冬
节肢动物门 Arthropoda	软甲纲 Malacostraca	端足目 Amphipoda	双眼钩虾科 Ampeliscidae	*Ampelisca* sp.	✓		✓	✓
				Byblis sp.	✓		✓	✓
			壮角钩虾科 Ischyroceridae	*Ericthonius* sp.	✓		✓	✓
			马耳他钩虾科 Melitidae	*Melita donghaiensis*	✓			
				Melita sp.	✓	✓		
			合眼钩虾科 Oedicerotidae	*Pontocrates altamarinus*	✓			
			Phliantidae	*Phlias* sp.			✓	✓
			亮钩虾科 Photidae	*Gammaropsis* sp.			✓	✓
				Photis angustimanus	✓			
				Photis sp.	✓	✓		✓
				Podoceropsis sp.				✓
			海钩虾科 Pontogeneiidae	*Dautzenbergia* sp.			✓	
				Pontogeneia sp.				
			乌里斯钩虾科 Uristidae	*Anonyx lilljeborgi*			✓	✓
		十足目 Decapoda	奇净蟹科 Aethridae	*Drachiella morum*	✓	✓	✓	✓
			馒头蟹科 Calappidae	*Calappa calappa*	✓		✓	
				Calappa clypeata		✓	✓	✓
				Calappa lophos	✓	✓	✓	✓
				Calappa philargius		✓	✓	
				Calappa pustulosa			✓	
				Calappa sp.	✓	✓		✓
				Cryptosoma sp.	✓		✓	✓
				Mursia armata	✓	✓	✓	✓

续表

门 Phylum	纲 Class	目 Order	科 Family	物种 Species	春	夏	秋	冬
节肢动物门 Arthropoda	软甲纲 Malacostraca	十足目 Decapoda	馒头蟹科 Calappidae	*Mursia* sp.				✓
				Paracyclois milneedwardsii			✓	
			美人虾科 Callianassidae	*Callianassa* sp.	✓			
			宽甲蟹科 Chasmocarcinidae	*Camatopsis rubida*	✓	✓	✓	✓
				Chasmocarcinops gelasimoides	✓	✓	✓	✓
				Chasmocarcinops sp.	✓	✓	✓	
				Megaesthesius sagedae			✓	
			盔蟹科 Corystidae	*Jonas distinctus*	✓	✓	✓	✓
			褐虾科 Crangonidae	*Philocheras incisus*	✓			
				Philocheras japonicus	✓	✓		
				Philocheras kempii	✓			
				Pontocaris pennata	✓	✓	✓	✓
				Pontocaris sibogae	✓	✓	✓	✓
				Pontocaris sp.		✓		
			隐螯蟹科 Cryptochiridae	*Troglocarcinus hirsutus*			✓	✓
				Troglocarcinus sp.			✓	✓
			圆关公蟹科 Cyclodorippidae	*Tymolus japonicus*				✓
			关公蟹科 Dorippidae	*Dorippe* sp.		✓	✓	✓
				Dorippoides facchino	✓	✓	✓	✓
				Neodorippe callida			✓	✓
				Paradorippe granulata	✓	✓		✓
			绵蟹科 Dromiidae	*Conchoecetes artificiosus*	✓			✓

续表

门 Phylum	纲 Class	目 Order	科 Family	物种 Species	春	夏	秋	冬
节肢动物门 Arthropoda	软甲纲 Malacostraca	十足目 Decapoda	绵蟹科 Dromiidae	*Paradromia sheni*	✓			
			卧蜘蛛蟹科 Epialtidae	*Naxioides* sp.		✓	✓	✓
				Phalangipus filiformis		✓	✓	✓
				Phalangipus hystrix		✓	✓	
				Phalangipus longipes		✓	✓	✓
				Sphenocarcinus sp.	✓			
			宽背蟹科 Euryplacidae	*Eucrate* sp.		✓	✓	✓
				Heteroplax transversa	✓	✓	✓	
			静蟹科 Galenidae	*Galene bispinosa*	✓	✓	✓	
			长脚蟹科 Goneplacidae	*Carcinoplax longimanus*	✓	✓	✓	
				Carcinoplax purpurea	✓	✓	✓	✓
				Carcinoplax sp.	✓	✓	✓	✓
				Entricoplax vestita	✓			
				Hadroplax sinuatifrons	✓	✓		
				Notonyx vitreus	✓	✓	✓	
				Ommatocarcinus fibriophthalmus	✓	✓		
				Ommatocarcinus macgillivrayi	✓			
				Psopheticus sp.	✓	✓	✓	✓
			六足蟹科 Hexapodidae	*Hexalaughlia orientalis*	✓	✓	✓	✓
				Hexapus sexpes	✓	✓	✓	
			藻虾科 Hippolytidae	*Tozeuma lanceolatum*	✓	✓	✓	✓
				Tozeuma novaezealandiae		✓		

续表

门 Phylum	纲 Class	目 Order	科 Family	物种 Species	春	夏	秋	冬
节肢动物门 Arthropoda	软甲纲 Malacostraca	十足目 Decapoda	藻虾科 Hippolytidae	*Tozeuma* sp.	✓		✓	✓
			人面蟹科 Homolidae	*Homola orientalis*		✓	✓	✓
				Latreillopsis bispinosa	✓	✓	✓	✓
			尖头蟹科 Inachidae	*Cyrtomaia murrayi*	✓			
				Platymaia wyvillethomsoni	✓			✓
			精干蟹科 Iphiculidae	*Iphiculus spongiosus*	✓	✓	✓	✓
				Pariphiculus mariannae	✓	✓	✓	✓
			蛛形蟹科 Latreilliidae	*Eplumula phalangium*	✓			
				Latreillia valida	✓	✓	✓	✓
			玉蟹科 Leucosiidae	*Arcania erinacea*	✓		✓	
				Arcania globata	✓	✓	✓	✓
				Arcania gracilis	✓	✓	✓	✓
				Arcania heptacantha	✓	✓	✓	✓
				Arcania sagamiensis	✓	✓	✓	
				Arcania septemspinosa	✓	✓	✓	✓
				Arcania undecimspinosa	✓	✓	✓	✓
				Ebalia scabriuscula	✓	✓	✓	✓
				Ebalia sp.	✓			
				Leucosia longibrachia	✓	✓	✓	
				Leucosia margaritacea	✓	✓	✓	✓
				Leucosia sp.	✓	✓	✓	✓
				Lyphira heterograna	✓	✓	✓	
				Myra affinis	✓			✓

续表

门 Phylum	纲 Class	目 Order	科 Family	物种 Species	春	夏	秋	冬
节肢动物门 Arthropoda	软甲纲 Malacostraca	十足目 Decapoda	玉蟹科 Leucosiidae	*Myra biconica*	✓		✓	✓
				Myra fugax	✓	✓	✓	✓
				Myra subgramulata				✓
				Myrine kesslerii		✓	✓	✓
				Seulocia rhomboidalis			✓	
				Tokoyo eburnea	✓		✓	✓
			Litocheiridae	*Litocheira* sp.	✓			
			琵琶蟹科 Lyreididae	*Lyreidus stenops*	✓		✓	
			大眼蟹科 Macrophthalmidae	*Venitus latreillei*	✓			✓
			蜘蛛蟹科 Majidae	*Naxia* sp.		✓		
				Paramaya spinigera	✓			
				Prismatopus longispinus		✓		✓
				Prismatopus spatulifer	✓			
			黎明蟹科 Matutidae	*Matuta planipes*	✓			
			海螯虾科 Nephropidae	*Metanephrops thomsoni*	✓			
			长眼虾科 Ogyrididae	*Ogyrides orientalis*	✓			
			长臂虾科 Palaemonidae	*Palaemon annandalei*	✓			
				Urocaridella urocaridella	✓			✓
			长额虾科 Pandalidae	*Chlorotocoides spinicauda*	✓	✓	✓	
				Heterocarpus sibogae				✓
				Procletes levicarina	✓		✓	✓
			玻璃虾科 Pasiphaeidae	*Leptochela aculeocaudata*		✓	✓	✓
				Leptochela gracilis	✓			✓

续表

门 Phylum	纲 Class	目 Order	科 Family	物种 Species	春	夏	秋	冬
节肢动物门 Arthropoda	软甲纲 Malacostraca	十足目 Decapoda	玻璃虾科 Pasiphaeidae	*Leptochela robusta*		✓		✓
				Leptochela sp.	✓	✓		✓
			对虾科 Penaeidae	*Alcockpenaeopsis hungerfordii*			✓	✓
				Atypopenaeus compressipes	✓	✓	✓	✓
				Atypopenaeus stenodactylus	✓	✓	✓	✓
				Batepenaeopsis tenella	✓		✓	✓
				Kishinouyepenaeopsis amicus				✓
				Kishinouyepenaeopsis cornuta	✓	✓	✓	✓
				Megokris granulosus	✓			
				Metapenaeopsis barbata	✓	✓	✓	✓
				Metapenaeopsis coniger	✓	✓	✓	✓
				Metapenaeopsis dalei	✓	✓	✓	✓
				Metapenaeopsis dura	✓	✓	✓	✓
				Metapenaeopsis hilarula			✓	
				Metapenaeopsis lamellata				
				Metapenaeopsis mogiensis	✓	✓	✓	✓
				Metapenaeopsis novaeguineae	✓		✓	✓
				Metapenaeopsis stridulans	✓	✓	✓	✓
				Metapenaeopsis sp.	✓	✓	✓	✓
				Metapenaeus affinis	✓	✓	✓	✓
				Metapenaeus intermedius	✓	✓	✓	✓
				Metapenaeus joyneri	✓	✓	✓	✓
				Metapenaeus monoceros	✓	✓	✓	✓

续表

门 Phylum	纲 Class	目 Order	科 Family	物种 Species	春	夏	秋	冬
节肢动物门 Arthropoda	软甲纲 Malacostraca	十足目 Decapoda	对虾科 Penaeidae	Metapenaeus sp.	✓	✓	✓	
				Mierspenaeopsis hardwickii	✓	✓	✓	✓
				Parapenaeopsis sp.	✓		✓	
				Parapenaeus fissuroides	✓	✓	✓	✓
				Parapenaeus fissurus	✓		✓	✓
				Parapenaeus investigatoris	✓		✓	✓
				Parapenaeus lanceolatus	✓	✓	✓	✓
				Parapenaeus longipes	✓	✓	✓	✓
				Parapenaeus sp.			✓	
				Penaeus japonicus	✓	✓	✓	
				Penaeus monodon	✓	✓	✓	✓
				Penaeus penicillatus	✓	✓	✓	
				Penaeus sp.				✓
				Trachypenaeus sp.			✓	✓
				Trachysalambria aspera	✓	✓	✓	✓
				Trachysalambria curvirostris	✓	✓	✓	✓
			毛刺蟹科 Pilumnidae	Ceratoplax ciliata	✓	✓	✓	✓
				Ceratoplax truncatifrons	✓	✓	✓	✓
				Ceratoplax sp.	✓	✓	✓	✓
				Cryptolutea sagamiensis	✓	✓	✓	✓
				Heteropilumnus setosus		✓		
				Lophoplax takakurai	✓			
				Lophoplax sp.		✓		

续表

门 Phylum	纲 Class	目 Order	科 Family	物种 Species	春	夏	秋	冬
节肢动物门 Arthropoda	软甲纲 Malacostraca	十足目 Decapoda	毛刺蟹科 Pilumnidae	Typhlocarcinops denticarpus	✓			✓
				Typhlocarcinus nudus	✓	✓	✓	✓
				Typhlocarcinus villosus	✓	✓	✓	✓
				Xenophthalmodes moebii	✓	✓		✓
				Xenophthalmodes sp.		✓	✓	✓
			瓷蟹科 Porcellanidae	Raphidopus ciliatus	✓	✓	✓	✓
			梭子蟹科 Portunidae	Charybdis anisodon	✓			
				Charybdis bimaculata	✓	✓	✓	✓
				Charybdis callianassa	✓	✓	✓	✓
				Charybdis feriata	✓	✓	✓	✓
				Charybdis miles	✓	✓	✓	✓
				Charybdis natator		✓	✓	✓
				Charybdis riversandersoni	✓	✓	✓	✓
				Charybdis truncata	✓	✓	✓	✓
				Charybdis vadorum	✓	✓	✓	✓
				Charybdis variegata	✓	✓	✓	✓
				Libystes edwardsi	✓	✓	✓	✓
				Lupocycloporus gracilimanus	✓	✓	✓	✓
				Lupocyclus philippinensis	✓	✓	✓	✓
				Lupocyclus rotundatus	✓	✓	✓	✓
				Lupocyclus sp.				✓
				Monomia argentata	✓	✓	✓	✓
				Monomia gladiator	✓	✓		✓

续表

门 Phylum	纲 Class	目 Order	科 Family	物种 Species	春	夏	秋	冬
节肢动物门 Arthropoda	软甲纲 Malacostraca	十足目 Decapoda	梭子蟹科 Portunidae	Portunus hastatoides	✓			✓
				Portunus sanguinolentus		✓	✓	✓
				Portunus trituberculatus		✓		
				Portunus sp.	✓	✓	✓	✓
				Thalamita sp.	✓	✓		
				Vojmirophthalmus nacreus			✓	✓
				Xiphonectes hastatoides	✓	✓	✓	✓
				Xiphonectes pulchricristatus	✓	✓	✓	✓
				Xiphonectes tridentatus	✓	✓		
			异指虾科 Processidae	Hayashidonus japonicus	✓	✓	✓	✓
				Nikoides sibogae	✓	✓	✓	
			蛙蟹科 Raninidae	Lyreidus tridentatus	✓	✓	✓	✓
				Lyreidus sp.	✓	✓	✓	✓
				Notosceles serratifrons	✓	✓		
			反羽蟹科 Retroplumidae	Retropluma denticulata	✓	✓	✓	✓
			掘沙蟹科 Scalopididae	Scalopidia spinosipes	✓	✓	✓	✓
			蝉虾科 Scyllaridae	Biarctus sordidus		✓	✓	
				Chelarctus cultrifer	✓			✓
				Eduarctus martensii		✓	✓	✓
				Ibacus ciliatus	✓	✓	✓	✓
				Ibacus sp.	✓	✓	✓	✓
				Petrarctus brevicornis	✓	✓	✓	✓
				Remiarctus bertholdii	✓	✓	✓	✓

续表

门 Phylum	纲 Class	目 Order	科 Family	物种 Species	春	夏	秋	冬
节肢动物门 Arthropoda	软甲纲 Malacostraca	十足目 Decapoda	蝉虾科 Scyllaridae	*Thenus orientalis*	✓	✓	✓	
			樱虾科 Sergestidae	*Acetes chinensis*	✓	✓	✓	
			单肢虾科 Sicyoniidae	*Sicyonia japonica*	✓			
				Sicyonia lancifer	✓	✓	✓	✓
				Sicyonia sp.	✓	✓	✓	✓
			管鞭虾科 Solenoceridae	*Solenocera alticarinata*	✓	✓	✓	✓
				Solenocera comata	✓	✓	✓	✓
				Solenocera crassicornis	✓	✓	✓	✓
				Solenocera faxoni	✓	✓	✓	✓
				Solenocera koelbeli	✓	✓	✓	✓
				Solenocera pectinata	✓	✓	✓	✓
				Solenocera pectinulata	✓	✓	✓	✓
				Solenocera sp.	✓		✓	✓
			托虾科 Thoridae	*Eualus sinensis*	✓			
			鲟蟹科 Xanthidae	*Liagore rubromaculata*	✓	✓	✓	✓
			短眼蟹科 Xenophthalmidae	*Neoxenophthalmus obscurus*	✓	✓	✓	✓
				Xenophthalmus pinnotheroides	✓	✓		
		口足目 Stomatopoda	宽虾蛄科 Eurysquillidae	*Coronidopsis bicuspis*	✓	✓	✓	
				Eurysquilloides sibogae	✓			
				Sinosquilla hispida	✓			
				Sinosquilla sinica	✓			
				Sinosquilla sp.	✓		✓	✓
			琴虾蛄科 Lysiosquillidae	*Lysiosquilla* sp.	✓			

续表

门 Phylum	纲 Class	目 Order	科 Family	物种 Species	春	夏	秋	冬
节肢动物门 Arthropoda	软甲纲 Malacostraca	口足目 Stomatopoda	虾蛄科 Squillidae	*Alima hieroglyphica*		✓		
				Anchisquilla fasciata	✓		✓	✓
				Busquilla quadraticauda	✓			✓
				Carinosquilla multicarinata	✓			
				Clorida decorata	✓			
				Clorida latreillei	✓			✓
				Cloridina chlorida	✓			✓
				Cloridina ichneumon	✓			
				Cloridina verrucosa	✓	✓	✓	✓
				Cloridopsis scorpio	✓		✓	
				Dicyosquilla foveolata	✓		✓	✓
				Erugosquilla woodmasoni			✓	
				Harpiosquilla annandalei	✓	✓	✓	✓
				Harpiosquilla harpax	✓			
				Harpiosquilla raphidea	✓	✓	✓	✓
				Kempella mikado	✓		✓	
				Lenisquilla lata	✓		✓	✓
				Lophosquilla costata	✓		✓	✓
				Miyakella nepa	✓		✓	✓
				Oratosquilla oratoria	✓	✓	✓	✓
				Oratosquillina anomala	✓	✓	✓	✓
				Oratosquillina inornata	✓	✓	✓	✓
				Oratosquillina interrupta	✓	✓	✓	✓

续表

门 Phylum	纲 Class	目 Order	科 Family	物种 Species	春	夏	秋	冬
节肢动物门 Arthropoda	软甲纲 Malacostraca	口足目 Stomatopoda	虾蛄科 Squillidae	Oratosquillina quinquedentata			✓	
				Quollastria gonypetes	✓	✓	✓	✓
				Squilla sp.	✓	✓	✓	✓
				Vossquilla kempi	✓			
苔藓动物门 Bryozoa	裸唇纲 Gymnolaemata	唇口目 Cheilostomatida	Pasytheidae	Pasythea sp.	✓		✓	✓
棘皮动物门 Echinodermata	海星纲 Asteroidea	项链海星目 Brisingida	Brisingidae	Novodinia sp.		✓		
		钳棘目 Forcipulatida	海盘车科 Asteriidae	Coronaster volsellatus				✓
		Notomyotida	Benthopectinidae	Pectinaster sp.			✓	
		柱体目 Paxillosida	槭海星科 Astropectinidae	Astropectinidae sp.	✓	✓	✓	✓
				Astropecten acanthifer	✓			✓
				Astropecten eucnemis	✓			✓
				Astropecten granulatus			✓	
				Astropecten vappa		✓	✓	✓
				Astropecten velitaris	✓	✓	✓	✓
				Astropecten sp.	✓	✓	✓	✓
				Bollonaster pectinatus			✓	
				Craspidaster hesperus	✓	✓	✓	✓
				Ctenopleura ludwigi		✓		
				Ctenopleura sp.	✓	✓	✓	✓
				Psilaster acuminatus			✓	✓
				Tethyaster aulophora			✓	✓
			Goniopectinidae	Prionaster analogus	✓			

续表

门 Phylum	纲 Class	目 Order	科 Family	物种 Species	春	夏	秋	冬
棘皮动物门 Echinodermata	海星纲 Asteroidea	柱体目 Paxillosida	砂海星科 Luidiidae	*Luidia avicularia*	√		√	√
				Luidia longispina	√		√	
				Luidia maculata	√		√	√
				Luidia orientalis	√	√	√	
				Luidia prionota	√		√	√
				Luidia quinaria	√	√	√	
				Luidia sp.	√			√
			Pseudarchasteridae	*Paragonaster stenostichus*				
		有棘目 Spinulosida	棘海星科 Echinasteridae	Echinasteridae sp.		√	√	√
				Metrodira sp.	√		√	
		瓣棘目 Valvatida	长棘海星科 Acanthasteridae	*Acanthaster* sp.	√		√	√
			海燕科 Asterinidae	*Anseropoda rosacea*	√			
				Patiria pectinifera	√			
			角海星科 Goniasteridae	Goniasteridae sp.	√		√	√
				Anthenoides cristatus	√			
				Anthenoides epixanthus				√
				Anthenoides sp.	√			
				Calliaster euphylacteum	√		√	√
				Calliaster sp.	√			
				Ceramaster smithi	√			
				Mediaster sp.	√			
				Nymphaster sp.		√		
				Ogmaster capella	√	√	√	√

续表

门 Phylum	纲 Class	目 Order	科 Family	物种 Species	春	夏	秋	冬
棘皮动物门 Echinodermata	海星纲 Asteroidea	瓣棘目 Valvatida	角海星科 Goniasteridae	*Rosaster* sp.	√	√	√	√
				Rosaster symbolicus				√
				Stellaster childreni	√	√	√	√
			蛇海星科 Ophidiasteridae	Ophidiasteridae sp.				√
			瘤海星科 Oreasteridae	*Anthenea pentagonula*			√	√
				Anthenea sp.		√		
		帆海星目 Velatida	翅海星科 Pterasteridae	*Euretaster insignis*	√	√	√	√
	海百合纲 Crinoidea	栉羽枝目 Comatulida	海羊齿科 Antedonidae	Antedonidae sp.	√	√	√	√
				Dorometra parvicirra	√			√
			星羽枝科 Asterometridae	*Asterometra anthus*		√	√	√
				Asterometra macropoda				
				Asterometra mirifica				
				Asterometra sp.	√	√	√	√
				Pterometra pulcherrima	√	√	√	√
				Pterometra trichopoda			√	√
			Rhizocrinidae	*Democrinus japonicus*		√		√
			花羽枝科 Calometridae	*Calometra* sp.		√		√
				Gephyrometra versicolor				
				Neometra alecto	√	√	√	√
				Neometra multicolor				√
			美丽羽枝科 Charitometridae	*Charitometra* sp.			√	√
				Glyptometra sp.	√	√		√
			短羽枝科 Colobometridae	Colobometridae sp.			√	√

续表

门 Phylum	纲 Class	目 Order	科 Family	物种 Species	春	夏	秋	冬
棘皮动物门 Echinodermata	海百合纲 Crinoidea	栉羽枝目 Comatulida	短羽枝科 Colobometridae	Iconometra japonica		✓		
				Oligometra serripinna	✓			✓
			栉羽枝科 Comatulidae	Comatulidae sp.	✓		✓	✓
				Capillaster multiradiatus	✓	✓	✓	✓
				Capillaster sentosus		✓	✓	✓
				Capillaster sp.	✓	✓		
				Comanthus delicata	✓		✓	✓
				Comanthus parvicirrus	✓	✓		✓
				Comanthus sp.		✓		✓
				Comaster sp.		✓	✓	✓
				Comatula micraster		✓	✓	✓
				Comatula pectinata	✓	✓		✓
				Comatula sp.	✓		✓	✓
				Comatulides sp.	✓	✓	✓	✓
				Phanogenia distincta	✓	✓	✓	✓
				Phanogenia fruticosa		✓		✓
				Phanogenia multibrachiata		✓		✓
				Phanogenia serrata			✓	✓
			五腕羽枝科 Eudiocrinidae	Eudiocrinus indivisus	✓	✓	✓	✓
				Eudiocrinus venustulus	✓	✓	✓	✓
				Eudiocrinus sp.	✓		✓	✓
			美羽枝科 Himerometridae	Himerometridae sp.	✓	✓		✓
				Amphimetra moelleri	✓	✓	✓	

门 Phylum	纲 Class	目 Order	科 Family	物种 Species	春	夏	秋	冬
棘皮动物门 Echinodermata	海百合纲 Crinoidea	栉羽枝目 Comatulida	美羽枝科 Himerometridae	*Amphimetra* sp.				√
			玛丽羽枝科 Mariametridae	Mariametridae sp.		√	√	
				Dichrometra stylifer				√
				Lamprometra palmata	√			
				Liparometra grandis				√
			海羽枝科 Thalassometridae	*Parametra orion*		√		√
				Stenometra quinquecostata				√
			脊羽枝科 Tropiometridae	Tropiometridae sp.			√	
				Tropiometra afra	√	√		√
			节羽枝科 Zygometridae	*Catoptometra magnifica*	√	√	√	√
				Catoptometra sp.		√	√	
				Zygometra comata	√		√	
				Zygometra sp.	√	√		
		等节海百合目 Isocrinida	Isselicrinidae	*Metacrinus interruptus*	√	√	√	√
				Metacrinus rotundus	√	√	√	√
	海胆纲 Echinoidea	拱齿目 Camarodonta	刻肋海胆科 Temnopleuridae	Temnopleuridae sp.	√	√	√	√
				Salmacis bicolor	√	√	√	√
				Temnopleurus hardwickii	√			
				Temnopleurus reevesii	√	√	√	√
				Temnopleurus toreumaticus	√	√	√	
				Temnopleurus sp.	√	√	√	√
		头帕目 Cidaroida	头帕科 Cidaridae	Cidaridae sp.				√
				Stylocidaris annulosa	√	√	√	√

续表

门 Phylum	纲 Class	目 Order	科 Family	物种 Species	春	夏	秋	冬
棘皮动物门 Echinodermata	海胆纲 Echinoidea	盾形目 Clypeasteroida	孔盾海胆科 Astriclypeidae	*Astriclypeus* sp.	✓			✓
				Astriclypeus mannii			✓	✓
				Sculpsitechinus auritus		✓		✓
			盾海胆科 Clypeasteridae	*Clypeaster reticulatus*	✓		✓	✓
			豆海胆科 Fibulariidae	Fibulariidae sp.		✓		✓
				Echinocyamus sp.	✓			
			饼干海胆科 Laganidae	Laganidae sp.				✓
				Laganum decagonale	✓	✓	✓	✓
				Peronella lesueuri	✓	✓	✓	✓
			Rotulidae	*Fibulariella acuta*				✓
		冠海胆目 Diadematoida	冠海胆科 Diadematidae	*Astropyga radiata*	✓	✓	✓	✓
				Chaetodiadema granulatum		✓		
		柔海胆目 Echinothurioida	柔海胆科 Echinothuriidae	*Araeosoma owstoni*				✓
		猬团目 Spatangoida	壶海胆科 Brissidae	Brissidae sp.		✓		✓
				Anametalia grandis	✓	✓		✓
				Anametalia sternaloides				
				Brissopsis luzonica	✓	✓	✓	✓
				Brissopsis sp.	✓			
			Hemiasteridae	Hemiasteridae sp.	✓			
			拉文海胆科 Loveniidae	Loveniidae sp.			✓	✓
				Lovenia sp.		✓		
				Lovenia elongata	✓	✓		
				Lovenia subcarinata	✓	✓	✓	✓

续表

门 Phylum	纲 Class	目 Order	科 Family	物种 Species	春	夏	秋	冬
棘皮动物门 Echinodermata	海胆纲 Echinoidea	猬团目 Spatangoida	拉文海胆科 Loveniidae	*Lovenia triforis*	✓	✓	✓	✓
			仙壶海胆科 Maretiidae	*Nacospatangus altus*	✓	✓	✓	✓
			缘带海胆科 Pericosmidae	*Faorina chinensis*	✓	✓	✓	✓
				Pericosmus cordatus	✓	✓	✓	
			裂星海胆科 Schizasteridae	*Schizaster compactus*		✓	✓	
				Schizaster lacunosus	✓			
			心形海胆科 Spatangidae	*Spatangidae* sp.	✓	✓	✓	✓
	海参纲 Holothuroidea	无足目 Apodida	锚参科 Synaptidae	*Synaptidae* sp.	✓	✓	✓	✓
				Labidoplax sp.	✓			
				Protankyra assymmetrica	✓	✓	✓	
				Protankyra bidentata	✓	✓		
				Protankyra magnihamula			✓	
				Protankyra pseudodigitata	✓	✓		
				Protankyra suensoni	✓	✓	✓	
		枝手目 Dendrochirotida	瓜参科 Cucumariidae	*Cucumariidae* sp.	✓	✓	✓	✓
				Actinocucumis sp.	✓	✓		
				Colochirus quadrangularis	✓	✓	✓	✓
				Cucumaria sp.	✓	✓		
				Leptopentacta sp.	✓	✓	✓	✓
				Leptopentacta imbricata	✓	✓		
				Mensamaria intercedens	✓			
				Pentacta sp.	✓	✓	✓	✓
				Plesiocolochirus inornatus	✓			

续表

门 Phylum	纲 Class	目 Order	科 Family	物种 Species	春	夏	秋	冬
棘皮动物门 Echinodermata	海参纲 Holothuroidea	枝手目 Dendrochirotida	瓜参科 Cucumariidae	*Pseudocnus echinatus*	✓		✓	✓
			沙鸡子科 Phyllophoridae	*Allothyone longicauda*			✓	
				Allothyone mucronata			✓	
				Allothyone sp.	✓			
				Pentamera citrea		✓	✓	
				Phyllophorella kohkutiensis				
				Phyllophorus sp.	✓		✓	✓
				Stolus punctatus	✓		✓	✓
				Thyone anomala	✓			
				Thyone bicornis			✓	✓
				Thyone sp.	✓	✓	✓	✓
			硬瓜参科 Sclerodactylidae	*Havelockia sp.*	✓		✓	
		海参目 Holothurida	海参科 Holothuriidae	*Holothuria kurti*	✓		✓	✓
				Holothuria martensii	✓			
				Pearsonothuria graeffei	✓		✓	
		芋参目 Molpadida	尻参科 Caudinidae	*Acaudina leucoprocta*	✓	✓	✓	✓
				Acaudina molpadioides	✓	✓	✓	
				Acaudina sp.	✓		✓	
			芋参科 Molpadiidae	*Molpadia andamanensis*	✓	✓	✓	✓
				Molpadia guangdongensis	✓		✓	
				Molpadia sp.	✓		✓	✓
	蛇尾纲 Ophiuroidea	Amphilepidida	Amphilepididae	*Amphilepis sp.*	✓		✓	
			Amphilimnidae	*Amphilimna multispina*	✓		✓	✓

续表

门 Phylum	纲 Class	目 Order	科 Family	物种 Species	春	夏	秋	冬
棘皮动物门 Echinodermata	蛇尾纲 Ophiuroidea	Amphilepidida	Amphilimnidae	Amphilimna sp.	✓	✓	✓	✓
			阳遂足科 Amphiuridae	Amphiuridae sp.	✓	✓	✓	✓
				Amphiodia loripes	✓	✓	✓	✓
				Amphiodia sp.	✓			✓
				Amphioplus causatus	✓	✓	✓	✓
				Amphioplus depressus	✓	✓	✓	✓
				Amphioplus guangdongensis	✓			
				Amphioplus impressus	✓		✓	✓
				Amphioplus intermedius	✓		✓	
				Amphioplus laevis	✓	✓	✓	✓
				Amphioplus sinicus	✓			
				Amphioplus sp.	✓	✓	✓	✓
				Amphipholis sobrina		✓		
				Amphipholis sp.	✓			
				Amphiura abbreviata		✓		
				Amphiura dejecta	✓			
				Amphiura divaricata	✓		✓	✓
				Amphiura iridoides	✓			
				Amphiura leptotata			✓	
				Amphiura micraspis	✓			
				Amphiura tenuis				
				Amphiura sp.	✓	✓	✓	✓
				Dougaloplus echinatus	✓	✓	✓	✓

续表

门 Phylum	纲 Class	目 Order	科 Family	物种 Species	春	夏	秋	冬
棘皮动物门 Echinodermata	蛇尾纲 Ophiuroidea	Amphilepidida	阳遂足科 Amphiuridae	*Nannophiura lagani*	✓			✓
				Ophiocentrus anomalus	✓	✓	✓	✓
				Ophiocentrus koehleri	✓	✓	✓	
				Ophiocentrus putnami	✓	✓		✓
				Ophiocentrus sp.		✓		✓
				Ophiodaphne formata				✓
				Ophionephthys sp.	✓			
			半蔓蛇尾科 Hemieuryalidae	*Astrogymnotes catasticta*	✓		✓	✓
				Ophioplus sp.	✓			✓
				Ophiozonella subtilis	✓	✓		✓
			辐蛇尾科 Ophiactidae	*Ophiactis affinis*	✓	✓		✓
				Ophiactis macrolepidota	✓	✓	✓	✓
				Ophiactis profundi	✓			
				Ophiactis savignyi	✓	✓	✓	✓
				Ophiactis sp.				✓
			鳞蛇尾科 Ophiolepididae	*Ophiolepididae sp.*	✓			
			蜒蛇尾科 Ophionereididae	*Ophiochiton fastigatus*	✓		✓	✓
				Ophionereis dubia	✓	✓		✓
				Ophionereis variegata	✓			
			棒鳞蛇尾科 Ophiopsilidae	*Ophiopsila abscissa*	✓	✓	✓	✓
			刺蛇尾科 Ophiotrichidae	*Ophiotrichidae sp.*	✓			
				Macrophiothrix capillaris	✓			✓
				Macrophiothrix hirsuta			✓	✓

续表

门 Phylum	纲 Class	目 Order	科 Family	物种 Species	春	夏	秋	冬
棘皮动物门 Echinodermata	蛇尾纲 Ophiuroidea	Amphilepidida	刺蛇尾科 Ophiotrichidae	*Macrophiothrix hybrida*			✓	
				Macrophiothrix lorioli				✓
				Macrophiothrix striolata	✓	✓	✓	✓
				Macrophiothrix sp.	✓		✓	✓
				Ophiocnemis marmorata	✓	✓	✓	✓
				Ophiogymna elegans	✓		✓	✓
				Ophiogymna funesta	✓		✓	✓
				Ophiogymna pulchella	✓	✓	✓	✓
				Ophiomaza cacaotica				✓
				Ophiothela danae	✓	✓	✓	✓
				Ophiothrix exigua	✓		✓	✓
				Ophiothrix koreana			✓	✓
				Ophiothrix proteus	✓	✓	✓	✓
				Ophiothrix sp.	✓			✓
		蔓蛇尾目 Euryalida	蔓蛇尾科 Euryalidae	*Astroceras pergamenum*	✓	✓	✓	
				Euryale aspera	✓	✓	✓	
			筐蛇尾科 Gorgonocephalidae	*Shenocephalus indicus*		✓		
				Trichaster acanthifer		✓	✓	
		棘蛇尾目 Ophiacanthida	棘蛇尾科 Ophiacanthidae	*Astroboa nuda*	✓		✓	
				Astrocladus exiguus			✓	
				Ophiacanthidae sp.	✓			✓
				Ophiacantha pentagona	✓	✓	✓	
			Ophiobyrsidae	*Ophiophrixus acanthinus*				✓

续表

门 Phylum	纲 Class	目 Order	科 Family	物种 Species	春	夏	秋	冬
棘皮动物门 Echinodermata	蛇尾纲 Ophiuroidea	棘蛇尾目 Ophiacanthida	Ophiocamacidae	Ophiocamax vitrea	√	√	√	√
			栉蛇尾科 Ophiocomidae	Ophiocomidae sp.		√	√	
			皮蛇尾科 Ophiodermatidae	Ophiocypris tuberculosus	√		√	
				Ophiomidas sp.				√
			粘蛇尾科 Ophiomyxidae	Ophioconis cincta	√	√	√	√
				Ophiomyxa neglecta	√		√	√
			Ophiotomidae	Ophiotreta stimulea	√			√
		Ophioleucida	苍蛇尾科 Ophioleucidae	Ophioleucidae sp.	√	√		√
				Ophioleuce seminudum		√	√	√
				Ophioleuce sp.				
				Ophiopallas paradoxa	√			√
		真蛇尾目 Ophiurida	蕉蛇尾科 Ophiomusaidae	Ophiomusa scalare	√	√	√	√
				Ophiomusa simplex	√		√	√
			Ophiopyrgidae	Stegophiura sladeni	√	√	√	√
				Stegophiura sp.			√	√
			Ophiosphalmidae	Ophiomusium sp.	√		√	√
			真蛇尾科 Ophiuridae	Ophiocten megaloplax	√	√	√	√
				Ophiura kimbergi	√		√	√
				Ophiura lanceolata	√		√	√
				Ophiura micracantha			√	
				Ophiura platyacantha	√			√
				Ophiura pteracantha	√	√	√	√
				Ophiura sp.	√		√	√

续表

门 Phylum	纲 Class	目 Order	科 Family	物种 Species	春	夏	秋	冬
脊索动物门 Chordata	真骨鱼纲 Teleostei	鳗鲡目 Anguilliformes	鳗鲡科 Anguillidae	*Anguilla japonica*			✓	✓
			康吉鳗科 Congridae	Congridae sp.	✓	✓		✓
				Ariosoma anago	✓	✓	✓	✓
				Gnathophis nystromi	✓	✓	✓	✓
				Parabathymyrus macrophthalmus	✓	✓	✓	✓
				Rhynchoconger ectenurus	✓	✓	✓	✓
				Uroconger lepturus	✓	✓	✓	✓
			蚓鳗科 Moringuidae	*Moringua macrocephalus*				✓
			海鳝科 Muraenesocidae	*Congresox talabonoides*			✓	✓
				Muraenesox cinereus				
				Muraenesox sp.		✓		
				Oxyconger leptognathus	✓	✓		✓
			海鳝科 Muraenidae	*Gymnothorax griseus*		✓		✓
				Gymnothorax punctatofasciatus		✓		
				Gymnothorax reticularis	✓	✓	✓	✓
				Gymnothorax sp.	✓	✓	✓	
			鸭嘴鳗科 Nettastomatidae	*Saurenchelys fierasfer*	✓	✓	✓	
			蛇鳗科 Ophichthidae	Ophichthidae sp.				✓
				Muraenichthys gymnopterus	✓	✓		✓
				Muraenichthys thompsoni				✓
				Pisodonophis cancrivorus		✓		✓
				Xyrias revulsus				✓

续表

门 Phylum	纲 Class	目 Order	科 Family	物种 Species	春	夏	秋	冬
脊索动物门 Chordata	真骨鱼纲 Teleostei	鳗鲡目 Anguilliformes	合鳃鳗科 Synaphobranchidae	*Dysomma anguillare*				√
		水珍鱼目 Argentiniformes	水珍鱼科 Argentinidae	*Argentina kagoshimae*				√
				Glossanodon semifasciatus			√	√
		辫鱼目 Ateleopodiformes	辫鱼科 Ateleopodidae	*Ateleopus purpureus*				√
		仙女鱼目 Aulopiformes	仙女鱼科 Aulopidae	*Hime japonica*			√	√
			青眼鱼科 Chlorophthalmidae	*Chlorophthalmus acutifrons*				√
				Chlorophthalmus agassizi			√	
				Chlorophthalmus albatrossis	√	√		
				Chlorophthalmus sp.		√	√	√
			狗母鱼科 Synodontidae	*Harpadon nehereus*		√	√	√
				Saurida elongata		√	√	
				Saurida filamentosa		√	√	
				Saurida tumbil	√	√	√	
				Saurida undosquamis			√	
				Synodus hoshinonis	√	√	√	
				Synodus macrops	√	√	√	√
				Synodus variegatus	√	√		
				Trachinocephalus myops	√	√	√	√
		金眼鲷目 Beryciformes	金鳞鱼科 Holocentridae	*Holocentridae* sp.		√	√	√
		鮨形目 Callionymiformes	鮨科 Callionymidae	*Callionymidae* sp.	√		√	
				Bathycallionymus kaianus	√	√	√	√
				Callionymus sp.	√	√	√	

续表

门 Phylum	纲 Class	目 Order	科 Family	物种 Species	春	夏	秋	冬
脊索动物门 Chordata	真骨鱼纲 Teleostei	鲭形目 Callionymiformes	鲭科 Callionymidae	*Callionymus beniteguri*	✓		✓	
				Callionymus curvicornis	✓	✓	✓	✓
				Callionymus doryssus	✓	✓	✓	✓
				Callionymus huguenini			✓	
				Callionymus japonicus	✓	✓	✓	✓
				Callionymus pusillus	✓			
				Callionymus valenciennei	✓	✓	✓	✓
				Callionymus virgis	✓		✓	
				Calliurichthys sp.	✓	✓		
				Synchiropus altivelis	✓		✓	✓
			蜥䲗科 Draconettidae	*Draconetta* sp.				✓
		鲱形目 Clupeiformes	鳀科 Engraulidae	*Engraulidae* sp.	✓			
				Anchoviella sp.	✓			
				Setipinna sp.	✓			
				Stolephorus commersonnii	✓		✓	✓
				Stolephorus indicus	✓			
				Thryssa vitrirostris				✓
			Dussumieriidae	*Errumeus* sp.			✓	
		真鲈形系地位待定类群 Eupercaria incertae sedis	金线鱼科 Nemipteridae	*Nemipterus* sp.		✓	✓	✓
				Nemipterus hexodon	✓			
				Nemipterus japonicus		✓	✓	✓
				Nemipterus peronii		✓		

续表

门 Phylum	纲 Class	目 Order	科 Family	物种 Species	春	夏	秋	冬
脊索动物门 Chordata	真骨鱼纲 Teleostei	真鲈形系地位待定类群 Eupercaria incertae sedis	金线鱼科 Nemipteridae	*Nemipterus virgatus*	√	√		√
				Scolopsis taenioptera		√		√
			大眼鲷科 Priacanthidae	*Scolopsis vosmeri*			√	
				Heteropriacanthus cruentatus	√			
				Pristigenys sp.	√			
				Priacanthus macracanthus	√			√
			石首鱼科 Sciaenidae	*Pristigenys niphonia*		√		√
				Sciaenidae sp.		√		
				Argyrosomus sp.	√	√	√	
				Atrobucca nibe	√	√	√	√
				Johnius sp.		√	√	
				Johnius belangerii	√	√	√	√
				Johnius dussumieri		√		√
				Larimichthys crocea			√	
				Nibea sp.	√	√		√
				Pennahia macrocephalus	√			
		鳕形目 Gadiformes	犀鳕科 Bregmacerotidae	*Bregmaceros mcclellandi*	√	√	√	√
			长尾鳕科 Macrouridae	Macrouridae sp.		√		
			深海鳕科 Moridae	*Coelorinchus commutabilis*			√	
				Hymenocephalus striatissimus	√			
				Lotella tosaensis	√	√		
				Physiculus longifilis	√		√	√

续表

门 Phylum	纲 Class	目 Order	科 Family	物种 Species	春	夏	秋	冬
脊索动物门 Chordata	真骨鱼纲 Teleostei	鳕形目 Gadiformes	深海鳕科 Moridae	*Physiculus nigrescens*	√	√	√	√
		刺鱼目 Gasterosteiformes	海蛾鱼科 Pegasidae	*Eurypegasus draconis*			√	√
				Pegasus laternarius		√	√	√
				Pegasus volitans				√
		虾虎鱼目 Gobiiformes	虾虎鱼科 Gobiidae	*Gobiidae* sp.	√	√	√	√
				Acanthogobius flavimanus		√		√
				Acentrogobius pflaumii			√	√
				Acentrogobius sp.			√	
				Amblychaeturichthys hexanema			√	
				Amblygobius sp.	√			
				Amblyotrypauchen arctocephalus	√	√	√	√
				Bathygobius fuscus				√
				Chaeturichthys stigmatias				√
				Cryptocentrus sp.		√		
				Ctenogobius sp.	√			
				Ctenotrypauchen chinensis	√	√	√	√
				Ctenotrypauchen sp.	√			
				Gobius sp.			√	
				Heteroplopomus barbatus		√		√
				Myersina filifer		√	√	
				Odontamblyopus rubicundus		√	√	
				Odontamblyopus sp.	√	√		

续表

门 Phylum	纲 Class	目 Order	科 Family	物种 Species	春	夏	秋	冬
脊索动物门 Chordata	真骨鱼纲 Teleostei	虾虎鱼目 Gobiiformes	虾虎鱼科 Gobiidae	Oxuderces dentatus	✓		✓	
				Oxyurichthys microlepis	✓	✓	✓	✓
				Oxyurichthys papuensis	✓	✓	✓	✓
				Oxyurichthys tentacularis	✓	✓		
				Oxyurichthys sp.	✓	✓	✓	✓
				Parachaeturichthys polynema	✓	✓	✓	✓
				Paratrypauchen microcephalus	✓	✓	✓	✓
				Periophthalmus modestus		✓		
				Pleurosicya boldinghi	✓	✓	✓	✓
				Priolepis boreus	✓			
				Priolepis semidoliata		✓	✓	✓
				Rhinogobius sp.		✓		
				Taenioides anguillaris	✓	✓	✓	✓
				Trypauchen vagina	✓	✓	✓	✓
				Trypauchen sp.			✓	
				Valenciennea wardii	✓	✓		✓
				Yongeichthys criniger		✓		
		鼠鱚目 Gonorhynchiformes	鼠鱚科 Gonorynchidae	Gonorynchus abbreviatus	✓			✓
		钩头鱼目 Kurtiformes	天竺鲷科 Apogonidae	Apogon carinatus		✓		✓
				Apogon lineatus	✓	✓	✓	✓
				Apogon semilineatus		✓	✓	
				Apogon striatus	✓	✓	✓	✓

续表

门 Phylum	纲 Class	目 Order	科 Family	物种 Species	春	夏	秋	冬
脊索动物门 Chordata	真骨鱼纲 Teleostei	鲈头鱼目 Kurtiformes	天竺鲷科 Apogonidae	*Apogon taeniatus*		✓		
				Apogon sp.	✓		✓	✓
				Apogonichthyoides niger	✓	✓	✓	✓
				Apogonichthys sp.		✓		
				Jaydia ellioti	✓	✓	✓	✓
				Ostorhinchus fasciatus	✓	✓	✓	✓
				Ostorhinchus fleurieu	✓			
				Ostorhinchus kiensis	✓	✓	✓	✓
				Siphamia tubifer		✓		✓
		鮟鱇目 Lophiiformes	躄鱼科 Antennariidae	*Antennarius hispidus*	✓			✓
				Antennarius striatus	✓	✓	✓	
				Antennatus nummifer	✓	✓	✓	
				Histrio sp.		✓		✓
			单棘躄鱼科 Chaunacidae	*Chaunax fimbriatus*	✓		✓	✓
			鮟鱇科 Lophiidae	*Lophiomus setigerus*	✓	✓	✓	
				Lophius litulon	✓	✓	✓	
			蝙蝠鱼科 Ogcocephalidae	*Halicmetus reticulatus*		✓	✓	
				Halieutaea fumosa	✓	✓		✓
				Halieutaea indica	✓	✓	✓	
				Halieutaea stellata	✓	✓	✓	✓
				Halieutaea sp.	✓	✓		
				Malthopsis lutea	✓	✓	✓	✓

续表

门 Phylum	纲 Class	目 Order	科 Family	物种 Species	春	夏	秋	冬
脊索动物门 Chordata	真骨鱼纲 Teleostei	鮟鱇目 Lophiiformes	蝙蝠鱼科 Ogcocephalidae	*Malthopsis* sp.	√	√		
		鼬鳚目 Ophidiiformes	胶鼬鳚科 Aphyonidae	*Barathronus diaphanus*		√		
			胎鼬鳚科 Bythitidae	*Grammonus robustus*				√
			潜鱼科 Carapidae	*Carapus* sp.			√	
				Eurypleuron owasianum		√	√	
			鼬鳚科 Ophidiidae	*Brotula multibarbata*			√	
				Dicrolene tristis		√		
				Hoplobrotula armata	√	√	√	√
				Lepophidium marmoratum	√	√		√
				Luciobrotula bartschi	√			√
				Neobythites marginatus				√
				Neobythites unimaculatus	√	√	√	√
				Ophidion asiro	√	√		
				Ophidion muraenolepis			√	√
				Sirembo imberbis	√	√	√	√
		胡瓜鱼目 Osmeriformes	平头鱼科 Alepocephalidae	*Alepocephalus* sp.				√
		附卵亚系地位待定类群 Ovalentaria	双边鱼科 Ambassidae	*Ambassis kopsii*			√	
		incertae sedis		*Ambassis* sp.			√	
			后颌鱼科 Opistognathidae	*Opistognathus* sp.	√	√		
		鲈形目 Perciformes	发光鲷科 Acropomatidae	*Malakichthys elegans*		√		
				Malakichthys sp.	√		√	√
				Synagrops argyreus	√	√	√	√

续表

门 Phylum	纲 Class	目 Order	科 Family	物种 Species	春	夏	秋	冬
脊索动物门 Chordata	真骨鱼纲 Teleostei	鲈形目 Perciformes	发光鲷科 Acropomatidae	Synagrops philippinensis	√		√	
				Synagrops serratospinosus			√	
			玉筋鱼科 Ammodytidae	Bleekeria viridianguilla				√
			绒皮鲉科 Aploactinidae	Aploactis aspera	√	√	√	
				Aploactis sp.		√		
				Erisphex pottii	√	√	√	√
			寿鱼科 Banjosidae	Banjos banjos		√		
			鳚科 Blenniidae	Blenniidae sp.	√			
			羊鲂科 Caproidae	Antigonia capros		√		
				Antigonia rubescens			√	√
			鲹科 Carangidae	Carangoides malabaricus	√		√	
				Caranx sp.		√		√
			长鲳科 Centrolophidae	Psenopsis anomala	√			
			赤刀鱼科 Cepolidae	Acanthocepola abbreviata		√	√	
				Acanthocepola indica	√			√
			蝴蝶鱼科 Chaetodontidae	Roa modesta	√	√	√	√
			鳄齿鱼科 Champsodontidae	Champsodon capensis	√	√	√	√
				Champsodon vorax	√			
			䲢科 Cirrhitidae	Cirrhitichthys aprinus		√	√	√
				Cirrhitus pinnulatus	√			
			塘鳢科 Eleotridae	Bostrychus sinensis	√			
			银鲈科 Gerreidae	Gerres filamentosus				√

续表

门 Phylum	纲 Class	目 Order	科 Family	物种 Species	春	夏	秋	冬
脊索动物门 Chordata	真骨鱼纲 Teleostei	鲈形目 Perciformes	石鲈科 Haemulidae	*Pomadasys maculatus*		✓		
				Pomadasys sp.		✓		
			髭鲷科 Hapalogenyidae	*Hapalogenys mucronatus*	✓			
			棘鲬科 Hoplichthyidae	*Hoplichthys gilberti*	✓	✓	✓	✓
				Hoplichthys langsdorfii	✓	✓	✓	✓
				Hoplichthys sp.		✓		
			隆头鱼科 Labridae	*Halichoeres* sp.		✓		
				Suezichthys gracilis		✓	✓	✓
			鲾科 Leiognathidae	*Equulites elongatus*	✓	✓	✓	✓
				Leiognathus sp.		✓	✓	✓
				Leiognathus ruconius		✓		
				Secutor insidiator			✓	
			裸颊鲷科 Lethrinidae	*Gnathodentex* sp.	✓			✓
				Gymnocranius griseus	✓	✓		
				Gymnocranius sp.	✓		✓	
			笛鲷科 Lutjanidae	*Lutjanus erythropterus*		✓		
			弱棘鱼科 Malacanthidae	*Branchiostegus argentatus*	✓			✓
				Branchiostegus auratus	✓		✓	✓
				Branchiostegus sp.		✓		
			羊鱼科 Mullidae	*Upeneus japonicus*	✓	✓	✓	
				Upeneus moluccensis		✓		✓
				Upeneus sp.			✓	

续表

门 Phylum	纲 Class	目 Order	科 Family	物种 Species	春	夏	秋	冬
脊索动物门 Chordata	真骨鱼纲 Teleostei	鲈形目 Perciformes	鲈䲁科 Percophidae	*Acanthaphritis grandisquamis*	√	√	√	√
				Chrionema chryseres				√
				Matsubaraea fusiforme				√
				Matsubaraea sp.	√			
			拟鲈科 Pinguipedidae	Pinguipedidae sp.				√
				Parapercis sp.	√			
				Parapercis clathrata	√			
				Parapercis cylindrica		√		
				Parapercis ommatura			√	√
				Parapercis pulchella			√	√
				Parapercis punctata	√	√	√	√
			马鲅科 Polynemidae	*Eleutheronema tetradactylum*			√	
				Polydactylus sextarius			√	√
			雀鲷科 Pomacentridae	*Lutianus* sp.		√		
				Pomacentrus sp.		√		
			金钱鱼科 Scatophagidae	*Scatophagus argus*	√			
			鲉科 Scorpaenidae	Scorpaenidae sp.	√	√	√	√
				Brachypterois serrulata		√	√	√
				Dendrochirus bellus		√	√	
				Dendrochirus zebra		√	√	√
				Hoplosebastes armatus	√	√	√	√

续表

门 Phylum	纲 Class	目 Order	科 Family	物种 Species	春	夏	秋	冬
脊索动物门 Chordata	真骨鱼纲 Teleostei	鲈形目 Perciformes	鲉科 Scorpaenidae	*Parapterois heterura*	√	√	√	√
				Parascorpaena picta	√	√	√	√
				Parascorpaena sp.		√	√	
				Pterois lunulata	√	√	√	√
				Pterois miles	√	√	√	√
				Pterois russelii	√	√	√	√
				Pterois volitans				√
				Pterois sp.				√
				Scorpaena hatizyoensis	√	√	√	√
				Scorpaena neglecta	√	√	√	√
				Scorpaena sp.		√	√	
				Scorpaenodes guamensis	√	√	√	√
				Scorpaenopsis cirrosa	√	√		
				Scorpaenopsis gibbosa		√	√	√
				Scorpaenopsis sp.			√	
				Sebastapistes nuchalis	√	√		√
				Sebastapistes sp.	√	√	√	√
			鲈科 Serranidae	*Serranidae* sp.	√	√	√	√
				Cephalopholis boenak		√		
				Chelidoperca hirundinacea	√	√	√	
				Chelidoperca margaritifera	√	√	√	

门 Phylum	纲 Class	目 Order	科 Family	物种 Species	春	夏	秋	冬
脊索动物门 Chordata	真骨鱼纲 Teleostei	鲈形目 Perciformes	鮨科 Serranidae	Epinephelus sp.	√	√	√	√
				Epinephelus amblycephalus		√	√	
				Epinephelus areolatus		√		
				Epinephelus awoara		√	√	√
				Epinephelus lanceolatus			√	√
				Epinephelus sexfasciatus	√			
				Plectranthias japonicus	√	√		
				Pseudanthias cichlops		√		
				Tosana niwae	√	√	√	√
				Zalanthias sp.		√	√	√
			蓝子鱼科 Siganidae	Siganus fuscescens	√			
			鳚科 Sillaginidae	Sillago japonica				√
				Sillago maculata		√		
			鲷科 Sparidae	Evynnis tumifrons	√	√	√	√
			鲷科 Sparidae	Parargyrops edita		√	√	
			舒科 Sphyraenidae	Sphyraena sp.	√	√	√	√
			真裸皮鲉科 Tetrarogidae	Gymnapistes sp.		√	√	√
				Ocosia fasciata		√		
				Ocosia sp.		√		
			带鱼科 Trichiuridae	Lepturacanthus savala	√			
				Trichiurus lepturus	√	√	√	√

续表

门 Phylum	纲 Class	目 Order	科 Family	物种 Species	春	夏	秋	冬
脊索动物门 Chordata	真骨鱼纲 Teleostei	鲈形目 Perciformes	带鱼科 Trichiuridae	Trichiurus sp.	✓			
			毛背鱼科 Trichonotidae	Trichonotus setiger				✓
			鲂鮄科 Triglidae	Triglidae sp.				✓
				Chelidonichthys kumu	✓			✓
				Lepidotrigla alata		✓	✓	
				Lepidotrigla hime		✓		
				Lepidotrigla japonica	✓		✓	✓
				Lepidotrigla kanagashira		✓	✓	
				Lepidotrigla microptera				✓
				Lepidotrigla punctipectoralis	✓		✓	
				Lepidotrigla spiloptera				✓
				Lepidotrigla sp.		✓	✓	
				Pterygotrigla hemisticta		✓	✓	
				Pterygotrigla ryukyuensis				✓
			鯒科 Uranoscopidae	Uranoscopus bicinctus		✓		
				Uranoscopus japonicus	✓	✓		
			鯒科 Uranoscopidae	Uranoscopus oligolepis		✓	✓	✓
				Uranoscopus tosae	✓		✓	
		鲽形目 Pleuronectiformes	鲆科 Bothidae	Bothidae sp.		✓		
				Arnoglossus elongatus	✓	✓		✓
				Arnoglossus polyspilus	✓			
				Arnoglossus scapha			✓	✓

续表

门 Phylum	纲 Class	目 Order	科 Family	物种 Species	春	夏	秋	冬
脊索动物门 Chordata	真骨鱼纲 Teleostei	鲽形目 Pleuronectiformes	鲆科 Bothidae	Arnoglossus tapeinosoma	√	√	√	√
				Arnoglossus tenuis	√	√	√	√
				Arnoglossus sp.	√	√	√	√
				Asterorhombus cocosensis	√	√	√	√
				Asterorhombus intermedius		√	√	
				Bothus myriaster	√			
				Bothus pantherinus				
				Chascanopsetta lugubris				√
				Crossorhombus azureus	√	√		√
				Engyprosopon filipennis	√			
				Engyprosopon grandisquama	√	√	√	√
				Engyprosopon sp.	√	√	√	√
				Grammatobothus polyophthalmus	√			
				Laeops kitaharae	√	√	√	
				Laeops parviceps	√	√	√	
				Laeops sp.		√	√	
				Parabothus sp.	√			
				Psetina hainanensis				√
				Psetina iijimae	√	√	√	√
				Psetina sp.	√			
			棘鲆科 Citharidae	Brachypleura novaezeelandiae		√	√	√
				Citharoides macrolepis	√			

续表

门 Phylum	纲 Class	目 Order	科 Family	物种 Species	春	夏	秋	冬
脊索动物门 Chordata	真骨鱼纲 Teleostei	鲽形目 Pleuronectiformes	舌鳎科 Cynoglossidae	*Cynoglossus joyneri*	√	√	√	√
				Cynoglossus kopsii		√	√	√
				Cynoglossus lineolatus	√		√	√
				Cynoglossus macrolepidotus	√	√		√
				Cynoglossus melampetalus	√	√		√
				Cynoglossus puncticeps		√		√
				Cynoglossus robustus	√	√	√	√
				Cynoglossus sibogae	√	√	√	√
				Cynoglossus sinicus			√	
				Cynoglossus sp.	√	√	√	√
				Paraplagusia blochii		√		
				Paraplagusia japonica	√			
				Symphurus microrhynchus	√		√	
				Symphurus sp.			√	
			牙鲆科 Paralichthyidae	*Pseudorhombus arsius*	√	√		
				Pseudorhombus cinnamoneus	√	√	√	√
				Pseudorhombus elevatus	√	√	√	
				Pseudorhombus levisquamis	√	√	√	√
				Pseudorhombus malayanus	√	√	√	
				Pseudorhombus oligodon	√	√		√
				Pseudorhombus quinquocellatus	√	√	√	√
				Pseudorhombus sp.	√	√	√	√

续表

门 Phylum	纲 Class	目 Order	科 Family	物种 Species	春	夏	秋	冬
脊索动物门 Chordata	真骨鱼纲 Teleostei	鲽形目 Pleuronectiformes	牙鲆科 Paralichthyidae	*Tarphops oligolepis*	√	√		
				Tephrinectes sinensis	√		√	
			鲽科 Pleuronectidae	*Poecilopsetta colorata*	√	√	√	
				Poecilopsetta plinthus	√	√	√	√
			鳎科 Psettodidae	*Psettodes erumei*	√	√	√	√
			冠鳎科 Samaridae	*Samaris cristatus*	√	√	√	√
				Samariscus huysmani		√	√	√
				Samariscus longimanus		√		
				Samariscus sunieri	√			
			鳎科 Soleidae	*Aesopia cornuta*	√	√	√	√
				Aseraggodes kobensis	√	√	√	√
				Aseraggodes sp.		√	√	
				Brachirus orientalis	√			
				Heteromycteris japonicus	√	√	√	√
				Liachirus melanospilos	√	√	√	√
				Monochirus trichodactylus	√	√	√	√
				Zebrias zebra	√	√		
		银眼鲷目 Polymixiiformes	须鳚鲷科 Polymixiidae	*Polymixia japonica*	√	√	√	
		鲑形目 Salmoniformes	鲑科 Salmonidae	*Coregonus sp.*				
		鲉形目 Scorpaeniformes	须蓑鲉科 Apistidae	*Apistus carinatus*	√	√	√	√
				Apistus sp.				
			红鲬科 Bembridae	*Bambradon laevis*				√

续表

门 Phylum	纲 Class	目 Order	科 Family	物种 Species	春	夏	秋	冬
脊索动物门 Chordata	真骨鱼纲 Teleostei	鲉形目 Scorpaeniformes	红鲬科 Bembridae	*Bembradium roseum*				√
				Bembras japonica		√		√
			豹鲂鮄科 Dactylopteridae	*Dactyloptena gilberti*		√	√	
				Dactyloptena orientalis	√	√		
				Dactyloptena peterseni	√			
			黄鲂鮄科 Peristediidae	*Gargariscus prionocephalus*	√			
				Peristedion sp.	√		√	
				Satyrichthys rieffeli				√
			鲬科 Platycephalidae	*Platycephalidae* sp.	√	√	√	
				Cociella crocodilus	√	√		√
				Cociella sp.	√			
				Grammoplites scaber	√	√	√	√
				Inegocia guttata	√	√		
				Inegocia japonica	√	√		√
				Inegocia sp.	√			
				Kumococius rodericensis	√	√	√	√
				Onigocia macrolepis	√	√	√	√
				Onigocia spinosa	√	√		
				Platycephalus indicus	√			
				Ratabulus megacephalus	√			√
				Rogadius asper	√	√	√	√
				Sorsogona tuberculata	√	√	√	√

续表

门 Phylum	纲 Class	目 Order	科 Family	物种 Species	春	夏	秋	冬
脊索动物门 Chordata	真骨鱼纲 Teleostei	鲉形目 Scorpaeniformes	鲬科 Platycephalidae	*Suggrundus* sp.				√
			平头鲉科 Plectrogeniidae	*Plectrogenium nanum*	√			
			平鲉科 Sebastidae	*Sebastiscus marmoratus*		√		√
			甕头鲉科 Setarchidae	*Setarches longimanus*	√			√
			毒鲉科 Synanceiidae	*Erosa erosa*			√	
				Inimicus cuvieri		√		√
				Inimicus japonicus			√	√
				Inimicus sp.			√	
				Minous inermis	√	√	√	√
				Minous monodactylus		√	√	√
				Minous pusillus	√	√	√	√
				Minous sp.			√	
				Trachicephalus uranoscopus	√			√
		鲇形目 Siluriformes	鳗鲇科 Plotosidae	*Plotosus lineatus*	√			
		巨口鱼目 Stomiiformes	褶胸鱼科 Sternoptychidae	*Polyipnus spinosus*		√		√
		合鳃鱼目 Synbranchiformes	合鳃鱼科 Synbranchidae	*Monopterus* sp.			√	
		海龙目 Syngnathiformes	玻甲鱼科 Centriscidae	*Centriscus scutatus*			√	√
			烟管鱼科 Fistulariidae	*Fistularia petimba*		√	√	
			剃刀鱼科 Solenostomidae	*Solenostomus armatus*		√		√
				Solenostomus cyanopterus	√			
			海龙科 Syngnathidae	*Halicampus grayi*	√		√	√
				Hippocampus histrix		√	√	

续表

门 Phylum	纲 Class	目 Order	科 Family	物种 Species	春	夏	秋	冬
脊索动物门 Chordata	真骨鱼纲 Teleostei	海龙目 Syngnathiformes	海龙科 Syngnathidae	Hippocampus sp.				√
				Hippocampus trimaculatus	√	√		√
				Trachyrhamphus serratus	√	√	√	√
		鲀形目 Tetraodontiformes	刺鲀科 Diodontidae	Chilomycterus echinatus	√	√	√	√
				Cyclichthys orbicularis	√	√	√	√
				Diodon holocanthus				
				Diodon hystrix	√			
			单角鲀科 Monacanthidae	Aluterus monoceros		√		
				Monacanthus sp.	√	√		√
				Paramonacanthus sulcatus	√			
				Stephanolepis setifer	√			
				Thamnaconus modestus	√	√	√	
				Thamnaconus tessellatus	√	√		
			箱鲀科 Ostraciidae	Tetrosomus concatenatus	√	√		√
				Tetrosomus gibbosus	√			√
			鲀科 Tetraodontidae	Amblyrhynchotes honckenii	√			√
				Canthigaster rivulata	√	√	√	√
				Fugu sp.			√	
				Lagocephalus inermis		√		
				Lagocephalus lunaris		√		
				Lagocephalus suezensis			√	
				Lagocephalus sp.			√	

续表

门 Phylum	纲 Class	目 Order	科 Family	物种 Species	春	夏	秋	冬
脊索动物门 Chordata	真骨鱼纲 Teleostei	鲀形目 Tetraodontiformes	鲀科 Tetraodontidae	*Takifugu alboplumbeus*	✓			
				Takifugu oblongus				✓
				Torquigener hypselogeneion		✓	✓	✓
				Tylerius spinosissimus		✓	✓	
			拟三刺鲀科 Triacanthodidae	*Triacanthodes anomalus*	✓	✓		
		海鲂目 Zeiformes	准的鲷科 Parazenidae	*Cyttopsis cypho*		✓	✓	
				Parazen pacificus				✓
			Zeniontidae	*Cyttomimus affinis*				✓
	板鳃纲 Elasmobranchii	鲼形目 Myliobatiformes	魟科 Dasyatidae	*Dasyatis* sp.			✓	
				Hemitrygon sinensis		✓	✓	✓
		须鲨目 Orectolobiformes	斑鳍鲨科 Parascylliidae	*Cirrhoscyllium expolitum*			✓	
		锯鲨目 Pristiophoriformes	锯鲨科 Pristiophoridae	*Pristiophorus japonicus*			✓	
		鳐形目 Rajiformes	Arhynchobatidae	*Bathyraja smirnovi*		✓	✓	✓
			鳐科 Rajidae	*Dipturus kwangtungensis*	✓	✓		
				Okamejei hollandi	✓	✓	✓	✓
				Okamejei kenojei	✓	✓	✓	
				Raja sp.				
			犁头鳐科 Rhinobatidae	*Platyrhina sinensis*	✓	✓		✓
		角鲨目 Squaliformes	角鲨科 Squalidae	*Squalus brevirostris*			✓	
				Squalus sp.	✓			
		电鳐目 Torpediniformes	双鳍电鳐科 Narcinidae	*Narcine maculata*	✓	✓	✓	✓
				Narcine timlei	✓	✓		✓
				Crassinarke dormitor			✓	
				Narke japonica		✓		

附表 2　南海北部海域采泥历史调查大型底栖动物物种名录

门 Phylum	纲 Class	目 Order	科 Family	物种 Species	1959年7月	1960年1~3月	1960年4~5月
多孔动物门 Porifera	寻常海绵纲 Demospongiae	网角海绵目 Dictyoceratida	角骨海绵科 Spongiidae	*Spongia* sp.	✓	✓	
刺胞动物门 Cnidaria	珊瑚虫纲 Anthozoa	海葵目 Actiniaria	Edwardsiidae	*Edwardsia* sp.	✓	✓	
		软珊瑚目 Alcyonacea	穗珊瑚科 Nephtheidae	*Dendronephthya* sp.	✓	✓	
		海鳃目 Pennatulacea	海鳃科 Pennatulidae	*Pteroeides* sp.	✓		
			沙箸海鳃科 Virgulariidae	Virgulariidae sp.	✓		✓
		石珊瑚目 Scleractinia	陀螺珊瑚科 Turbinoliidae	Turbinoliidae sp.	✓		
	水螅纲 Hydrozoa	被鞘螅目 Leptothecata	美羽螅科 Aglaopheniidae	*Lytocarpia myriophyllum*		✓	
				Lytocarpia sp.			
				Macrorhynchia sp.	✓	✓	✓
			钟螅科 Campanulariidae	*Hartlaubella gelatinosa*		✓	✓
			羽螅科 Plumulariidae	*Plumularia* sp.	✓	✓	✓
			小桧叶螅科 Sertularellidae	*Sertularella* sp.	✓	✓	✓
			桧叶螅科 Sertulariidae	*Diphasia* sp.	✓	✓	✓
				Idiellana pristis		✓	✓
			盾杯螅科 Thyroscyphidae	*Thyroscyphus* sp.	✓	✓	✓
			深杯合螅科 Zygophylacidae	*Zygophylax* sp.	✓		
纽形动物门 Nemertea	未鉴定到纲	未鉴定到目	未鉴定到科	*Nemertea* sp.	✓	✓	✓
环节动物门 Annelida	多毛纲 Polychaeta	仙虫目 Amphinomida	仙虫科 Amphinomidae	Amphinomidae sp.		✓	✓
				Chloeia sp.	✓	✓	
				Chloeia flava			✓
				Chloeia fusca	✓		
				Chloeia rosea	✓		
				Chloeia violacea	✓	✓	✓

续表

门 Phylum	纲 Class	目 Order	科 Family	物种 Species	1959年7月	1960年1~3月	1960年4~5月
环节动物门 Annelida	多毛纲 Polychaeta	螠目 Echiuroidea	未鉴定到科	Echiuroidea sp.	√	√	√
		矶沙蚕目 Eunicida	矶沙蚕科 Eunicidae	Eunicidae sp.	√	√	√
				Eunice afra	√	√	
				Eunice indica	√	√	√
				Eunice tubifex	√	√	√
				Eunice wasinensis			√
				Eunice sp.	√	√	√
				Marphysa sp.		√	
				Paucibranchia bellii	√		
				Paucibranchia stragulum	√	√	√
			索沙蚕科 Lumbrineridae	Lumbrineris sp.	√	√	√
				Lumbrineris acutiformis	√	√	
			欧努菲虫科 Onuphidae	Americonuphis sp.	√	√	√
				Diopatra amboinensis	√		√
				Diopatra neapolitana		√	√
				Hyalinoecia tubicola			√
				Onuphis sp.	√	√	√
				Onuphis eremita	√	√	√
		叶须虫目 Phyllodocida	蠕鳞虫科 Acoetidae	Acoetes melanonota	√	√	
				Euarche maculosa		√	
				Eupanthalis edriophthalma			√
				Panthalis sp.	√		

续表

门 Phylum	纲 Class	目 Order	科 Family	物种 Species	1959年7月	1960年1~3月	1960年4~5月
环节动物门 Annelida	多毛纲 Polychaeta	叶须虫目 Phyllodocida	蠕鳞虫科 Acoetidae	Polyodontes maxillosus		✓	✓
			鳞沙蚕科 Aphroditidae	Aphroditidae sp.	✓	✓	✓
				Aphrodita sp.	✓		✓
				Laetmonice brachyceras	✓	✓	
			真鳞虫科 Eulepethidae	Pareulepis malayana	✓	✓	✓
			吻沙蚕科 Glyceridae	Glyceridae sp.	✓	✓	
				Glycera sp.	✓	✓	✓
				Glycera unicornis	✓	✓	✓
			角吻沙蚕科 Goniadidae	Goniada sp.	✓	✓	✓
				Goniada emerita	✓	✓	
				Ophioglycera distorta			
			海女虫科 Hesionidae	Hesionidae sp.	✓		✓
				Oxydromus sp.	✓	✓	
			齿吻沙蚕科 Nephtyidae	Aglaophamus jeffreysii	✓	✓	✓
				Aglaophamus sinensis	✓	✓	✓
				Aglaophamus sp.	✓	✓	
				Inermonephtys inermis	✓	✓	✓
				Nephtys sp.	✓	✓	✓
			沙蚕科 Nereididae	Gymnonereis sibogae	✓	✓	✓
				Nectoneanthes oxypoda	✓	✓	✓
				Nereis sp.	✓	✓	
			拟特须虫科 Paralacydoniidae	Paralacydonia sp.	✓	✓	
			叶须虫科 Phyllodocidae	Phyllodocidae sp.	✓	✓	✓

续表

门 Phylum	纲 Class	目 Order	科 Family	物种 Species	1959年7月	1960年1~3月	1960年4~5月
环节动物门 Annelida	多毛纲 Polychaeta	叶须虫目 Phyllodocida	锡鳞虫科 Sigalionidae	*Fimbriosthenelais hirsuta*	✓	✓	✓
				Labioleanira tentaculata	✓		✓
				Labiosthenolepis sibogae	✓		✓
				Leanira sp.	✓	✓	✓
				Sthenelais sp.		✓	✓
				Sthenolepis izuensis	✓	✓	✓
				Sthenolepis japonica	✓	✓	✓
			裂虫科 Syllidae	*Epigamia magna*		✓	✓
				Syllidae sp.	✓	✓	✓
		缨鳃虫目 Sabellida	欧文虫科 Oweniidae	*Owenia fusiformis*	✓	✓	✓
			缨鳃虫科 Sabellidae	Sabellidae sp.	✓	✓	✓
			龙介虫科 Serpulidae	*Ditrupa* sp.	✓		✓
				Serpulidae sp.	✓		
		海稚虫目 Spionida	海稚虫科 Spionidae	*Laonice cirrata*	✓	✓	✓
				Paraprionospio pinnata	✓	✓	✓
				Paraprionospio sp.	✓	✓	
				Prionospio sp.	✓	✓	✓
				Spio sp.	✓		
				Spionidae sp.	✓	✓	✓
				Spiophanes sp.	✓		
		蛰龙介目 Terebellida	轮毛虫科 Trochochaetidae	*Trochochaeta* sp.	✓	✓	✓
			双栉虫科 Ampharetidae	Ampharetidae sp.	✓	✓	✓
				Amphicteis gunneri		✓	

续表

门 Phylum	纲 Class	目 Order	科 Family	物种 Species	1959年7月	1960年1~3月	1960年4~5月
环节动物门 Annelida	多毛纲 Polychaeta	蛰龙介目 Terebellida	双栉虫科 Ampharetidae	*Anobothrus* sp.	✓	✓	✓
				Paramphicteis weberi	✓	✓	✓
			丝鳃虫科 Cirratulidae	*Cirratulidae* sp.	✓	✓	✓
				Caulleriella sp.		✓	✓
			扇毛虫科 Flabelligeridae	*Flabelligeridae* sp.	✓	✓	✓
				Stylarioides sp.	✓	✓	✓
			笔帽虫科 Pectinariidae	*Pectinaria capensis*		✓	✓
				Pectinaria conchilega			✓
			不倒翁虫科 Sternaspidae	*Sternaspis scutata*	✓	✓	✓
			蛰龙介科 Terebellidae	*Terebellidae* sp.	✓	✓	✓
				Loimia medusa	✓	✓	✓
			毛鳃虫科 Trichobranchidae	*Terebellides stroemii*	✓	✓	✓
		未划分目	小头虫科 Capitellidae	*Dasybranchus lumbricoides*		✓	
				Dasybranchus sp.	✓		
				Notomastus sp.	✓		
				Notomastus latericeus	✓	✓	✓
				Capitellidae sp.	✓	✓	✓
			磷虫科 Chaetopteridae	*Phyllochaetopterus claparedii*	✓		
			单指虫科 Cossuridae	*Cossura* sp.		✓	
				Cossura aciculata	✓	✓	✓
			长手沙蚕科 Magelonidae	*Magelona* sp.	✓	✓	✓
			竹节虫科 Maldanidae	*Maldanidae* sp.	✓	✓	✓

续表

门 Phylum	纲 Class	目 Order	科 Family	物种 Species	1959 年 7 月	1960 年 1～3 月	1960 年 4～5 月
环节动物门 Annelida	多毛纲 Polychaeta	未划分目	竹节虫科 Maldanidae	*Asychis disparidentata*	√	√	√
				Clymenella cincta	√	√	√
				Maldane sarsi	√	√	√
				Metasychis gotoi	√	√	√
				Nicomache sp.	√	√	√
				Praxillella affinis	√	√	
				Praxillella gracilis	√	√	√
				Sabaco gangeticus	√		
			海蛹科 Opheliidae	*Armandia* sp.	√	√	√
				Ophelina sp.	√		√
				Opheliidae sp.			
			锥头虫科 Orbiniidae	*Aricia* sp.	√	√	√
				Naineris sp.	√		
				Orbinia sp.	√	√	√
				Orbiniidae sp.	√	√	√
			异毛虫科 Paraonidae	*Aricidea* sp.	√		
			帚毛虫科 Sabellariidae	*Lygdamis* sp.	√	√	√
				Sabellariidae sp.			√
			梯额虫科 Scalibregmatidae	*Polyphysia* sp.	√	√	
				Scalibregmatidae sp.			
			臭海蛹科 Travisiidae	*Travisia forbesii*	√	√	
星虫动物门 Sipuncula	未鉴定纲	未鉴定目	未鉴定科	*Sipuncula* sp.	√	√	
软体动物门 Mollusca	双壳纲 Bivalvia	贫齿目 Adapedonta	刀蛏科 Pharidae	*Cultellus attenuatus*	√	√	√

续表

门 Phylum	纲 Class	目 Order	科 Family	物种 Species	1959 年 7 月	1960 年 1~3 月	1960 年 4~5 月
软体动物门 Mollusca	双壳纲 Bivalvia	贫齿目 Adapedonta	刀蛏科 Pharidae	*Cutellus philippianus*			✓
				Siliqua sp.	✓		✓
			竹蛏科 Solenidae	*Siliqua minima*		✓	✓
				Solen sp.	✓	✓	✓
		蚶目 Arcida	蚶科 Arcidae	*Anadara ferruginea*	✓	✓	✓
				Anadara pilula		✓	
				Anadara vellicata			✓
				Arca sp.	✓		
				Mabellarca dautzenbergi	✓		
			细纹蚶科 Noetiidae	*Striarca symmetrica*	✓	✓	✓
				Verilarca thielei			✓
		鸟蛤目 Cardiida	鸟蛤科 Cardiidae	*Vepricardium multispinosum*	✓		
			紫云蛤科 Psammobiidae	*Gari lessoni*	✓		
				Gari radiata			✓
			双带蛤科 Semelidae	*Abra* sp.	✓		✓
				Abra weberi		✓	
				Theora sp.			
			截蛏科 Solecurtidae	*Azorinus coarctatus*	✓	✓	✓
			樱蛤科 Tellinidae	*Arcopaginula inflata*		✓	✓
				Moerella hilaris			✓
				Oudardia sandix			✓
				Praetextellina praetexta	✓		✓
				Psammacoma candida	✓		

续表

门 Phylum	纲 Class	目 Order	科 Family	物种 Species	1959年7月	1960年1~3月	1960年4~5月
软体动物门 Mollusca	双壳纲 Bivalvia	鸟蛤目 Cardiida	樱蛤科 Tellinidae	*Psammacoma gubernaculum*		✓	✓
				Sylvanus lilium		✓	✓
				Tellina sp.	✓	✓	✓
				Apolymetis meyeri		✓	
		心蛤目 Carditida	心蛤科 Carditidae	*Venericardia* sp.		✓	✓
		锉蛤目 Limida	锉蛤科 Limidae	*Lima* sp.		✓	
		满月蛤目 Lucinida	满月蛤科 Lucinidae	*Cardiolucina civica*			✓
		海螂目 Myida	篮蛤科 Corbulidae	*Corbula erythrodon*	✓		✓
				Corbula scaphoides	✓		✓
				Corbula tunicata		✓	
				Potamocorbula sp.	✓	✓	
			海螂科 Myidae	*Cryptomya* sp.		✓	
			船蛆科 Teredinidae	*Lyrodus massa*			✓
		贻贝目 Mytilida	贻贝科 Mytilidae	*Amygdalum arborescens*	✓		✓
				Modiolatus nitidus			✓
				Modiolus sp.	✓		
		吻状蛤目 Nuculanida	吻状蛤科 Nuculanidae	*Saccella confusa*	✓		✓
				Saccella robsoni	✓		
			云母蛤科 Yoldiidae	*Orthoyoldia lepidula*	✓	✓	
		胡桃蛤目 Nuculida	胡桃蛤科 Nuculidae	*Ennucula convexa*	✓	✓	
				Ennucula cumingii	✓	✓	
		牡蛎目 Ostreida	牡蛎科 Ostreidae	*Ostrea* sp.	✓	✓	✓
			江珧科 Pinnidae	*Atrina pectinata*	✓	✓	✓

续表

门 Phylum	纲 Class	目 Order	科 Family	物种 Species	1959年7月	1960年1~3月	1960年4~5月
软体动物门 Mollusca	双壳纲 Bivalvia	牡蛎目 Ostreida	江珧科 Pinnidae	*Atrina penna*		✓	
			珍珠贝科 Pteriidae	*Pterelectroma physoides*		✓	✓
		扇贝目 Pectinida	扇贝科 Pectinidae	*Annachlamys striatula*			✓
			襞蛤科 Plicatulidae	*Plicatula regularis*	✓		✓
		帘蛤目 Venerida	同心蛤科 Glossidae	*Meiocardia vulgaris*			✓
			蛤蜊科 Mactridae	*Mactra aphrodina*		✓	✓
				Mactra sp.		✓	
				Mactrinula reevesii	✓		✓
			蹄蛤科 Ungulinidae	*Diplodonta* sp.		✓	✓
				Joannisiella philippinarum			✓
				Joannisiella sp.			✓
			帘蛤科 Veneridae	*Aphrodora kurodai*	✓	✓	✓
				Callista chinensis	✓	✓	✓
				Chione sp.	✓		✓
				Circe sp.			✓
				Costellipitar manillae	✓	✓	✓
				Dorisca amica			✓
				Dosinia angulosa	✓		✓
				Dosinia japonica			✓
				Dosinia sp.	✓	✓	✓
				Paphia philippiana	✓		
				Paratapes undulatus			✓
				Pelecyora nana	✓	✓	✓

续表

门 Phylum	纲 Class	目 Order	科 Family	物种 Species	1959年7月	1960年1~3月	1960年4~5月
软体动物门 Mollusca	双壳纲 Bivalvia	帘蛤目 Venerida	帘蛤科 Veneridae	*Pitar* sp.	✓		✓
				Placamen lamellatum		✓	✓
				Protapes gallus		✓	
				Sunetta sp.		✓	
				Sunetta concinna			✓
				Sunettina sp.		✓	
		未划分目	怪蛤科 Cetoconchidae	*Cetoconcha gloriosa*	✓	✓	
			杓蛤科 Cuspidariidae	*Cuspidaria* sp.		✓	✓
			孔螂科 Poromyidae	*Poromya australis*		✓	
			旋心蛤科 Verticordiidae	*Haliris multicostata*	✓		
	尾腔纲 Caudofoveata	毛皮贝目 Chaetodermatida	毛皮贝科 Chaetodermatidae	*Chaetoderma* sp.	✓	✓	
	头足纲 Cephalopoda	八腕目 Octopoda	蛸科（章鱼科）Octopodidae	*Octopus* sp.	✓		
		乌贼目 Sepiida	乌贼科 Sepiidae	*Sepia* sp.	✓		
			耳乌贼科 Sepiolidae	*Inioteuthis japonica*			✓
	腹足纲 Gastropoda	新进腹足目 Caenogastropoda	梯螺科 Epitoniidae	*Epitonium scalare*		✓	
			壳螺科 Siliquariidae	*Tenagodus* sp.		✓	
			锥螺科 Turritellidae	*Turritella bacillum*		✓	
				Turritella cingulifera		✓	✓
				Turritella sp.		✓	
		头楯目 Cephalaspidea	三叉螺科 Cylichnidae	*Cylichna cylindracea*		✓	✓
			壳蛞蝓科 Philinidae	*Philine aperta*	✓		
		滨螺形目 Littorinimorpha	蛙螺科 Bursidae	*Bursa rosa*			✓

续表

门 Phylum	纲 Class	目 Order	科 Family	物种 Species	1959 年 7 月	1960 年 1~3 月	1960 年 4~5 月
软体动物门 Mollusca	腹足纲 Gastropoda	滨螺形目 Littorinimorpha	玉螺科 Naticidae	*Natica buriasiensis*	✓	✓	✓
				Polinices sp.	✓	✓	
				Sinum sp.	✓	✓	✓
			麂眼螺科 Rissoidae	*Rissoa* sp.		✓	✓
			凤螺科 Strombidae	*Strombus* sp.	✓	✓	
			鹑螺科 Tonnidae	*Tonna sulcosa*		✓	
			衣笠螺科 Xenophoridae	*Onustus exutus*	✓		
		新腹足目 Neogastropoda	蛾螺科 Buccinidae	*Buccinum* sp.	✓	✓	
			褐螺科 Cancellariidae	*Trigonostoma* sp.			✓
			棒螺科 Clavatulidae	*Clavatula* sp.		✓	
				Turricula nelliae	✓	✓	✓
			旋塔螺科 Cochlespiridae	*Aforia* sp.	✓	✓	✓
			蛇首螺科 Colubrariidae	*Metula aegrota*		✓	
			芋螺科 Conidae	*Conus sulcatus*		✓	
			棒塔螺科 Drilliidae	*Clathrodrillia flavidula*	✓	✓	✓
				Drillia sp.	✓	✓	
			芒果螺科 Mangeliidae	*Mangilia munda*	✓	✓	
			缘螺科 Marginellidae	*Marginella* sp.		✓	
			骨螺科 Muricidae	*Murex aduncospinosus*		✓	
				Vokesimurex rectirostris	✓		
			织纹螺科 Nassariidae	*Nassarius bourbonensis*			✓
				Nassarius crematus	✓	✓	✓

续表

门 Phylum	纲 Class	目 Order	科 Family	物种 Species	1959年7月	1960年1~3月	1960年4~5月
软体动物门 Mollusca	腹足纲 Gastropoda	新腹足目 Neogastropoda	纵纹螺科 Nassariidae	*Nassarius succinctus*			√
				Nassarius variciferus	√		√
				Nassarius vittatus	√		√
				Tritia sp.	√	√	√
				Nassa sp.	√	√	
			榧螺科 Olividae	*Olivella plana*	√		
				Olivella sp.	√		
			西美螺科 Pseudomelatomidae	*Inquisitor pseudoprincipalis*	√	√	
			笋螺科 Terebridae	*Terebra* sp.	√	√	√
				Triplostephanus fenestratus	√	√	√
				Triplostephanus triseriatus	√		
			塔螺科 Turridae	*Lophiotoma leucotropis*		√	
				Turris sp.	√	√	√
				Turridae sp.			
		马蹄螺目 Trochida	马蹄螺科 Trochidae	*Sericominolia* sp.	√		
				Trochus sp.	√		
				Trochidae sp.			√
		未找到分目	轮螺科 Architectonicidae	*Architectonica* sp.		√	
			小塔螺科 Pyramidellidae	*Pyramidella* sp.	√		√
	掘足纲 Scaphopoda	角贝目 Dentaliida	丽角贝科 Calliodentaliidae	*Calliodentalium crocinum*		√	
			角贝科 Dentaliidae	*Antalis vulgaris*		√	
				Dentalium sp.	√		√

续表

门 Phylum	纲 Class	目 Order	科 Family	物种 Species	1959年7月	1960年1~3月	1960年4~5月
软体动物门 Mollusca	掘足纲 Scaphopoda	角贝目 Dentaliida	角贝科 Dentaliidae	*Paradentalium hexagonum*	✓	✓	
				Paradentalium intercalatum			✓
			滑角贝科 Gadilinidae	*Episiphon kiaochowwanense*		✓	✓
			光角贝科 Laevidentaliidae	*Laevidentalium eburneum*		✓	✓
				Laevidentalium lubricatum			✓
	梭角贝目 Gadilida	梭角贝科 Gadilida		*Cadulus* sp.	✓	✓	
节肢动物门 Arthropoda	六蜕纲 Hexanauplia	猛水蚤目 Harpacticoida	短角猛水蚤科 Cletodidae	*Cletodes* sp.	✓	✓	✓
		茗荷目 Lepadiformes	茗荷科 Lepadidae	*Lepas* sp.	✓		✓
			花茗荷科 Poecilasmatidae	*Octolasmis* sp.	✓	✓	✓
	软甲纲 Malacostraca	端足目 Amphipoda	双眼钩虾科 Ampeliscidae	*Ampelisca* sp.	✓	✓	✓
				Byblis sp.	✓		✓
			麦秆虫科 Caprellidae	Caprellidae sp.	✓		
			毛钩虾科 Eriopisidae	*Eriopisa* sp.		✓	
				Eriopisella sp.	✓		✓
			钩虾科 Gammaridae	Gammaridae sp.	✓		
			马耳他钩虾科 Melitidae	*Melita* sp.	✓		
			Phliantidae	*Phlias* sp.		✓	
			亮钩虾科 Photidae	*Gammaropsis* sp.		✓	
				Photis sp.	✓	✓	
			尖头钩虾科 Phoxocephalidae	*Pontharpinia* sp.		✓	✓
			Tryphosidae	*Hippomedon* sp.		✓	✓
				Orchomenella sp.	✓		✓

续表

门 Phylum	纲 Class	目 Order	科 Family	物种 Species	1959 年 7 月	1960 年 1～3 月	1960 年 4～5 月
节肢动物门 Arthropoda	软甲纲 Malacostraca	端足目 Amphipoda	乌里斯钩虾科 Uristidae	*Ichnopus* sp.	✓		✓
			尾钩虾科 Urothoidae	*Urothoe* sp.		✓	✓
		涟虫目 Cumacea	未鉴定到科	Cumacea sp.	✓	✓	✓
		十足目 Decapoda	奇净蟹科 Aethridae	*Drachiella morum*	✓		✓
			管须蟹科 Albuneidae	*Albunea symmysta*	✓		✓
			鼓虾科 Alpheidae	*Alpheidae* sp.	✓		✓
				Alpheus sp.	✓	✓	✓
				Alpheus sibogae	✓		
				Automate sp.	✓	✓	✓
			馒头蟹科 Calappidae	*Calappa* sp.	✓		
			美人虾科 Callianassidae	*Callianassa japonica*		✓	
				Callianassa modesta		✓	
				Callianassidae sp.	✓		
				Callianassa sp.	✓	✓	✓
			宽甲蟹科 Chasmocarcinidae	*Camatopsis rubida*	✓	✓	✓
				Chasmocarcinops gelasimoides	✓	✓	
				Megaesthesius sagedae			✓
			盔蟹科 Corystidae	*Jonas distinctus*	✓	✓	✓
			四额齿蟹科 Ethusidae	*Ethusa* sp.			✓
			宽背蟹科 Euryplacidae	*Eucrate crenata*	✓		
				Henicoplax maldivensis			✓
				Henicoplax nitida	✓		

续表

门 Phylum	纲 Class	目 Order	科 Family	物种 Species	1959 年 7 月	1960 年 1～3 月	1960 年 4～5 月
节肢动物门 Arthropoda	软甲纲 Malacostraca	十足目 Decapoda	宽背蟹科 Euryplacidae	*Heteroplax transversa*	✓	✓	✓
			铠甲虾科 Galatheidae	Galatheidae sp.	✓	✓	✓
				Galathea sp.	✓		✓
			长脚蟹科 Goneplacidae	*Carcinoplax longimanus*	✓	✓	✓
				Carcinoplax purpurea	✓	✓	
				Carcinoplax sp.	✓		
				Hadroplax nipponensis			✓
				Hadroplax sinuatifrons	✓	✓	✓
				Notonyx vitreus		✓	
			六足蟹科 Hexapodidae	*Hexapus* sp.	✓		
				Hexapus sexpes	✓	✓	✓
			藻虾科 Hippolytidae	*Latreutes* sp.			✓
			尖头蟹科 Inachidae	*Achaeus tuberculatus*			✓
			精干蟹科 Iphiculidae	*Iphiculus* sp.	✓	✓	✓
				Iphiculus spongiosus		✓	✓
			玉蟹科 Leucosiidae	*Arcania heptacantha*		✓	✓
				Arcania sp.	✓		
				Arcania undecimspinosa	✓		
				Ebalia scabriuscula	✓		
				Heteronucia perlata			✓
				Lyphira heterograna	✓		
				Nursia sp.	✓		
				Nursilia sp.	✓		

续表

门 Phylum	纲 Class	目 Order	科 Family	物种 Species	1959 年 7 月	1960 年 1～3 月	1960 年 4～5 月
节肢动物门 Arthropoda	软甲纲 Malacostraca	十足目 Decapoda	玉蟹科 Leucosiidae	Philyra sp.			√
				Tokoyo eburnea		√	
			Litocheiridae	Litocheira sp.	√		
			大眼蟹科 Macrophthalmidae	Tritodynamia horvathi	√		
			蜘蛛蟹科 Majidae	Prismatopus spatulifer	√		
			刺铠虾科 Munididae	Munida sp.	√		
			长眼虾科 Ogyrididae	Ogyrides sp.	√		√
				Ogyrides orientalis		√	√
			寄居蟹科 Paguridae	Paguridae sp.	√	√	√
			长臂虾科 Palaemonidae	Palaemon sp.	√	√	√
			玻璃虾科 Pasiphaeidae	Leptochela aculeocaudata		√	
				Leptochela gracilis		√	√
				Leptochela pugnax	√	√	√
				Leptochela robusta		√	√
				Leptochela sp.		√	√
			对虾科 Penaeidae	Atypopenaeus stemodactylus	√	√	√
				Batepenaeopsis tenella		√	√
				Metapenaeopsis dalei		√	
				Metapenaeopsis mogiensis	√	√	
				Metapenaeopsis stridulans	√		
				Parapenaeus sp.		√	
			毛刺蟹科 Pilumnidae	Ceratoplax sp.		√	√

续表

门 Phylum	纲 Class	目 Order	科 Family	物种 Species	1959 年 7 月	1960 年 1~3 月	1960 年 4~5 月
节肢动物门 Arthropoda	软甲纲 Malacostraca	十足目 Decapoda	毛刺蟹科 Pilumnidae	*Ceratoplax truncatifrons*	✓	✓	✓
				Lophoplax sp.	✓	✓	
				Mertonia lanka	✓	✓	
				Typhlocarcinus nudus	✓	✓	✓
				Typhlocarcinus sp.	✓	✓	✓
				Typhlocarcinus villosus	✓		✓
				Xenophthalmodes moebii	✓	✓	✓
			豆蟹科 Pinnotheridae	*Pinnotheres* sp.		✓	
			瓷蟹科 Porcellanidae	*Porcellanella* sp.		✓	✓
				Raphidopus ciliatus	✓	✓	
			梭子蟹科 Portunidae	*Charybdis* sp.	✓		✓
				Charybdis hongkongensis	✓		
				Charybdis variegata	✓	✓	
				Libystes edwardsi	✓	✓	✓
				Monomia argentata	✓	✓	
				Thalamita intermedia	✓		
				Thalamita sp.	✓	✓	✓
				Xiphonectes pulchricristatus	✓	✓	✓
			异指虾科 Processidae	*Nikoides* sp.	✓	✓	✓
				Processa sp.	✓	✓	✓
			蛙蟹科 Raninidae	*Cosmonotus grayii*	✓	✓	✓
				Notosceles serratifrons	✓		✓
			反羽蟹科 Retroplumidae	*Retropluma denticulata*	✓	✓	✓

附　表 **275**

续表

门 Phylum	纲 Class	目 Order	科 Family	物种 Species	1959年7月	1960年1～3月	1960年4～5月
节肢动物门 Arthropoda	软甲纲 Malacostraca	十足目 Decapoda	掘沙蟹科 Scalopididae	*Scalopidia spinosipes*	√	√	√
			蝉虾科 Scyllaridae	*Remiarctus bertholdii*		√	
			管鞭虾科 Solenoceridae	*Solenocera alticarinata*		√	
				Solenocera pectinulata	√	√	
				Solenocera sp.		√	
			蝼蛄虾科 Upogebiidae	*Upogebia* sp.	√	√	√
				Upogebia major		√	
			弓蟹科 Varunidae	*Asthenognathus inaequipes*	√	√	
			扇蟹科 Xanthidae	*Atergatis* sp.	√	√	
				Kraussia sp.	√	√	√
				Liagore rubromaculata	√		√
				Xantho sp.	√	√	
				Xanthidae sp.	√		
			短眼蟹科 Xenophthalmidae	*Neoxenophthalmus obscurus*	√	√	√
				Xenophthalmus pinnotheroides	√		
		等足目 Isopoda	浪漂水虱科 Cirolanidae	*Cirolana* sp.	√		
		口足目 Stomatopoda	虾蛄科 Squillidae	*Squilla* sp.	√		√
				Squillidae sp.	√		
		原足目 Tanaidacea	未鉴定到科	*Tanaidacea* sp.	√		
苔藓动物门 Bryozoa	裸唇纲 Gymnolaemata	栉口目 Ctenostomatida	袋胞苔虫科 Vesiculariidae	*Amathia* sp.	√	√	√

续表

门 Phylum	纲 Class	目 Order	科 Family	物种 Species	1959年7月	1960年1~3月	1960年4~5月
腕足动物门 Brachiopoda	海豆芽纲 Lingulata	海豆芽目 Lingulida	海豆芽科 Lingulidae	Lingula sp.			√
棘皮动物门 Echinodermata	海百合纲 Crinoidea	栉羽枝目 Comatulida	栉羽枝科 Comatulidae	Comatulides sp.	√		√
	海胆纲 Echinoidea	拱齿目 Camarodonta	刻肋海胆科 Temnopleuridae	Temnopleuridae sp.	√		√
				Temnopleurus reevesii			√
		头帕目 Cidaroida	头帕科 Cidaridae				
		盾形目 Clypeasteroida	豆海胆科 Fibulariidae	Fibulariidae sp.		√	
			饼干海胆科 Laganidae	Laganidae sp.			√
				Laganum decagonale		√	√
		猥团目 Spatangoida	壶海胆科 Brissidae	Brissopsis sp.		√	
			拉文海胆科 Loveniidae	Echinocardium sp.		√	
				Lovenia triforis		√	
	海参纲 Holothuroidea	无足目 Apodida	锚参科 Synaptidae	Synaptidae sp.	√		√
				Oestergrenia incerta		√	
				Polyplectana kefersteinii		√	√
				Protankyra assymmetrica		√	√
		枝手目 Dendrochirotida	瓜参科 Cucumariidae	Cucumaria sp.	√		√
		芋参目 Molpadida	尻参科 Caudinidae	Acaudina sp.		√	√
	蛇尾纲 Ophiuroidea	Amphilepidida	阳遂足科 Amphilimnidae	Amphilimna sp.			√
				Amphilimna multispina		√	√
			阳遂足科 Amphiuridae	Amphiodia loripes	√	√	√
				Amphiodia microplax			√

续表

门 Phylum	纲 Class	目 Order	科 Family	物种 Species	1959年7月	1960年1~3月	1960年4~5月
棘皮动物门 Echinodermata	蛇尾纲 Ophiuroidea	Amphilepidida	阳遂足科 Amphiuridae	Amphiodia minuta	✓	✓	✓
				Amphiodia sp.	✓	✓	
				Amphioplus sp.	✓	✓	✓
				Amphioplus causatus	✓	✓	✓
				Amphioplus depressus	✓	✓	✓
				Amphioplus impressus	✓	✓	
				Amphioplus intermedius	✓	✓	✓
				Amphioplus laevis	✓	✓	✓
				Amphioplus lucidus		✓	
				Amphioplus sinicus		✓	✓
				Amphioplus trichoides		✓	
				Amphipholis procidens	✓		
				Amphiura sp.	✓	✓	
				Amphiura divaricata	✓		
				Dougaloplus echinatus		✓	✓
				Ophiocentrus sp.	✓	✓	
				Ophiocentrus anomalus		✓	
				Ophiocentrus putnami			✓
				Ophionephthys sp.		✓	
				Ophiophragmus sp.		✓	
			辐蛇尾科 Ophiactidae	Ophiactis affinis	✓	✓	
				Ophiactis profundi			✓
				Ophiactis sp.		✓	

续表

门 Phylum	纲 Class	目 Order	科 Family	物种 Species	1959年7月	1960年1~3月	1960年4~5月
棘皮动物门 Echinodermata	蛇尾纲 Ophiuroidea	Amphilepidida	鳞蛇尾科 Ophiolepididae	Ophiolepididae sp.	✓		✓
			棒鳞蛇尾科 Ophiopsilidae	Ophiopsila sp.	✓		✓
				Ophiopsila abscissa	✓		✓
			刺蛇尾科 Ophiotrichidae	Ophiocnemis marmorata		✓	
		真蛇尾目 Ophiurida	Ophiopyrgidae	Stegophiura hainanensis		✓	
				Amphiophiura sp.	✓		
			真蛇尾科 Ophiuridae	Ophiura sp.	✓	✓	✓
				Ophiura kinbergi	✓	✓	✓
				Ophiura pteracantha	✓		
脊索动物门 Chordata	真骨鱼纲 Teleostei	鳗鲡目 Anguilliformes	康吉鳗科 Congridae	Uroconger lepturus	✓		✓
			线鳗科 Nemichthyidae	Nemichthyidae sp.	✓		
			蛇鳗科 Ophichthidae	Bascanichthys longipinnis			✓
				Caecula sp.		✓	
				Muraenichthys gymnopterus	✓	✓	✓
		水珍鱼目 Argentiniformes	水珍鱼科 Argentinidae	Argentina kagoshimae			✓
		鲔形目 Callionymiformes	鮨科 Callionymidae	Callionymus doryssus	✓		
				Callionymus valenciennei			✓
		鳕形目 Gadiformes	犀鳕科 Bregmacerotidae	Bregmaceros mcclellandi		✓	✓
		虾虎鱼目 Gobiiformes	虾虎鱼科 Gobiidae	Gobiidae sp.	✓		
				Acentrogobius caninus	✓		✓
				Ambbygobius albimaculatus	✓		✓

续表

门 Phylum	纲 Class	目 Order	科 Family	物种 Species	1959 年 7 月	1960 年 1~3 月	1960 年 4~5 月
脊索动物门 Chordata	真骨鱼纲 Teleostei	虾虎鱼目 Gobiiformes	虾虎鱼科 Gobiidae	*Glossogobius giuris*	√		√
				Oxyurichthys papuensis			√
				Paratrypauchen microcephalus		√	√
				Taenioides anguillaris		√	√
		钩头鱼目 Kurtiformes	天竺鲷科 Apogonidae	*Jaydia truncata*	√		
		鼬鳚目 Ophidiiformes	潜鱼科 Carapidae	*Eurypleuron owasianum*	√		
		附卵亚系地位待定类群 Ovalentaia incertae sedis	后颌鱼科 Opistognathidae	*Opistognathus iyonis*	√		
		鲈形目 Perciformes	绒皮鲉科 Aploactinidae	*Aploactis aspera*	√		
			塘鳢科 Eleotridae	Eleotridae sp.	√		
			鲉科 Scorpaenidae	Scorpaenidae sp.	√		
			毛背鱼科 Trichonotidae	*Trichonotus setiger*			√
			三鳍鳚科 Tripterygiidae	Tripterygiidae sp.	√		
		鲽形目 Pleuronectiformes	鲆科 Bothidae	*Arnoglossus tenuis*	√	√	√
				Engyprosopon grandisquama		√	
			舌鳎科 Cynoglossidae	*Cynoglossus joyneri*		√	
				Cynoglossus sp.			√
			牙鲆科 Paralichthyidae	*Pseudorhombus sp.*	√		
			鳎科 Soleidae	*Aseraggodes kobensis*		√	
	狭心纲 Leptocardii	未划分目	文昌鱼科 Branchiostomatidae	*Branchiostoma belcheri*	√	√	√
				Epigonichthys cultellus	√	√	√

附表 3　北部湾海域历史调查大型底栖动物种类名录

门 Phylum	纲 Class	目 Order	科 Family	物种 Species	春	夏	秋	冬
刺胞动物门 Cnidaria	珊瑚虫纲 Anthozoa	海鳃目 Pennatulacea	沙箸海鳃科 Virgulariidae	Virgularia sp.	✓			
	水螅纲 Hydrozoa	被鞘螅目 Leptothecata	美羽螅科 Aglaopheniidae	Monoserius pennarius	✓	✓	✓	
				Monoserius sp.				✓
			海翼羽螅科 Halopterididae	Polyplumaria sp.		✓		
			桧叶螅科 Sertulariidae	Diphasia thornelyi				
环节动物门 Annelida	多毛纲 Polychaeta	未划分目	小头虫科 Capitellidae	Capitellethus dispar	✓			✓
				Capitellethus sp.	✓			✓
				Dasybranchus lumbricoides	✓		✓	
				Decamastus sp.			✓	✓
				Leiochrides australis				
				Notomastus latericeus	✓			✓
				Notomastus sp.	✓	✓		
			磷虫科 Chaetopteridae	Phyllochaetopterus claparedii				
			金扇虫科 Chrysopetalidae	Bhawania goodei	✓	✓		
			单指虫科 Cossuridae	Cossura aciculata	✓		✓	
			长手沙蚕科 Magelonidae	Magelona sp.				
			竹节虫科 Maldanidae	Clymenella cincta	✓	✓		✓
				Euclymene annandalei	✓	✓		
				Maldane sarsi	✓			
				Maldane sp.	✓	✓		
				Metasychis gotoi	✓	✓		
				Nicomache sp.	✓	✓		✓
				Praxillella affinis		✓	✓	

续表

门 Phylum	纲 Class	目 Order	科 Family	物种 Species	春	夏	秋	冬
环节动物门 Annelida	多毛纲 Polychaeta	未划分目	竹节虫科 Maldanidae	*Praxillella gracilis*	✓			✓
				Sabaco gangeticus	✓	✓	✓	✓
			海蛹科 Opheliidae	*Armandia intermedia*	✓		✓	
				Armandia lanceolata	✓			
				Armandia sp.	✓		✓	
				Ophelina fauveli		✓		
				Ophelina sibogae				✓
				Ophelina sp.	✓	✓		✓
			锥头虫科 Orbiniidae	*Leodamas marginatus*	✓	✓	✓	
				Leodamas sp.	✓			
				Leodamas treadwelli	✓	✓		✓
				Orbinia exarmata			✓	
				Phylo kupfferi		✓		
				Scoloplos sp.		✓		
			欧文虫科 Oweniidae	*Owenia fusiformis*		✓		
			异毛虫科 Paraonidae	*Aricidea* sp.		✓		✓
			帚毛虫科 Sabellariidae	*Levinsenia gracilis*		✓		
				Neosabellaria cementarium				✓
		矶沙蚕目 Eunicida	矶沙蚕科 Eunicidae	*Eunice indica*	✓	✓	✓	✓
				Eunice microprion	✓	✓	✓	✓
				Eunice tubifex	✓		✓	✓
				Eunice vittata			✓	✓
				Marphysa sp.	✓	✓	✓	✓

续表

门 Phylum	纲 Class	目 Order	科 Family	物种 Species	春	夏	秋	冬
环节动物门 Annelida	多毛纲 Polychaeta	矶沙蚕目 Eunicida	矶沙蚕科 Eunicidae	*Paucibranchia sinensis*	√			
				Paucibranchia stragulum		√	√	√
			索沙蚕科 Lumbrineridae	*Kuwaita heteropoda*	√			√
				Lumbrineris latreilli	√	√	√	√
				Lumbrineris sp.1	√	√	√	√
				Lumbrineris sp.2				
				Ninoe palmata	√	√	√	√
			花索沙蚕科 Oenonidae	*Arabella mutans*		√		
				Arabella zonata	√	√		√
				Drilonereis filum				
				Drilonereis logani	√			
				Drilonereis sp.	√	√	√	√
				Notocirrus sp.				
			欧努菲虫科 Onuphidae	*Diopatra amboinensis*	√	√	√	√
				Hyalinoecia tubicola				√
				Onuphis (Nothria) sp.				√
				Onuphis eremita	√	√	√	
				Onuphis holobranchiata	√			
				Onuphis sp.1		√	√	
				Onuphis sp.2		√	√	√
				Rhamphobrachium sp.		√		
		叶须虫目 Phyllodocida	蛣鳞虫科 Acoetidae	*Acoetes jogasimae*	√			
				Acoetes melanonota		√	√	

续表

门 Phylum	纲 Class	目 Order	科 Family	物种 Species	春	夏	秋	冬
环节动物门 Annelida	多毛纲 Polychaeta	叶须虫目 Phyllodocida	蜎鳞虫科 Acoetidae	*Euarche maculosa*	✓	✓		
				Eupanthalis sp.	✓	✓		✓
				Polyodontes atromarginatus		✓		
				Zachsiella nigromaculata			✓	✓
			吻沙蚕科 Glyceridae	*Glycera alba*			✓	✓
				Glycera chirori	✓	✓	✓	✓
				Glycera cinnamomea	✓	✓	✓	✓
				Glycera lancadivae			✓	✓
				Glycera sagittariae				✓
				Glycera sp.	✓	✓	✓	✓
				Glycera tridactyla	✓	✓	✓	✓
				Glycera unicornis	✓			✓
			角吻沙蚕科 Goniadidae	*Goniada brunnea*	✓			✓
				Goniada emerita			✓	✓
				Goniada japonica			✓	
				Goniada maculata			✓	✓
				Goniada multidentata	✓		✓	✓
				Goniada sp.	✓			
			海女虫科 Hesionidae	*Oxydromus angustifrons*		✓		
			齿吻沙蚕科 Nephtyidae	*Aglaophamus foliosus*	✓	✓	✓	
				Aglaophamus jeffreysii	✓	✓	✓	
				Aglaophamus longicephalus				✓
				Aglaophamus peruana	✓	✓		✓

续表

门 Phylum	纲 Class	目 Order	科 Family	物种 Species	春	夏	秋	冬
环节动物门 Annelida	多毛纲 Polychaeta	叶须虫目 Phyllodocida	齿吻沙蚕科 Nephtyidae	Aglaophamus sinensis			✓	
				Aglaophamus sp.		✓	✓	✓
				Inermonephtys inermis	✓	✓		✓
				Nephtys polybranchia				✓
				Nephtys sp.				✓
			沙蚕科 Nereididae	Gymnonereis fauveli			✓	
				Leonnates persicus			✓	✓
				Nereis sp.	✓			
				Websterinereis punctata	✓			
			拟特须虫科 Paralacydoniidae	Paralacydonia paradoxa		✓		✓
			叶须虫科 Phyllodocidae	Mysta ornata				✓
				Paranaitis kosteriensis				
				Phyllodoce sp.	✓			
			白毛虫科 Pilargidae	Ancistrosyllis sp.		✓		
				Otopsis sp.				
			多鳞虫科 Polynoidae	Eunoe sp.			✓	✓
				Halosydnopsis pilosa			✓	✓
				Lepidasthenia microlepis			✓	
				Malmgrenia ampulliferoides	✓			
			锡鳞虫科 Sigalionidae	Fimbriosthenelais longipinnis	✓			
				Labioleanira tentaculata				✓
				Pholoe minuta			✓	
				Psammolyce flava		✓		

续表

门 Phylum	纲 Class	目 Order	科 Family	物种 Species	春	夏	秋	冬
环节动物门 Annelida	多毛纲 Polychaeta	叶须虫目 Phyllodocida	锡鳞虫科 Sigalionidae	*Sthenelais* sp.	√	√	√	
				Sthenelanella ehlersi	√	√	√	
				Sthenolepis izuensis	√	√		
				Sthenolepis japonica				√
			裂虫科 Syllidae	*Syllis cornuta collingsii*	√			√
		缨鳃虫目 Sabellida	缨鳃虫科 Sabellidae	*Laonome indica*	√			
				Paradialychone ecaudata		√		
		海稚虫目 Spionida	杂毛虫科 Poecilochaetidae	*Poecilochaetus* sp.1	√			
				Poecilochaetus sp.2				√
			海稚虫科 Spionidae	*Aonides oxycephala*			√	
				Laonice cirrata	√	√		√
				Malacoceros indicus	√	√	√	√
				Paraprionospio pinnata	√	√	√	√
				Prionospio sp.	√	√		√
		蛰龙介目 Terebellida	双栉虫科 Ampharetidae	*Amphicteis scaphobranchiata*	√			√
				Amythasides sp.	√			
				Auchenoplax crinita		√		√
				Samytha gurjanovae	√	√		√
				Sosane sp.		√		
			丝鳃虫科 Cirratulidae	*Caulleriella* sp.	√			√
				Cirriformia afer				√
				Cirriformia capensis		√		

续表

门 Phylum	纲 Class	目 Order	科 Family	物种 Species	春	夏	秋	冬
环节动物门 Annelida	多毛纲 Polychaeta	蛰龙介目 Terebellida	丝鳃虫科 Cirratulidae	*Cirriformia* sp.	✓			✓
				Dodecaceria fistulicola			✓	✓
			扇毛虫科 Flabelligeridae	*Tharyx* sp.	✓		✓	
				Brada talehsapensis		✓	✓	
				Diplocirrus glaucus		✓		
				Diplocirrus sp.			✓	✓
				Flabelligera diplochaitus	✓			✓
				Piromis sp.			✓	
				Semiodera sp.				✓
			米列虫科 Melinnidae	*Isolda pulchella*	✓		✓	✓
			笔帽虫科 Pectinariidae	*Pectinaria* sp.	✓	✓		✓
			不倒翁虫科 Sternaspidae	*Sternaspis scutata*	✓	✓	✓	✓
			蛰龙介科 Terebellidae	*Loimia medusa*	✓	✓	✓	✓
				Lysilla pacifica				✓
				Lysilla pambanensis	✓			
				Pista fasciata				
				Pista typha	✓			
				Thelepus japonicus			✓	
				Thelepus setosus		✓	✓	
			毛鳃虫科 Trichobranchidae	*Terebellides stroemii*			✓	✓
				Trichobranchus roseus		✓		
软体动物门 Mollusca	双壳纲 Bivalvia	贫齿目 Adapedonta	刀蛏科 Pharidae	*Cultellus attenuatus*	✓			
				Cultellus cultellus	✓			

门 Phylum	纲 Class	目 Order	科 Family	物种 Species	春	夏	秋	冬
软体动物门 Mollusca	双壳纲 Bivalvia	贫齿目 Adapedonta	刀蛏科 Pharidae	*Siliqua radiata*	√			√
			竹蛏科 Solenidae	*Solen roseomaculatus*			√	
		蚶目 Arcida	蚶科 Arcidae	*Anadara ferruginea*	√	√	√	√
				Anadara tricenicosta		√		√
				Arca sp.		√		
				Trisidos semitorta	√	√		
			拟锉蛤科 Limopsidae	*Limopsis* sp.	√			
		鸟蛤目 Cardiida	紫云蛤科 Psammobiidae	*Gari lessoni*		√	√	
				Gari pallida		√	√	
			双带蛤科 Semelidae	*Abra* sp.		√		√
			截蛏科 Solecurtidae	*Azorinus* sp.		√		√
			樱蛤科 Tellinidae	*Hanleyanus vestalis*		√	√	
				Pinguitellina pinguis	√			
				Pulvinus micans				
				Tellina sp.1	√	√		√
				Tellina sp.2			√	√
		锉蛤目 Limida	锉蛤科 Limidae	*Limaria hirasei*	√		√	√
		满月蛤目 Lucinida	索足蛤科 Thyasiridae	*Thyasira* sp.	√	√	√	√
		贻贝目 Mytilida	贻贝科 Mytilidae	*Amygdalum watsoni*		√	√	
				Jolya elongata				√
		吻状蛤目 Nuculanida	云母蛤科 Yoldiidae	*Portlandia lepidula*	√			
				Yoldia sp.		√	√	
		胡桃蛤目 Nuculida	胡桃蛤科 Nuculidae	*Nucula layardii*	√			√

续表

门 Phylum	纲 Class	目 Order	科 Family	物种 Species	春	夏	秋	冬
软体动物门 Mollusca	双壳纲 Bivalvia	帘蛤目 Venerida	蹄蛤科 Ungulinidae	*Joannisiella oblonga*		√	√	
			帘蛤科 Veneridae	*Aphrodora yerburyi*		√	√	√
				Dorisca jucunda	√			
				Paphia philippiana	√			√
				Paratapes undulatus	√			√
				Pitar japonica		√	√	√
				Timoclea subnodulosa		√		√
	腹足纲 Gastropoda	滨螺形目 Littorinimorpha	蛙螺科 Bursidae	*Bufonaria rana*		√		
			帆螺科 Calyptraeidae	*Calyptraea* sp.		√		√
			光螺科 Eulimidae	*Melanella bivittata*		√		
			玉螺科 Naticidae	*Melanella* sp.		√	√	
				Natica sp.		√		√
				Natica vitellus		√		
			麂眼螺科 Rissoidae	*Rissoina* sp.		√		
			衣笠螺科 Xenophoridae	*Xenophora solarioides*		√		
		新腹足目 Neogastropoda	博松螺科 Borsoniidae	*Tomopleura* sp.		√		
			衲螺科 Cancellariidae	*Bivetia* sp.		√		
			棒螺科 Clavatulidae	*Turricula nelliae*		√		√
			核螺科 Columbellidae	*Pyrene* sp.1			√	√
				Pyrene sp.2				√
			肋脊笔螺科 Costellariidae	*Vexillum* sp.			√	√
			棒塔螺科 Drilliidae	*Drillia* sp.			√	
			芒果螺科 Mangeliidae	*Cythara* sp.		√		√

续表

门 Phylum	纲 Class	目 Order	科 Family	物种 Species	春	夏	秋	冬
软体动物门 Mollusca	腹足纲 Gastropoda	新腹足目 Neogastropoda	笔螺科 Mitridae	*Mitra* sp.				✓
			胃螺科 Muricidae	*Bedevina birileffi*		✓		
				Murex trapa	✓			
				Phyllonotus sp.	✓		✓	✓
				Urosalpinx sp.			✓	
			织纹螺科 Nassariidae	*Nassarius* sp.	✓			
			榧螺科 Olividae	*Olivella plana*		✓		
			笋螺科 Terebridae	*Terebra* sp.				✓
		马蹄螺目 Trochida	小阳螺科 Solariellidae	*Minolia* sp.			✓	
	掘足纲 Scaphopoda	角贝目 Dentaliida	丽角贝科 Calliodentaliidae	*Calliodentalium crocinum*	✓			
			角贝科 Dentaliidae	*Dentalium* sp.1			✓	✓
				Dentalium sp.2				✓
				Dentalium sp.3			✓	✓
				Paradentalium hexagonum	✓		✓	✓
节肢动物门 Arthropoda	桡足纲 Copepoda	管口水虱目 Siphonostomatoida	将领鱼虱科 Pandaridae	*Perissopus* sp.		✓		
	软甲纲 Malacostraca	端足目 Amphipoda	双眼钩虾科 Ampeliscidae	*Ampelisca* sp.1	✓	✓	✓	✓
				Ampelisca sp.2			✓	✓
				Ampelisca sp.3			✓	
				Ampelisca sp.4				✓
				Ampelisca sp.5				✓
				Ampelisca sp.6				✓
				Ampelisca sp.7			✓	✓
				Byblis sp.	✓	✓	✓	✓

续表

门 Phylum	纲 Class	目 Order	科 Family	物种 Species	春	夏	秋	冬
节肢动物门 Arthropoda	软甲纲 Malacostraca	端足目 Amphipoda	蜾蠃蜚科 Corophiidae	*Corophium* sp.	✓			
			毛钩虾科 Eriopisidae	*Eriopisa incisa*		✓	✓	
				Eriopisella sp.		✓		
				Maleriopa dentifera				✓
			白钩虾科 Leucothoidae	*Leucothoe* sp.		✓	✓	
			利尔钩虾科 Liljeborgiidae	*Idunella* sp.		✓	✓	
			亮钩虾科 Photidae	*Photis* sp.		✓	✓	
			尖头钩虾科 Phoxocephalidae	*Harpinia* sp.	✓			
			尾钩虾科 Urothoidae	*Urothoe* sp.	✓	✓		✓
		十足目 Decapoda	奇净蟹科 Aethridae	*Drachiella morum*	✓		✓	✓
			管须蟹科 Albuneidae	*Albunea symmysta*	✓	✓		✓
			鼓虾科 Alpheidae	*Alpheus* sp.1	✓	✓		✓
				Alpheus sp.2			✓	✓
				Alpheus sp.3				✓
				Alpheus sp.4			✓	✓
				Alpheus sp.5			✓	✓
			馒头蟹科 Calappidae	*Calappa clypeata*	✓		✓	
			美人虾科 Callianassidae	*Callianassa* sp.1	✓	✓	✓	
				Callianassa sp.2			✓	
				Callianassa sp.3			✓	
				Callianassa sp.4			✓	
				Callianassa sp.5			✓	
				Callianassa sp.6			✓	

续表

门 Phylum	纲 Class	目 Order	科 Family	物种 Species	春	夏	秋	冬
节肢动物门 Arthropoda	软甲纲 Malacostraca	十足目 Decapoda	美人虾科 Calliannassidae	*Calliannassa* sp.7			√	
				Calliannassa sp.8			√	√
				Calliannassa sp.9				√
				Calliannassa sp.10				√
				Calliannassa sp.11				√
				Calliannassa sp.12				√
				Calliannassa sp.13				√
				Jocullianassa joculatrix	√	√	√	√
				Praedatrypaea modesta	√	√	√	√
			宽甲蟹科 Chasmocarcinidae	*Camatopsis rubida*	√	√	√	√
				Chasmocarcinops gelasimoides	√	√	√	
				Chasmocarcinus sp.1	√			
				Chasmocarcinus sp.2	√	√	√	√
				Megaesthesius sagedae	√	√	√	
				Megaesthesius sp.	√			
			活额寄居蟹科 Diogenidae	*Diogenes* sp.	√			√
			卧蜘蛛蟹科 Epialtidae	*Hyastenus* sp.	√	√		
			宽背蟹科 Euryplacidae	*Eucrate* sp.1	√	√		
				Eucrate sp.2				√
				Henicoplax nitida		√		
				Heteroplax transversa	√			√
			铠甲虾科 Galatheidae	*Galathea* sp.			√	
			长脚蟹科 Goneplacidae	*Carcinoplax longimanus*		√		

续表

门 Phylum	纲 Class	目 Order	科 Family	物种 Species	春	夏	秋	冬
节肢动物门 Arthropoda	软甲纲 Malacostraca	十足目 Decapoda	长脚蟹科 Goneplacidae	*Carcinoplax purpurea*	√			√
				Ommatocarcinus macgillivrayi				√
			六足蟹科 Hexapodidae	*Hexalaughlia orientalis*	√			√
				Hexapus sexpes				√
			尖头蟹科 Inachidae	*Achaeus* sp.	√			
			精干蟹科 Iphiculidae	*Iphiculus spongiosus*	√	√	√	
			玉蟹科 Leucosiidae	*Leucosia* sp.		√		
				Nuciops modestus				
				Onychomorpha lamelligera	√			√
			Litocheiridae	*Litocheira* sp.				√
			大眼蟹科 Macrophthalmidae	*Macrophthalmus* sp.	√			
				Venitus latreillei	√			
			玻璃虾科 Pasiphaeidae	*Leptochela aculeocaudata*	√		√	
			毛刺蟹科 Pilumnidae	*Ceratoplax* sp.1	√			
				Ceratoplax sp.2	√			
				Ceratoplax truncatifrons	√		√	
				Pilumnus minutus		√	√	√
				Pilumnus sp.	√			
				Pilumnus vespertilio			√	
				Typhlocarcinops marginatus		√	√	
				Typhlocarcinus nudus	√	√	√	
				Typhlocarcinus rubidus	√	√	√	
				Typhlocarcinus sp.				√

续表

门 Phylum	纲 Class	目 Order	科 Family	物种 Species	春	夏	秋	冬
节肢动物门 Arthropoda	软甲纲 Malacostraca	十足目 Decapoda	毛刺蟹科 Pilumnidae	*Typhlocarcinus villosus*	√	√	√	√
				Xenophthalmodes moebii	√	√	√	√
			豆蟹科 Pinnotheridae	*Pinnotheres* sp.		√		√
			梭子蟹科 Portunidae	*Charybdis truncata*	√	√	√	√
				Libystes edwardsi	√	√	√	√
				Portunus sp.	√	√		
				Thalamita macropus	√		√	√
				Thalamita sp.				
			异指虾科 Processidae	*Processa* sp.	√		√	√
			掘沙蟹科 Scalopidiidae	*Scalopidia spinosipes*	√		√	√
			管鞭虾科 Solenoceridae	*Solenocera* sp.	√			√
			蝼蛄虾科 Upogebiidae	*Upogebia* sp.1	√	√	√	√
				Upogebia sp.2	√		√	√
				Upogebia sp.3	√		√	√
				Upogebia sp.4				√
			扇蟹科 Xanthidae	*Neoxanthops lineatus*	√	√		
			短眼蟹科 Xenophthalmidae	*Neoxenophthalmus obscurus*	√	√	√	√
				Xenophthalmus pinnotheroides	√			
		口足目 Stomatopoda	宽虾蛄科 Eurysquillidae	*Coronidopsis* sp.	√		√	
			琴虾蛄科 Lysiosquillidae	*Lysiosquilla* sp.			√	
			虾蛄科 Squillidae	*Clorida latreillei*				
				Cloridina verrucosa	√		√	√
				Cloridopsis scorpio			√	√

续表

门 Phylum	纲 Class	目 Order	科 Family	物种 Species	春	夏	秋	冬
节肢动物门 Arthropoda	软甲纲 Malacostraca	口足目 Stomatopoda	虾蛄科 Squillidae	Fallosquilla fallax			✓	
				Quollastria gonypetes				✓
				Squilla aculeata		✓		✓
				Squilla scorpioides	✓	✓	✓	✓
				Squilla sp.	✓		✓	✓
		原足目 Tanaidacea	长尾虫科 Apseudidae	Apseudes sp.			✓	
棘皮动物门 Echinodermata	海百合纲 Crinoidea	栉羽枝目 Comatulida	美羽枝科 Himerometridae	Amphimetra moelleri	✓		✓	✓
			节羽枝科 Zygometridae	Zygometra comata		✓	✓	
	海胆纲 Echinoidea	盾形目 Clypeasteroida	盾海胆科 Clypeasteridae	Clypeaster reticulatus	✓	✓		✓
			饼干海胆科 Laganidae	Laganum decagonale	✓	✓	✓	
		猬团目 Spatangoida	拉文海胆科 Loveniidae	Lovenia subcarinata	✓		✓	✓
	海参纲 Holothuroidea	无足目 Apodida	锚参科 Synaptidae	Oestergrenia incerta	✓		✓	
				Labidoplax sp.	✓	✓		✓
				Protankyra assymmetrica	✓	✓		
				Protankyra magnihamula		✓		
				Protankyra pseudodigitata			✓	✓
				Protankyra suensoni	✓			
		枝手目 Dendrochirotida	瓜参科 Cucumariidae	Cucumaria sp.	✓		✓	✓
	蛇尾纲 Ophiuroidea	Amphilepidida	阳遂足科 Amphiuridae	Amphiodia minuta	✓		✓	
				Amphioplus impressus	✓		✓	✓
				Amphioplus intermedius		✓	✓	
				Amphioplus depressus	✓	✓	✓	✓
				Amphioplus laevis	✓	✓	✓	✓

续表

门 Phylum	纲 Class	目 Order	科 Family	物种 Species	春	夏	秋	冬
棘皮动物门 Echinodermata	蛇尾纲 Ophiuroidea	Amphilepidida	阳遂足科 Amphiuridae	*Amphioplus* sp.	√	√	√	√
				Amphiura sp.		√	√	
				Dougaloplus echinatus		√	√	
		真蛇尾目 Ophiurida	Ophiopyrgidae	*Ophionephthys* sp.	√			
				Ophioperla sp.	√	√	√	√
			真蛇尾科 Ophiuridae	*Ophiura* sp.	√	√	√	
脊索动物门 Chordata	狭心纲 Leptocardii	未划分目	文昌鱼科 Branchiostomatidae	*Asymmetron cultellum*	√		√	√
				Asymmetron sp.	√		√	
				Branchiostoma belcheri	√			

附表 4　海南岛海域历史调查大型底栖动物种类名录

门 Phylum	纲 Class	目 Order	科 Family	物种 Species
环节动物门 Annelida	多毛纲 Polychaeta	仙虫目 Amphinomida	仙虫科 Amphinomidae	*Chloeia parva*
				Eurythoe complanata
				Pareurythoe borealis
		矶沙蚕目 Eunicida	矶沙蚕科 Eunicidae	*Eunice aphroditois*
				Eunice carrerai
				Eunice dilatata
				Eunice multicylindri
				Leodice antennata
				Lysidice ninetta
				Lysidice unicornis
				Marphysa formosa

续表

门 Phylum	纲 Class	目 Order	科 Family	物种 Species
环节动物门 Annelida	多毛纲 Polychaeta	矶沙蚕目 Eunicida	矶沙蚕科 Eunicidae	*Marphysa macintoshi*
				Marphysa mossambica
				Marphysa sanguinea
				Palola siciliensis
软体动物门 Mollusca	腹足纲 Gastropoda	新进腹足目 Caenogastropoda	蟹守螺科 Cerithiidae	*Cerithium dialeucum*
				Cerithium novaehollandiae
				Cerithium punctatum
				Cerithium torresi
				Cerithium traillii
				Cerithium zonatum
				Clypeomorus batillariaeformis
				Clypeomorus bifasciata
				Clypeomorus petrosa
				Rhinoclavis sinensis
				Rhinoclavis vertagus
		新腹足目 Neogastropoda	土产螺科 Pisaniidae	*Engina lineata*
				Pollia undosa
节肢动物门 Arthropoda	软甲纲 Malacostraca	十足目 Decapoda	鼓虾科 Alpheidae	*Alpheus acutocarinatus*
				Alpheus agilis
				Alpheus alcyone
				Alpheus astrinx
				Alpheus balaenodigitus
				Alpheus bidens

续表

门 Phylum	纲 Class	目 Order	科 Family	物种 Species
节肢动物门 Arthropoda	软甲纲 Malacostraca	十足目 Decapoda	鼓虾科 Alpheidae	*Alpheus brevicristatus*
				Alpheus bucephalus
				Alpheus chiragricus
				Alpheus collumianus
				Alpheus diadema
				Alpheus digitalis
				Alpheus edwardsii
				Alpheus ehlersii
				Alpheus euphrosyne
				Alpheus facetus
				Alpheus frontalis
				Alpheus funafutensis
				Alpheus gracilipes
				Alpheus hippothoe
				Alpheus japonicus
				Alpheus labis
				Alpheus ladronis
				Alpheus lobidens
				Alpheus lottini
				Alpheus maindroni
				Alpheus malabaricus
				Alpheus mitis
				Alpheus obesomanus

续表

门 Phylum	纲 Class	目 Order	科 Family	物种 Species
节肢动物门 Arthropoda	软甲纲 Malacostraca	十足目 Decapoda	鼓虾科 Alpheidae	*Alpheus pacificus*
				Alpheus paracrinitus
				Alpheus paralcyone
				Alpheus pareuchirus
				Alpheus parvirostris
				Alpheus polyxo
				Alpheus pustulosus
				Alpheus rapacida
				Alpheus serenei
				Alpheus splendidus
				Alpheus spongiarum
				Alpheus strenuus
				Aretopsis sp.
				Automate spinosa
				Synalpheus bispinosus
				Synalpheus charon
				Synalpheus coutierei
				Synalpheus demani
				Synalpheus gracilirostris
				Synalpheus hastilicrassus
				Synalpheus lophodactylus
				Synalpheus modestus
				Synalpheus neomeris

续表

门 Phylum	纲 Class	目 Order	科 Family	物种 Species
节肢动物门 Arthropoda	软甲纲 Malacostraca	十足目 Decapoda	鼓虾科 Alpheidae	*Synalpheus parcneomeris*
				Synalpheus streptodactylus
				Synalpheus tumidomanus
			陆寄居蟹科 Coenobitidae	*Coenobita rugosus*
			活额寄居蟹科 Diogenidae	*Calcinus gaimardii*
				Calcinus latens
				Calcinus morgani
				Clibanarius merguiensis
				Clibanarius rutilus
				Clibanarius snelliusi
				Clibanarius striolatus
				Clibanarius virescens
				Dardanus arrosor
				Dardanus aspersus
				Dardanus guttatus
				Dardanus hessii
				Dardanus lagopodes
				Dardanus megistos
				Dardanus pedunculatus
				Dardanus setifer
			铠甲虾科 Galatheidae	*Allogalathea elegans*
				Galathea aegyptiaca
				Galathea coralliophilus

续表

门 Phylum	纲 Class	目 Order	科 Family	物种 Species
节肢动物门 Arthropoda	软甲纲 Malacostraca	十足目 Decapoda	铠甲虾科 Galatheidae	*Galathea guttata*
				Galathea mauritiana
				Galathea orientalis
				Galathea tanegashimae
				Lauriea gardineri
				Phylladiorhynchus integrirostris
			藻虾科 Hippolytidae	*Hippolyte ventricosa*
				Saron marmoratus
			鞭腕虾科 Lysmatidae	*Lysmata vittata*
			寄居蟹科 Paguridae	*Pagurus minutus*
			豆蟹科 Pinnotheridae	*Arcotheres latus*
				Arcotheres purpureus
				Tetrias fischerii
			瓷蟹科 Porcellanidae	*Aliaporcellana suluensis*
				Enosteoides ornatus
				Lissoporcellana quadrilobata
				Lissoporcellana spinuligera
				Pachycheles sculptus
				Petrolisthes celebesensis
				Petrolisthes coccineus
				Petrolisthes fimbriatus
				Petrolisthes haswelli

续表

门 Phylum	纲 Class	目 Order	科 Family	物种 Species
节肢动物门 Arthropoda	软甲纲 Malacostraca	十足目 Decapoda	瓷蟹科 Porcellanidae	*Petrolisthes lamarckii*
				Petrolisthes polychaetus
				Petrolisthes scabriculus
				Petrolisthes trilobatus
				Pisidia dispar
				Pisidia gordoni
				Polyonyx pedalis
				Polyonyx sinensis
				Polyonyx triunguiculatus
				Polyonyx utinomii
				Raphidopus ciliatus
			蝉虾科 Scyllaridae	*Biarctus sordidus*
				Scyllarides haanii
			偶虾科 Spongicolidae	*Microprosthema validum*
			猬虾科 Stenopodidae	*Odontozona sculpticaudata*
			托虾科 Thoridae	*Thor hainanensis*
				Thor singularis
			蝼蛄虾科 Upogebiidae	*Upogebia darwinii*
				Upogebia spongicola
		等足目 Isopoda	鳃虱科 Bopyridae	*Allokepon monodi*
				Gigantione ishigakiensis
			浪漂水虱科 Cirolanidae	*Anopsilana willeyi*
				Aphantolana sphaeromiformis

续表

门 Phylum	纲 Class	目 Order	科 Family	物种 Species
节肢动物门 Arthropoda	软甲纲 Malacostraca	等足目 Isopoda	浪漂水虱科 Cirolanidae	*Cirolana arafurae*
				Cirolana erodiae
				Excirolana chiltoni
				Excirolana orientalis
			珊瑚水虱科 Corallanidae	*Corallana societensis*
			缩头水虱科 Cymothoidae	*Ceratothoa oxyrrhynchaena*
			团水虱科 Sphaeromatidae	*Cerceis pravipalma*
				Cilicaeopsis whiteleggei
				Dynamenella liochroea
				Paracilicaea asiatica
				Paracerceis sculpta
				Sphaeroma triste
				Sphaeroma walkeri

附表 5 南沙群岛海域历史调查大型底栖动物种类名录

门 Phylum	纲 Class	目 Order	科 Family	物种 Species
多孔动物门 Porifera	未鉴定到纲	未鉴定到目	未鉴定到科	Porifera sp.
刺胞动物门 Cnidaria	珊瑚虫纲 Anthozoa	海葵目 Actiniaria	未鉴定到科	Actiniaria sp.
	水螅纲 Hydrozoa	未鉴定到目	未鉴定到科	Hydrozoa sp.
纽形动物门 Nemertea	未鉴定到纲	未鉴定到目	未鉴定到科	Nemertea sp.
环节动物门 Annelida	多毛纲 Polychaeta	仙虫目 Amphinomida	仙虫科 Amphinomidae	*Chloeia violacea*
				Eurythoe complanata
				Notopygos gigas

续表

门 Phylum	纲 Class	目 Order	科 Family	物种 Species
环节动物门 Annelida	多毛纲 Polychaeta	矶沙蚕目 Eunicida	矶沙蚕科 Eunicidae	*Eunicidae* sp.
				Eunice collini
				Eunice norvegica
				Leodice antennata
				Lysidice ninetta
				Lysidice unicornis
				Palola siciliensis
			花索沙蚕科 Oenonidae	*Arabella* sp.
		叶须虫目 Phyllodocida	海女虫科 Hesionidae	*Hesione intertexta*
				Leocrates chinensis
			双指鳞虫科 Iphionidae	*Iphione muricata*
			沙蚕科 Nereididae	*Neanthes glandicincta*
				Neanthes sp.
				Nereis sp.
				Platynereis dumerilii
			叶须虫科 Phyllodocidae	*Anaitides* sp.
				Phyllodoce madeirensis
				Pterocirrus macroceros
			多鳞虫科 Polynoidae	*Harmothoe* sp.
				Lepidonotus sp.
				Nonparahalosydna sp.
			裂虫科 Syllidae	*Eusyllis* sp.
				Haplosyllis spongicola

续表

门 Phylum	纲 Class	目 Order	科 Family	物种 Species
环节动物门 Annelida	多毛纲 Polychaeta	叶须虫目 Phyllodocida	裂虫科 Syllidae	*Typosyllis maculata*
		缨鳃虫目 Sabellida	缨鳃虫科 Sabellidae	Sabellidae sp.
				Chone sp.
		囊吻目 Scolecida	海蛹科 Opheliidae	*Polyophthalmus pictus*
		蛰龙介目 Terebellida	丝鳃虫科 Cirratulidae	*Dodecaceria fewkesi*
				Timarete punctata
			蛰龙介科 Terebellidae	Terebellidae sp.
				Lanice sp.
				Nicolea gracilibranchis
		未划分目	小头虫科 Capitellidae	*Notomastus aberans*
星虫动物门 Sipuncula	未鉴定到纲	未鉴定到目	未鉴定到科	*Sipuncula* sp.
软体动物门 Mollusca	双壳纲 Bivalvia	蚶目 Arcida	蚶科 Arcidae	*Acar plicata*
				Arca sp.
				Barbatia amygdalumtostum
		心蛤目 Carditida	心蛤科 Carditidae	*Cardita variegata*
		鼬眼蛤目 Galeommatida	鼬眼蛤科 Galeommatidae	*Scintilla* sp.
		开腹蛤目 Gastrochaenida	开腹蛤科 Gastrochaenidae	*Gastrochaena philippinensis*
		锉蛤目 Limida	锉蛤科 Limidae	*Limaria dentata*
				Limaria fragilis
				Limaria sp.1
				Limaria sp.2
		贻贝目 Mytilida	贻贝科 Mytilidae	*Gregariella coralliophaga*
				Leiosolenus lithurus

续表

门 Phylum	纲 Class	目 Order	科 Family	物种 Species
软体动物门 Mollusca	双壳纲 Bivalvia	贻贝目 Mytilida	贻贝科 Mytilidae	*Septifer cumingii*
		牡蛎目 Ostreida	珠母贝科 Margaritidae	*Pinctada* sp.
		扇贝目 Pectinida	扇贝科 Pectinidae	*Chlamys* sp.1
				Chlamys sp.2
				Coralichlamys maereporarum
		帘蛤目 Venerida	猴头蛤科 Chamidae	*Chama* sp.
			帘蛤科 Veneridae	Veneridae sp.
	头足纲 Cephalopoda	八腕目 Octopoda	蛸科（章鱼科）Octopodidae	*Octopus* sp.
	腹足纲 Gastropoda	新进腹足目 Caenogastropoda	蟹守螺科 Cerithiidae	*Cerithium atromarginatum*
				Cerithium citrinum
				Cerithium columna
				Cerithium echinatum
				Cerithium egenum
				Cerithium interstriatum
				Cerithium nesioticum
				Cerithium nodulosum
				Cerithium punctatum
				Cerithium sp.1
				Cerithium sp.2
				Cerithium zebrum
				Rhinoclavis aspera
				Rhinoclavis diadema
				Rhinoclavis sinensis

续表

门 Phylum	纲 Class	目 Order	科 Family	物种 Species
软体动物门 Mollusca	腹足纲 Gastropoda	新进腹足目 Caenogastropoda	蟹守螺科 Cerithiidae	*Rhinoclavis* sp.
			三口螺科 Triphoridae	*Mastonia rubra*
				Mastonia sp.
		头楯目 Cephalaspidea	长葡萄螺科 Haminoeidae	*Weinkauffia* sp.
		小笠螺目 Lepetellida	钥孔蝛科 Fissurellidae	*Emarginula montrouzieri*
				Emarginula sp.
		滨螺形目 Littorinimorpha	蛙螺科 Bursidae	*Dulcerana granularis*
			帆螺科 Calyptraeidae	*Calyptraeidae* sp.
			尖帽螺科 Capulidae	*Capulus* sp.
			嵌线螺科 Cymatiidae	*Gyrineum natator*
				Monoplex mundus
				Monoplex pilearis
			宝贝科 Cypraeidae	*Cypraea* sp.1
				Cypraea sp.2
				Erosaria sp.
				Erronea sp.
				Monetaria caputserpentis
				Monetaria moneta
				Naria helvola
				Naria labrolineata
				Palmadusta sp.
				Ransoniella punctata
			爱神螺科 Eratoidae	*Proterato* sp.

续表

门 Phylum	纲 Class	目 Order	科 Family	物种 Species
软体动物门 Mollusca	腹足纲 Gastropoda	滨螺形目 Littorinimorpha	光螺科 Eulimidae	*Melanella* sp.
			麗眼螺科 Rissoidae	*Rissoina ambigua*
				Rissoina sp.
			凤螺科 Strombidae	*Canarium microurceum*
			齿轮螺科 Tornidae	*Circlotoma* sp.
			猎女神螺科 Triviidae	*Trivirostra edgari*
				Trivirostra sp.
			蛇螺科 Vermetidae	*Vermetidae* sp.
				Siphonium sp.
			集比螺科 Zebinidae	*Zebina tridentata*
				Zebina sp.
		新腹足目 Neogastropoda	衲螺科 Cancellariidae	*Cancellaria* sp.
			格纹螺科 Clathurellidae	*Etremopsis quadrispiralis*
				Lienardia compta
				Lienardia sp.
			蛇首螺科 Colubrariidae	*Metula angioyorum*
				Metula elongata
			核螺科 Columbellidae	*Euplica turturina*
				Euplica varians
				Mitrella sp.1
				Mitrella sp.2
				Pyrene punctata
				Zafra troglodytes

续表

门 Phylum	纲 Class	目 Order	科 Family	物种 Species
软体动物门 Mollusca	腹足纲 Gastropoda	新腹足目 Neogastropoda	芋螺科 Conidae	*Conus bruuni*
				Conus glans
				Conus lividus
				Conus miles
				Conus musicus
				Conus rattus
				Conus sp.
			棒塔螺科 Drilliidae	*Clavus* sp.
			细带螺科 Fasciolariidae	*Latirus* sp.
				Peristernia sp.
			芒果螺科 Mangeliidae	*Eucithara* sp.
			缘螺科 Marginellidae	*Volvarina hirasei*
				Volvarina philippinarum
				Volvarina sp.
			笔螺科 Mitridae	*Carinomitra typha*
				Mitra turgida
				Mitra sp.1
				Mitra sp.2
				Pseudonebularia fraga
			骨螺科 Muricidae	*Morula biconica*
				Coralliobia sp.
				Coralliophila monodonta
				Coralliophila violacea

续表

门 Phylum	纲 Class	目 Order	科 Family	物种 Species
软体动物门 Mollusca	腹足纲 Gastropoda	新腹足目 Neogastropoda	骨螺科 Muricidae	*Drupa ricinus*
				Drupa rubusidaeus
				Drupa sp.
				Drupella cornus
				Drupella rugosa
				Drupina grossularia
				Maculotriton serriale
				Morula spinosa
				Morula uva
				Morula sp.1
				Morula sp.2
				Muricodrupa anaxares
				Nassa francolina
				Nassa sp.
			织纹螺科 Nassariidae	*Antillophos sp.*
				Nassaria laevior
				Phos monsecourorum
			土产螺科 Pisaniidae	*Cantharus sp.*
				Engina alveolata
				Engina lineata
				Engina sp.
				Pisania sp.
				Pollia undosa

续表

门 Phylum	纲 Class	目 Order	科 Family	物种 Species
软体动物门 Mollusca	腹足纲 Gastropoda	新腹足目 Neogastropoda	西美螺科 Pseudomelatomidae	*Inquisitor angustus*
				Inquisitor kurodai
				Inquisitor latifasciata
				Inquisitor vulpionis
			拟塔螺科 Raphitomidae	*Pseudodaphnella* sp.
			涡螺科 Turbinellidae	*Vasum* sp.
			塔螺科 Turridae	*Cryptogemma aethiopica*
				Gemmula congener
				Gemmula speciosa
				Lophiotoma acuta
				Turridrupa sp.
				Turris sp.
		马蹄螺目 Trochida	缩口螺科 Colloniidae	*Bothropoma pilula*
			胀脉螺科 Liotiidae	*Liotia* sp.
			雉螺科 Phasianellidae	*Phasianella* sp.
			马蹄螺科 Trochidae	*Clanculus* sp.
				Monilea philippiana
				Monilea sp.1
				Monilea sp.2
				Stomatella sp.
				Trochus sp.
			蝾螺科 Turbinidae	*Turbo argyrostomus*
				Turbo sp.

续表

门 Phylum	纲 Class	目 Order	科 Family	物种 Species
软体动物门 Mollusca	腹足纲 Gastropoda	未划分目	愚螺科 Amathinidae	*Monotygma parexomia*
			轮螺科 Architectonicidae	*Discotectonica* sp.
	多板纲 Polyplacophora	石鳖目 Chitonida	石鳖科 Chitonidae	*Lucilina amanda*
			Schizochitonidae	*Schizochiton* sp.
节肢动物门 Arthropoda	软甲纲 Malacostraca	端足目 Amphipoda	藻钩虾科 Ampithoidae	*Ampithoe ramondi*
				Ampithoe sp.
				Cymadusa brevidactyla
				Pleonexes kulafi
			细身钩虾科 Maeridae	*Parelasmopus echo*
				Quadrimaera pacifica
			亮钩虾科 Photidae	*Latigammaropsis atlantica*
		十足目 Decapoda	鼓虾科 Alpheidae	*Alpheidae* sp.
				Alpheopsis aequalis
				Alpheus acutofemoratus
				Alpheus alcyone
				Alpheus bucephalus
				Alpheus columbiatus
				Alpheus deuteropus
				Alpheus diadema
				Alpheus edamensis
				Alpheus ehlersii
				Alpheus eulimene
				Alpheus frontalis

续表

门 Phylum	纲 Class	目 Order	科 Family	物种 Species
节肢动物门 Arthropoda	软甲纲 Malacostraca	十足目 Decapoda	鼓虾科 Alpheidae	*Alpheus gracilipes*
				Alpheus idiocheles
				Alpheus lottini
				Alpheus maindroni
				Alpheus malleodigitus
				Alpheus microstylus
				Alpheus obesomanus
				Alpheus pachychirus
				Alpheus pacificus
				Alpheus parvirostris
				Alpheus simus
				Alpheus splendidus
				Alpheus spongiarum
				Alpheus strenuus
				Alpheus xishaensis
				Athanas sp.
				Synalpheus biunguiculatus
				Synalpheus liui
				Synalpheus paraneomeris
				Synalpheus tumidomanus
			玉虾科 Callianideidae	*Callianidea typa*
			瓢蟹科 Carpiliidae	*Carpilius convexus*
			褐虾科 Crangonidae	*Aegaeon orientalis*

续表

门 Phylum	纲 Class	目 Order	科 Family	物种 Species
节肢动物门 Arthropoda	软甲纲 Malacostraca	十足目 Decapoda	褐虾科 Crangonidae	*Parapontocaris levigata*
				Pontocaris hilarula
				Pontocaris major
				Pontocaris pennata
				Pontocaris sibogae
			栉指虾科 Ctenochelidae	*Ctenocheles balssi*
			疣扇蟹科 Dairidae	*Daira perlata*
			活额寄居蟹科 Diogenidae	*Calcinus morgani*
				Calcinus sp.
				Dardanus callichela
				Dardanus gemmatus
				Dardanus guttatus
				Dardanus lagopodes
				Diogenes sp.
				Paguristes sp.
			圆顶蟹科 Domeciidae	*Maldivia* sp.
			绵蟹科 Dromiidae	*Cryptodromiopsis planaria*
				Petalomera granulata
			贝绵蟹科 Dynomenidae	*Dynomene hispida*
				Dynomene praedator
			卧蜘蛛蟹科 Epialtidae	*Menaethius monoceros*
				Perinia tumida
				Tylocarcinus styx

续表

门 Phylum	纲 Class	目 Order	科 Family	物种 Species
节肢动物门 Arthropoda	软甲纲 Malacostraca	十足目 Decapoda	卧蜘蛛蟹科 Epialtidae	*Tylocarcinus* sp.
			铠甲虾科 Galatheidae	Galatheidae sp.
				Coralliogalathea humilis
				Fennerogalathea chacei
				Galathea aegyptiaca
				Galathea babai
				Galathea balssi
				Galathea consobrina
				Galathea mauritiana
				Galathea pilosa
				Galathea spinosorostris
				Galathea tanegashimae
				Galathea whiteleggii
				Galathea sp.
			镰虾科 Glyphocrangonidae	*Glyphocrangon humilis*
				Glyphocrangon juxtaculeata
				Glyphocrangon unguiculata
			藻虾科 Hippolytidae	*Saron marmoratus*
			玉蟹科 Leucosiidae	*Nucia speciosa*
			蜘蛛蟹科 Majidae	Majidae sp.
			刺铠虾科 Munididae	*Agononida incerta*
				Babamunida brucei
				Crosnierita dicata

续表

门 Phylum	纲 Class	目 Order	科 Family	物种 Species
节肢动物门 Arthropoda	软甲纲 Malacostraca	十足目 Decapoda	刺铠虾科 Munididae	*Munida compacta*
				Munida kawamotoi
				Munida nesaea
			海螯虾科 Nephropidae	*Metanephrops sinensis*
			寄居蟹科 Paguridae	*Pagurus hirtimanus*
				Pagurus sp.
			龙虾科 Palinuridae	*Panulirus versicolor*
			毛刺蟹科 Pilumnidae	*Heteropilumnus* sp.
				Pilumnopeus sp.
				Pilumnus vespertilio
				Pilumnus sp.
				Typhlocarcinops sp.
			多螯虾科 Polychelidae	*Pentacheles laevis*
				Stereomastis galil
			瓷蟹科 Porcellanidae	*Aliaporcellana* sp
				Aliaporcellana suluensis
				Pachycheles sculptus
				Pachycheles setiferous
				Pachycheles spinipes
				Pachycheles sp.
				Petrolisthes bispinosus
				Petrolisthes carinipes
				Petrolisthes celebesensis

续表

门 Phylum	纲 Class	目 Order	科 Family	物种 Species
节肢动物门 Arthropoda	软甲纲 Malacostraca	十足目 Decapoda	瓷蟹科 Porcellanidae	*Petrolisthes heterochrous*
				Petrolisthes moluccensis
				Petrolisthes nanshensis
				Petrolisthes scabriculus
				Petrolisthes squamanus
				Petrolisthes tomentosus
				Petrolisthes sp.1
				Petrolisthes sp.2
				Polyonyx biunguiculatus
				Polyonyx similis
				Polyonyx sp.
				Porcellanella haigae
			梭子蟹科 Portunidae	*Carupa tenuipes*
				Catoptrus nitidus
				Lissocarcinus orbicularis
				Thalamita admete
				Thalamita picta
				Thalamita sp.
				Thalamita spinifera
				Thalamitoides quadridens
				Thalamitoides tridens
			蝉虾科 Scyllaridae	*Chelarctus aureus*
				Eduarctus martensii

续表

门 Phylum	纲 Class	目 Order	科 Family	物种 Species
节肢动物门 Arthropoda	软甲纲 Malacostraca	十足目 Decapoda	蝉虾科 Scyllaridae	*Ibacus novemdentatus*
				Petrarctus brevicornis
				Petrarctus rugosus
				Scammarctus batei
				Thenus orientalis
			托虾科 Thoridae	*Thinora maldivensis*
				Thor amboinensis
			梯形蟹科 Trapeziidae	*Trapezia areolata*
				Trapezia bidentata
				Trapezia cymodoce
				Trapezia digitalis
				Trapezia flavopunctata
				Trapezia guttata
			蝼蛄虾科 Upogebiidae	*Upogebiidae* sp.
				Mantisgebia multispinosa
			扇蟹科 Xanthidae	*Actaea polyacantha*
				Actaea savignii
				Actaea sp.
				Actaeodes hirsutissimus
				Actaeodes tomentosus
				Actaeodes sp.
				Atergatis floridus
				Chlorodiella barbata

续表

门 Phylum	纲 Class	目 Order	科 Family	物种 Species
节肢动物门 Arthropoda	软甲纲 Malacostraca	十足目 Decapoda	扇蟹科 Xanthidae	*Chlorodiella cytherea*
				Chlorodiella laevissima
				Chlorodiella nigra
				Chlorodiella sp.1
				Chlorodiella sp.2
				Cyclodius obscurus
				Cymo melanodactylus
				Cymo sp.
				Etisus electra
				Etisus sp.
				Euxanthus sp.
				Leptodius affinis
				Leptodius sp.
				Liomera bella
				Liomera sp.
				Luniella pubescens
				Luniella pugil
				Luniella scabriculus
				Macromedaeus sp.
				Palapedia nitida
				Paractaea sp.
				Paraxanthias notatus
				Paraxanthias sp.

续表

门 Phylum	纲 Class	目 Order	科 Family	物种 Species
节肢动物门 Arthropoda	软甲纲 Malacostraca	十足目 Decapoda	扇蟹科 Xanthidae	*Phymodius* sp.1
				Phymodius sp.2
				Pilodius sp.
				Platypodia granulosa
				Platypodia sp.
				Psaumis cavipes
				Pseudoliomera sp.
				Tweedieia laysani
				Xanthias sp.
				Zosimus aeneus
				Zozymodes cavipes
		等足目 Isopoda	鳃虱科 Bopyridae	*Dactylokepon richardsonae*
				Dactylokepon semipennatus
				Stegoalpheon kempi
			团水虱科 Sphaeromatidae	*Cerceis pravipalma*
		口足目 Stomatopoda	虾蛄科 Squillidae	*Parvisquilla* sp.
			指虾蛄科 Gonodactylidae	*Gonodactylus chiragra*
				Gonodactylus smithii
				Gonodactylus sp.
			假虾蛄科 Pseudosquillidae	*Raoulserenea ornata*
棘皮动物门 Echinodermata	海星纲 Asteroidea	瓣棘目 Valvatida	海燕科 Asterinidae	*Aquilonastra burtoni*
			角海星科 Goniasteridae	*Fromia* sp.
				Stellaster equestris

续表

门 Phylum	纲 Class	目 Order	科 Family	物种 Species
棘皮动物门 Echinodermata	海星纲 Asteroidea	瓣棘目 Valvatida	蛇海星科 Ophidiasteridae	Ophidiaster granifer
	海百合纲 Crinoidea	栉羽枝目 Comatulida	栉羽枝科 Comasteridae	Comanthus parvicirrus
	海胆纲 Echinoidea	未鉴定到目	未鉴定到科	Echinoidea sp.
		冠海胆目 Diadematoida	冠海胆科 Diadematidae	Diadema setosum
	海参纲 Holothuroidea	楯手目 Aspidochirotida	海参科 Holothuriidae	Holothuria atra
				Holothuria impatiens
	蛇尾纲 Ophiuroidea	真蛇尾目 Ophiurida	阳遂足科 Amphiuridae	Amphiuridae sp.
			辐蛇尾科 Ophiactidae	Ophiactis savignyi
			栉蛇尾科 Ophiocomidae	Breviturma pica
				Ophiocoma erinaceus
				Ophiocomella sexradia
				Ophiomastix elegans
			粘蛇尾科 Ophiomyxidae	Ophiomyxa australis
			鳃蛇尾科 Ophionereididae	Ophionereis dubia
				Ophionereis porrecta
			刺蛇尾科 Ophiotrichidae	Macrophiothrix propinqua
				Macrophiothrix sp.
				Ophiothrix trilineata
				Ophiothrix sp.
半索动物门 Hemichordata	肠鳃纲 Enteropneusta	未鉴定到目	未鉴定到科	Enteropneusta sp.
脊索动物门 Chordata	海鞘纲 Ascidiacea	复鳃目 Stolidobranchia	柄海鞘科 Styelidae	Botrylloides sp.
				Polycarpa irregularis
	真骨鱼纲 Teleostei	鳗鲡目 Anguilliformes	海鳝科 Muraenidae	Gymnothorax richardsonii

门 Phylum	纲 Class	目 Order	科 Family	物种 Species
脊索动物门 Chordata	真骨鱼纲 Teleostei	鳗鲡目 Anguilliformes	海鳝科 Muraenidae	*Gymnothorax* sp.
		虾虎鱼目 Gobiiformes	虾虎鱼科 Gobiidae	*Acentrogobius* sp.
				Amblygobius albimaculatus
				Asterropteryx semipunctata
				Bathygobius fuscus
				Callogobius sp.
				Eviota abax
				Gobiodon okinawae
				Paragobiodon melanosoma
		鲈形目 Perciformes	鳚科 Blenniidae	*Omobranchus* sp.
			隆头鱼科 Labridae	*Pseudocheilinus hexataenia*
			鲉科 Scorpaenidae	*Parascorpaena picta*
				Sebastapistes nuchalis
		鮟鱇目 Lophiiformes	躄鱼科 Antennariidae	*Antennatus dorehensis*

附表 6　西沙群岛海域历史调查大型底栖动物种类名录

门 Phylum	纲 Class	目 Order	科 Family	物种 Species
刺胞动物门 Cnidaria	珊瑚虫纲 Anthozoa	海葵目 Actiniaria	山醒海葵科 Andvakiidae	*Telmatactis clavata*
			链素海葵科 Hormathiidae	*Calliactis argentacoloratus*
环节动物门 Annelida	多毛纲 Polychaeta	仙虫目 Amphinomida	仙虫科 Amphinomidae	*Eurythoe complanata*
		矶沙蚕目 Eunicida	矶沙蚕科 Eunicidae	*Eunice coccinea*
				Palola siciliensis
软体动物门 Mollusca	腹足纲 Gastropoda	新进腹足目 Caenogastropoda	蟹守螺科 Cerithiidae	*Bittium glareosum*

续表

门 Phylum	纲 Class	目 Order	科 Family	物种 Species
软体动物门 Mollusca	腹足纲 Gastropoda	新进腹足目 Caenogastropoda	蟹守螺科 Cerithiidae	*Cerithium alutaceum*
				Cerithium atromarginatum
				Cerithium citrinum
				Cerithium echinatum
				Cerithium egenum
				Cerithium nesioticum
				Cerithium nodulosum
				Cerithium punctatum
				Cerithium rostratum
				Cerithium zebrum
				Cerithium zonatum
				Rhinoclavis articulata
				Rhinoclavis aspera
				Rhinoclavis diadema
				Rhinoclavis fasciata
				Rhinoclavis sinensis
				Rhinoclavis vertagus
		新进腹足目 Neogastropoda	格纹螺科 Clathurellidae	*Etrema aliciae*
				Lienardia caelata
				Lienaridia curculio
			芒果螺科 Mangeliidae	*Eucithara caledonica*
			织纹螺科 Nassariidae	*Nassarius papillosus*
			土产螺科 Pisaniidae	*Engina lineata*

续表

门 Phylum	纲 Class	目 Order	科 Family	物种 Species
软体动物门 Mollusca	腹足纲 Gastropoda	新腹足目 Neogastropoda	土产螺科 Pisaniidae	*Engina mendicaria*
				Engina zonalis
				Pisania ignea
				Pollia undosa
			Raphitomidae	*Kermia felina*
				Kermia subcylindrica
				Kermia tessellata
				Pseudodaphnella granicostata
				Pseudodaphnella rufozonata
			小塔螺科 Pyramidellidae	*Longchaeus maculosus*
				Otopleura mitralis
				Otopleura nitida
节肢动物门 Arthropoda	软甲纲 Malacostraca	十足目 Decapoda	鼓虾科 Alpheidae	*Alpheus alcyone*
				Alpheus bucephalus
				Alpheus collumianus
				Alpheus diadema
				Alpheus edamensis
				Alpheus frontalis
				Alpheus funafuensis
				Alpheus gracilipes
				Alpheus ladronis
				Alpheus leviusculus
				Alpheus lottini

续表

门 Phylum	纲 Class	目 Order	科 Family	物种 Species
节肢动物门 Arthropoda	软甲纲 Malacostraca	十足目 Decapoda	鼓虾科 Alpheidae	*Alpheus microstylus*
				Alpheus mitis
				Alpheus obesomanus
				Alpheus pachychirus
				Alpheus pacificus
				Alpheus parvirostris
				Alpheus strenuus
				Synalpheus charon
				Synalpheus hastilicrassus
				Synalpheus paraneomeris
			陆寄居蟹科 Coenobitidae	*Coenobita perlatus*
			活额寄居蟹科 Diogenidae	*Calcinus gaimardii*
				Calcinus latens
				Calcinus morgani
				Clibanarius corallinus
				Dardanus deformis
				Dardanus gemmatus
				Dardanus guttatus
				Dardanus lagopodes
				Dardanus megistos
			铠甲虾科 Galatheidae	*Coralliogalathea humilis*
				Galathea aegyptiaca
				Galathea mauritiana

续表

门 Phylum	纲 Class	目 Order	科 Family	物种 Species
节肢动物门 Arthropoda	软甲纲 Malacostraca	十足目 Decapoda	铠甲虾科 Galatheidae	*Galathea tanegashimae*
			藻虾科 Hippolytidae	*Saron marmoratus*
			鞭腕虾科 Lysmatidae	*Lysmata vittata*
			刺铠虾科 Munididae	*Raymunida elegantissima*
			寄居蟹科 Paguridae	*Pagurus hirtimanus*
			龙虾科 Palinuridae	*Panulirus penicillatus*
			豆蟹科 Pinnotheridae	*Xanthasia murigera*
			瓷蟹科 Porcellanidae	*Neopetrolisthes maculatus*
				Pachycheles garciaensis
				Pachycheles spinipes
				Petrolisthes haswelli
				Petrolisthes heterochrous
				Petrolisthes lamarckii
				Petrolisthes moluccensis
				Petrolisthes tomentosus
			猥虾科 Stenopodidae	*Stenopus hispidus*
棘皮动物门 Echinodermata	海星纲 Asteroidea	有棘目 Spinulosida	棘海星科 Echinasteridae	*Echinaster luzonicus*